위험한 과학책

what if

지구 생활자들의 엉뚱한 질문에 대한 과학적 답변

위험한 과학책

랜들 먼로 지음 | 이지연 옮김 | 이명현 감수

SIGONGSA

경고

이 책에 나오는 어떤 내용도 절대로 집에서 시도하지 마세요. 저자는 코믹 웹툰을 그리는 사람입니다. 의학 전문가나 안전 전문가가 아니에요. 저자는 불이 붙거나 무언가 폭발하면 박수를 치며 좋아하는 사람입니다. 그러니 여러분의 안전 같은 것은 염두에 두지 않았겠죠? 출판사와 저자는 이 책에 담긴 정보로 인한 그 어떤 직·간접적 부작용에 대해서도 책임을 지지 않습니다.

차례

이 책은 우리가 궁금해하는 여러 가지 가상 질문에 대한 답을 모아 놓은 책입니다.

그 질문들은 사람들이 제 웹사이트에 올린 것들인데요, 저는 이 웹사이트에서 약간 정신 나간 과학도들을 위한 일종의 〈디어 애비Dear Abby*〉 역할도 하면서 'xkcd'라는 막대기처럼 생긴 코믹 웹툰을 그리고 있습니다.

제가 처음부터 만화를 그렸던 것은 아니에요. 저는 물리학을 전공했고, 졸업 후에는 미국항공우주국NASA에서 로봇 공학과 관련된 일을 했습니다. 그러다가 미국항공우주국을 그만두고 웹툰 작가가 되었는데, 과학이나 수학에 대한 관심은 조금도 줄어들지 않더군요. 그러다가 찾아낸 제 나름의 배출구가 바로 인터넷에 올라오는 이상하고 때로는 걱정스럽기까지한 질문들에 답변을 쓰는 것이었어요. 이 책에는 그중 제가 가장 좋아하는 답변들을 추려서 담았고, 처음 답하는 새로운 질문들도 꽤 많이 있습니다.

별난 질문들에 답할 때마다 저는 예전부터 수학을 이용했습니다. 어머니는 제가 5살 때 어머니와 나눈 대화를 종이에 적어 사진 앨범에 끼워 두셨는데요,

---

*미국의 유명한 인생 상담 칼럼. 이후 모든 각주는 옮긴이 주이다.

이 책을 쓴다고 하자 그 종이를 찾아 보내 주셨어요. 25년 된 종이에는 아래와 같이 적혀 있었습니다.

랜들 : 우리 집에는 부드러운 물건이 많아, 딱딱한 물건이 많아?

엄마 : 모르겠는데?

랜들 : 세상에는?

엄마 : 몰라.

랜들 : 집집마다 베개가 3, 4개쯤 되지, 그렇지?

엄마 : 그렇지.

랜들 : 집집마다 자석은 15개쯤 되고?

엄마 : 아마도?

랜들 : 그러면 15 더하기 3 또는 4, 아니 그냥 4라고 치면, 19가 되지? 맞지?

엄마 : 맞아.

랜들 : 그러면 부드러운 물건은 30억 개쯤 되는 거네. 딱딱한 물건은 50억 개쯤 되고. 그러면 어느 쪽이 더 많아?

엄마 : 딱딱한 물건?

'30억 개'와 '50억 개'가 대체 어디서 나왔는지는 모르겠습니다. 당시 제가 숫자 개념이 없었던 것은 분명하고요.

세월이 지나면서 저는 수학을 좀 더 잘하게 되었지만 수학을 하는 이유만큼은 5살 때나 지금이나 변함이 없습니다. 질문에 대한 답을 찾고자 하는 것이죠.

'멍청한 질문은 없다'라고들 합니다. 하지만 그건 틀린 말이에요. 제 생각에 부드러운 것과 딱딱한 것에 관한 제 질문은 분명히 멍청하거든요. 하지만 멍청한 질문에 제대로 답하려고 노력하다 보면 결국에는 꽤나 흥미로운 곳에 도달할 때도 있더라고요.

세상에 부드러운 것이 더 많은지, 딱딱한 것이 더 많은지는 아직도 모르겠습니다. 하지만 그런 궁금증을 해결하는 과정에서 저는 많은 것들을 알게 됐어요. 앞으로 읽으실 내용은 그 여정 중에서도 제가 가장 아끼는 부분들입니다.

랜들 먼로

지구가 자전을 멈추면

Q 만약에 지구와 지구 상의 모든 물체가 갑자기 자전을 멈췄는데, 대기는 여전히 전과 같은 속도로 움직인다면 무슨 일이 벌어지나요? - 앤드루 브라운Andrew Brown

A 거의 모든 사람이 죽겠죠. '그런 다음에' 아주 재미난 일이 일어날 겁니다. 지축과 비교할 때 지구 표면은 적도 지역에서 1초에 약 470미터씩 움직이고 있습니다. 1시간이면 1,600킬로미터가 조금 넘죠. 그런데 지구는 멈춰 버리고 공기는 멈추지 않는다면 갑자기 시속 1,600킬로미터짜리 강풍을 경험하게 됩니다.

바람이 가장 세게 부는 곳은 적도겠지만, 적도가 아니더라도 북위 42도와 남위 42도 사이(전 세계 인구 85퍼센트가 여기에 살고 있죠)에 사는 모든 사람과 물건은 갑작스러운 초음속 강풍을 경험하게 됩니다.

지표 부근에서는 매우 심한 바람이 몇 분 정도밖에 지속되지 않을 겁니다. 지면과의 마찰 때문에 속도가 줄어드니까요. 하지만 그 몇 분도 인간이 만든 모든 것을 폐허로 만들어 놓기에는 충분하겠죠.

끔찍한 일이 일어난다.
끔찍한 일이 '천천히' 일어난다.

　제가 살고 있는 보스턴은 워낙 북쪽에 있는 도시여서 초음속 강풍 지대에서 약간 벗어나 있습니다. 하지만 보스턴에도 기존의 가장 센 토네이도보다 2배는 강한 바람이 불게 될 거예요. 그렇게 되면 오두막에서부터 고층 빌딩까지 건물이란 건물은 죄다 송두리째 뽑혀 저 멀리 굴러다니겠죠.

　극지방이라면 바람이 덜하겠지만, 인간이 만든 도시 중에서 이 바람에 파괴되지 않을 만큼 적도에서 멀리 떨어진 도시는 없습니다. 노르웨이 스발바르Svalbard 제도에 있는 롱위에아르뷔엔Longyearbyen은 전 세계에서 위도가 가장 높은 도시인데, 이곳 역시 기존의 가장 강력한 열대성 저기압과 맞먹는 정도의 바람을 맞고 파괴될 겁니다.

　바람이 다 지나갈 때까지 기다릴 작정이라면, 가장 좋은 곳은 핀란드의 헬싱키입니다. 북위 60도가 넘는 헬싱키는 바람에 휩쓸려가지 않을 만큼 위도가 높은 것은 아니지만, 대신 지하에 정교한 터널망과 쇼핑몰, 하키장, 수영장까지 갖추고 있으니까요.

안전한 건물은 단 하나도 없을 겁니다. 강풍에 대비해 튼튼하게 설계한 건물이라 해도 타격을 입겠죠. 언젠가 코미디언 론 화이트Ron White가 허리케인에 관해 말했던 것처럼요. "바람이 분다는 게 중요한 게 아니라, 바람에 무엇이 날려가느냐가 중요한 거죠."

그렇다면 시속 1,600킬로미터짜리 강풍을 견딜 수 있는 거대 벙커 속에 여러분이 들어가 있다면 어떨까요?

잘된 일이죠. 여러분은 무사할 겁니다. 벙커를 가진 사람이 여러분뿐이라면

말이죠. 하지만 안타깝게도 여러분에게는 이웃이 있을 겁니다. 만약 바람이 불어오는 쪽에 사는 이웃의 벙커가 여러분의 벙커만큼 땅속 깊숙이 튼튼하게 고정되어 있지 않다면, 여러분의 벙커는 시속 1,600킬로미터의 속도로 충격을 가해오는 '이웃의 벙커'를 견뎌 내야 할 겁니다.

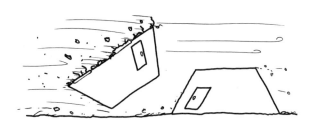

인류가 멸종되지는 않겠죠. 당장은 말이에요. 하지만 지상에 있는 사람 중 살아남는 사람은 거의 없을 겁니다. 공중에 날아다니는 쓰레기들이 무엇이든 닥치는 대로 산산조각 내 버릴 테니까요. 핵 공격에도 견딜 만큼 튼튼하게 만들어진 물건이 아니라면 말입니다. 하지만 지하에 있던 사람들은 무사한 경우가 많을 겁니다. 사태가 벌어졌을 때 지하 깊은 곳(더 좋은 건 지하철 터널이겠죠)에 있었다면 살아남을 가능성이 꽤 큽니다.

행운의 생존자들은 또 있을 수 있는데요. 남극에 있는 아문센-스콧 기지 Amundsen-Scott research station 과학자들과 그곳 직원들 수십 명도 바람의 피해를 입지 않을 겁니다. 이들이 처음으로 이상한 낌새를 눈치채는 건, 아마 갑자기 바깥세상이 너무 고요해져서일 겁니다.

그래서 잠시 이상하다고 생각하고 있다 보면, 마침내 한층 더 이상한 점을 발견하게 되겠죠.

공기

지표의 바람이 잦아들면서 상황은 더욱 묘하게 돌아갈 겁니다.

우선 강풍이 열 폭풍으로 바뀔 거예요. 평소에 부는 바람의 운동 에너지는 무시해도 될 정도로 작지만, 이건 보통 바람이 아니죠. 갑작스럽게 바람이 멈추는 순간, 공기는 데워지기 시작할 겁니다.

그렇게 되면 육지는 타는 듯이 온도가 올라갈 테고, 공기 중에 습도가 높은 지역에서는 지구를 삼킬 듯한 천둥 번개가 치겠지요.

동시에 바다 위를 쓸고 지나는 바람은 바닷물을 뒤집어엎으면서 표층을 산산조각 낼 겁니다. 한동안 바다에는 수면이라는 것 자체가 없어지겠죠. 어디까지가 물보라이고 어디부터가 바다인지 알 수 없을 테니까요.

바다는 차갑습니다. 얕은 표층을 제외하면 어디를 가나 수온은 섭씨 4도로 일정하죠. 그런데 여기에 강한 폭풍이 분다면, 바다를 휘저어 저 깊은 곳의 차가운 물을 위로 끌어올리게 됩니다. 과열된 공기 속으로 차가운 물보라가 유입되면, 지구는 그동안 1번도 보지 못했던 이상한 날씨를 경험하게 될 겁니다. 바람과 물보라, 안개가 미친 듯이 뒤섞인 채 온도는 순식간에 치솟았다가 떨어지기를 반복할 겁니다.

한편, 저 아래쪽 물이 수면으로 올라오는 용승湧昇이 일어나면 생명 활동이 활발해집니다. 신선한 영양분이 상층으로 흘러들기 때문이죠. 그러나 동시에 수많은 물고기와 게, 바다거북 등이 멸종하고 말 겁니다. 산소가 적은 심해수의 유입에 대처할 수 없기 때문이죠. 고래나 돌고래를 비롯해 호흡이 필요한 동물들도 바닷물과 공기가 만나서 만들어지는 소용돌이에서 살아남으려면, 아주 힘겨운 투쟁을 벌여야 할 겁니다.

파도는 동쪽에서 서쪽으로 지구 전체를 휩쓸 겁니다. 어디든 동쪽을 바라보는 해안이라면, 사상 최대 규모의 해일을 맞닥뜨리게 되겠죠. 구름 같은 물보라가 내륙을 자욱하게 덮치고 나면, 쓰나미 같은 바닷물이 소용돌이치면서 거대한 담벼락처럼 몰려올 겁니다. 파도가 내륙으로 몇 킬로미터까지 깊숙이 들어오는 곳도 있겠죠.

폭풍은 어마어마한 양의 먼지와 쓰레기를 대기 속으로 빨아들일 겁니다. 동시에 차가운 바다 표면 위에는 담요 같은 안개가 자욱이 형성되겠죠. 이렇게 되면 보통 지구의 온도가 급강하합니다. 그러니 이때도 마찬가지겠죠.

적어도 지구의 한쪽 면은 이렇다는 얘깁니다.

지구가 자전을 멈추면 정상적인 밤낮의 주기가 사라져 버립니다. 태양이 하늘에서 전혀 움직이지 않는 것은 아니지만, 태양은 이제 '하루'에 1번 떴다가 지는 것이 아니라 '1년'에 1번 떴다가 지게 됩니다.

적도에서조차 밤낮이 각각 6개월씩 지속되겠죠. 낮인 쪽에서는 쉴 새 없이 쏟아지는 햇빛에 표면이 익어 버릴 테고, 밤인 쪽에서는 온도가 급강하하겠죠. 대류 현상 때문에 낮인 쪽은 태양 바로 아래에서 대규모 폭풍이 불게 될 겁니다. 코리올리Coriolis force의 힘*이 작용하지 않기 때문에 바람이 어느 쪽으로 불지는 알 수가 없습니다.

예전 같은 밤낮의 구분이 없어지면
그렘린한테 밥은 언제 줘야 하는 거지?**

이런 상태의 지구는 적색왜성 주위의 생명체 거주 가능 지역에서 흔히 발견되는, 자전과 공전 주기가 동일한 행성들과 비슷할 겁니다. 하지만 더욱 닮은 것은 아주 초기의 금성이죠. 금성은 자전 주기가 아주 길어서 (우리의 멈춰 버린 지구처럼) 같은 쪽 면이 몇 달씩 태양을 향하고 있거든요. 그러나 두꺼운 대기층이 아주 빠르게 순환하기 때문에 낮인 면과 밤인 면의 온도는 거의 같습니다.

낮의 길이는 바뀌겠지만 '1달'의 길이는 바뀌지 않을 거예요. 지구 주위를 도는 달의 공전은 멈추지 않았으니까요. 하지만 지구가 자전을 멈춰서 더 이상 조석력을 공급하지 않는다면, 달은 '아마도' 더 이상 지금처럼 지구에서 멀어져 가지 않을 테고, 천천히 우리 쪽으로 되돌아오기 시작할 겁니다.

사실, 우리의 충실한 친구 달은 이 질문의 시나리오 때문에 생긴 피해를 복구하는 방향으로 작용할 겁니다. 지금은 지구가 달보다 빠르게 돌고, 조석력이 지구의 자전을 늦추면서 달을 우리에게서 먼 쪽으로 밀어내고 있습니다(왜 이렇게

---

*회전하는 물체 위에서 작용하는 것처럼 보이는 가상의 힘을 일컫는다. 예컨대 북반구에서는 지구의 자전 때문에 물체가 운동 방향의 오른쪽으로 힘을 받는 것처럼 보인다.
**영화 〈그렘린〉에서 애완동물 모과이에게 해가 진 후 밥을 주면 그렘린이라는 괴물로 변한다.

되는지는 http://what-if.xkcd.com/26의 'Leap Seconds' 참조). 하지만 지구의 자전이 멈춘다면 달은 더 이상 멀어져 가지 않을 테고, 달의 조석력은 우리의 자전 속도를 늦추는 게 아니라 가속하게 될 겁니다. 소리 없이 조심조심 달의 중력이 지구를 잡아당기는 거죠.

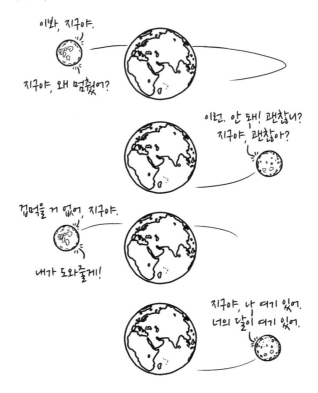

그러면 지구는 다시 돌기 시작하겠죠.

진짜 광속구를 던지면

Q 만약 광속의 90퍼센트 속도로 던진 야구공을 방망이로 치면 무슨 일이 벌어질까요? - 앨런 맥매니스Ellen McManis

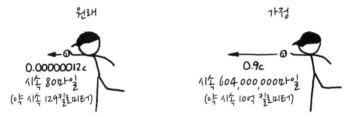

원래

0.00000012c
시속 80마일
(약 시속 129킬로미터)

가정

0.9c
시속 604,000,000마일
(약 시속 10억 킬로미터)

무슨 수로 야구공을 그렇게 빨리 던질 것인가 하는 문제는 일단 접어 두기로 해요.

그냥 평소처럼 던졌는데 투수의 손에서 공이 떠나는 순간,

마법처럼 공이 광속의 90퍼센트까지 가속된다고 가정하는 겁니다.

이후에는 모든 게 정상적인 물리법칙을 따른다고 생각하고요.

A **'많은 일'이 벌어질 것 같네요.** 많은 일이 아주 빠르게 벌어질 텐데, 타자에게는 (그리고 투수에게도) 결코 좋은 일이 아닐 겁니다. 지금 제 앞에는 물리학 책 몇 권과 놀런 라이언Nolan Ryan*의 캐릭터 인형 그리고 핵실험 비디오테

---

*미국 메이저리그의 전설적인 투수

이프 몇 개가 놓여 있습니다. 생각을 정리해 보는 중이에요. 제가 추측할 수 있는 한도 내에서, 앞으로 벌어질 일들을 나노초* 단위로 한번 묘사해 보면 다음과 같습니다.

우선 공이 너무 빠르게 날아가기 때문에 사실상 다른 것들은 모두 정지 상태라고 봐도 무방합니다. 심지어 공기 중의 분자들까지도 정지 상태일 거예요. 공기 분자는 시속 몇백 마일의 속도로 이리저리 진동을 하겠지만, 야구공이 시속 6억 마일(약 10억 킬로미터)의 속도로 그 사이를 뚫고 지나갈 테니까요. 즉, 야구공에 비하면 공기 분자들은 얼어붙은 것처럼 그 자리에 가만히 있게 된다는 얘기입니다.

그러니 기체 역학은 여기에서 적용될 일이 없습니다. 보통 상황에서는 공기 중으로 무언가가 지나가면 공기가 그 주변으로 물 흐르듯 움직이죠. 하지만 이 야구공 앞에 있던 공기 분자들은 옆으로 떠밀려 날 시간이 부족할 겁니다. 야구공이 공기 분자를 너무 세게 들이받는 바람에 공기 분자 속의 원자들은 실제로 야구공 표면에 있는 원자들과 융합될 거예요. 그렇게 되면 원자 하나가 충돌할 때마다 감마선이 터져 나오면서 입자들이 흩어지겠죠. (제가 처음 답변을 올린 후 MIT의 물리학자 한스 린더크네히트Hans Rinderknecht에게 연락이 왔습니다. 연구소에 있는 컴퓨터로 이 시나리오를 시뮬레이션해 보았다고요. 그가 알아낸 바에 따르면, 야구공이 날아갈 때 처음에는 공기 분자 대부분이 융합 작용을 일으키기에는 너무 빠른 속도로 움직인다고 합니다. 그래서 분자들이 공을 곧장 통과해 지나가기 때문에 당초 답변에서 제가 설명한 것보다는 천천히, 균등하게 공이 뜨거워진다고 합니다.)

---

*10억분의 1초

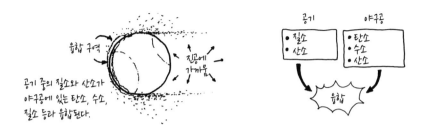

융합 구역
공기 중의 질소와 산소가
야구공에 있는 탄소, 수소,
질소 등과 융합된다.

진공에
가까움

공기
• 질소
• 산소

야구공
• 탄소
• 수소
• 산소

융합

투수의 마운드를 중심으로 이 감마선과 파편들이 밖으로 팽창하면서 커다란 버블을 형성합니다. 그리고 공기 중의 분자들을 찢어 놓겠죠. 원자핵에서 전자들을 뜯어내면서 운동장의 공기를 눈부시게 밝은, 팽창하는 플라스마 버블로 바꿔 놓을 거예요. 이 버블의 외벽이 야구공보다 살짝 앞서서 거의 빛의 속도로 타자를 향해 다가올 겁니다.

야구공 앞에서 끊임없이 일어나는 융합 작용은 야구공을 뒤로 밀어내기 때문에 야구공의 속도를 떨어뜨립니다. 야구공은 마치 엔진을 태우며 꼬리부터 거꾸로 나는 로켓 같은 모양새가 되는 거지요. 안타깝게도 야구공이 너무 빠르게 움직이기 때문에, 실시간으로 일어나는 핵융합으로 인한 폭발의 어마어마한 힘에도 불구하고 속도는 거의 느려지지 않을 겁니다. 그렇지만 이 폭발은 야구공의 표면을 조금씩 갉아 먹기 시작하고, 아주 작은 야구공 파편들을 사방으로 날려 보낼 겁니다. 이 파편들 역시 날아가는 속도가 아주 빠르기 때문에 공기 분자와 부딪히면서 융합 작용을 2, 3차례 더 일으키게 될 겁니다.

그렇게 해서 대략 70나노초 후에 야구공은 홈플레이트에 도달하게 됩니다. 타자는 아직 투수가 공을 던지는 것조차 보지 못했을 거예요. 왜냐하면 그 정보를 전달해 주는 빛이 야구공과 거의 같은 시간에 도착할 테니까요. 공기와의 충돌로 공은 거의 다 갉아 먹힌 상태가 되었을 테고, 이제 공은 주로 탄소, 산소, 수소, 질소로 이루어진 총알 모양의 팽창하는 플라스마 구름이 되어, 공기에 부딪히며 지나가는 동안 더 많은 융합을 유발하겠죠. 엑스레이층이 먼저 타자를 덮칠 것이고, 몇 나노초 후에는 파편 구름이 덮칠 겁니다.

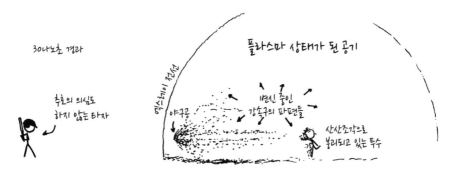

30나노초 경과

후회의 의심도
하지 않는 타자

엑스레이 광선

야구공

변신 중인 강속구의 파편들

플라스마 상태가 된 공기

산산조각으로
불려되고 있는 투수

홈 플레이트에 도착할 때쯤 구름의 중심부는 아직도 빛의 속도에 가깝게 움직이고 있을 겁니다. 구름은 야구 방망이를 먼저 때리겠지만, 곧이어 타자, 플레이트, 포수가 모두 '부웅' 날아올라 분해되면서 뒤편 그물을 통해 빠져나가게 될 테고요. 엑스레이층과 과열된 플라스마는 바깥쪽과 위쪽으로 팽창하면서 뒤에 있는 그물과 양 팀 선수, 관중석, 인근 동네까지 모두 집어삼킬 겁니다. 10억분의 1초 만에 말이죠.

만약 여러분이 도시 밖에 있는 언덕 꼭대기에서 이 광경을 지켜보고 있다면, 가장 먼저 보게 되는 것은 순간적으로 앞이 보이지 않을 만큼 밝은, 태양보다도 더 밝은 '빛'일 겁니다. 이후 몇 초 동안 이 빛은 점점 누그러지고 불덩어리가 점점 커지면서 버섯구름이 피어날 겁니다. 그리고 나면 어마어마한 소리와 함께 폭발파가 도달해 나무와 집들을 갈가리 찢어 놓겠죠.

야구장에서 대략 수 마일 이내에 있는 것은 죄다 날아가 버릴 테고, 폭풍 같은 불길이 주변 도시를 집어삼킬 겁니다. 이제는 커다란 분화구가 되어 버린 야구장의 다이아몬드는 원래 뒤 그물이 있던 곳보다 수십 미터쯤 물러난 곳에 위치하게 될 겁니다.

메이저리그 야구 규칙 6조 8항 (b)에 따르면, 이런 경우 '몸에 맞는 공'으로 봐야 할 테니 타자는 1루까지 진루할 자격이 생기겠네요.

사용 후 핵연료 저장 수조에서 수영을 하면

Q 사용 후 핵연료 저장 수조에서 수영을 하면 어떻게 되나요? 다이빙을 하지 않는 이상, 실제로 치명적인 양의 방사선을 쬘 일은 없는 건가요? 수면에서 안전하게 머물 수 있는 시간은 얼마나 되나요? - 조나탕 바스티엥-필리애트루Jonathan Bastien-Filiatrault

A **우선 여러분이 수영을 꽤 잘한다고 가정합시다.** 어디가 되었든 선헤엄을 치며 살아남을 수 있는 시간은 10시간에서 40시간 정도 될 겁니다. 그 정도 시간이 지나면 피로에 지쳐 기절한 후 익사하겠죠. 이것은 바닥에 핵연료가 저장되어 있지 않은 일반 수조의 경우에도 마찬가지입니다.

원자로에서 사용하고 난 핵연료는 고방사능 물질입니다. 물은 방사선을 잘 차폐할 뿐만 아니라 냉각 기능도 좋기 때문에, 다 쓴 핵연료는 20년간 수조 바닥에 저장해 두게 됩니다. 물이 없는 용기에 옮겨도 될 만큼 비활성 상태가 되도록 기다리는 거지요. 마른 용기로 옮긴 후에 어디에 둘 것인지에 관해서는 아직 제대로 된 합의를 도출하지 못했습니다. 빠른 시일 내에 장소를 찾아내야겠지요.

전형적인 사용 후 핵연료 저장 수조는 다음과 같은 모습입니다.

28

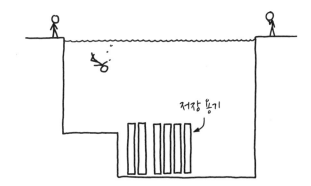

저장 용기

사용 후 핵연료가 내는 열은 크게 문제 되지 않을 겁니다. 저장 수조의 수온은 이론상으로는 섭씨 50도까지 올라갈 수 있지만 실제로는 보통 25도에서 35도 사이니까요. 수영장보다는 조금 따뜻하지만 뜨거운 욕조보다는 좀 덜 따뜻한 정도예요.

방사능이 가장 높은 연료봉은 최근에 원자로에서 제거한 연료봉입니다. 사용 후 핵연료에서 나오는 방사선은 7센티미터 두께의 물을 통과할 때마다 방사선량이 절반으로 떨어집니다. 온타리오 수력발전공사Ontario Hydro가 제시하는 활동 수준 구분에 따르면, 갓 제거한 연료봉의 위험 범위는 다음과 같습니다.

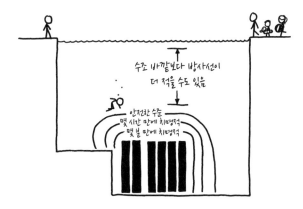

수조 바깥보다 방사선이
더 적을 수도 있음

안전한 수준
몇 시간 만에 치명적
몇 분 만에 치명적

수영을 해서 바닥까지 내려가 갓 제거된 연료통을 팔꿈치로 찍고 곧장 다시 올라온다고 하더라도, 노출된 방사선량은 사람을 충분히 죽일 수 있는 정도일 겁니다.

하지만 바깥쪽 경계선을 벗어나 있다면 얼마든지 오래 수영을 해도 됩니다. 중심부에서 나오는 방사선량은 우리가 길거리를 돌아다닐 때 접하는 일상적인 방사선량보다도 더 적을 테니까요. 사실 물속에 있다면 그런 자연스러운 정상 방사선도 대부분 차폐됩니다. 실제로 사용 후 핵연료 저장 수조에서 선헤엄을 치고 있으면 길거리를 돌아다닐 때보다 오히려 방사선을 더 적게 쬘지도 모릅니다.

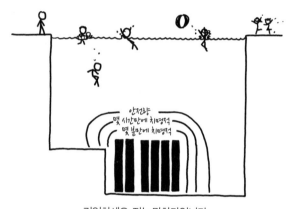

기억하세요. 저는 만화가입니다.
핵 물질 주변 안전에 관해 제 말만 믿고 따르신다면
무슨 봉변을 당하게 될지 아무도 모릅니다.

지금까지는 모든 게 순조롭게 진행됐을 때의 얘기고요. 사용 후 핵 연료봉의 포장에 혹시나 부식된 부분이 있다면 물속에 핵분열 생성물이 있을 수도 있습니다. 저장 수조의 물은 상당히 깨끗하기 때문에, 그 안에서 헤엄을 치더라도 별로 해가 될 것은 없습니다. 하지만 어느 정도의 방사능은 있기 때문에, 그 물을 그대로 생수통에 넣어서 팔았다가는 잡혀갈지도 모릅니다(참 안타까운 일이죠. 기가 막힌 에너지 드링크가 될 수도 있을 텐데 말이에요).

사용 후 핵연료 저장 수조가 수영을 해도 될 만큼 안전하다는 사실은 정기적으로 그 속을 헤엄쳐 다니는 잠수부들을 보면 알 수 있습니다.

하지만 잠수부들 역시 조심해야 한답니다.

2010년 8월 31일 스위스 라이프슈타트Leibstadt 원자로에서 있었던 일입니다. 잠수부 1명이 사용 후 핵연료 저장 수조에서 작업을 하다가, 수조 바닥에서 정체 모를 긴 튜브를 발견했습니다. 그는 무전으로 상관에게 어떻게 할지 물어보았죠. 상관은 튜브를 도구함에 담아오라고 했고, 잠수부는 시키는 대로 했습니다. 방사능 경고음이 울렸지만 수조 안의 물방울로 인한 잡음 때문에 잠수부는 그 소리를 듣지 못했습니다.

도구함을 물 밖으로 끌어내자 수조실의 방사능 경고음이 울렸습니다. 도구함을 다시 물속에 던져 넣고 잠수부는 수조를 떠났죠. 방사선량을 표시하는 잠수부의 배지는 잠수부가 평소보다 높은 전신선량(온몸에 피폭된 방사선량)을 입었다고 표시하고 있었어요. 특히 오른손의 피폭량이 매우 높았습니다.

이후 그 튜브는 원자로 노심의 방사선 감지기에서 나온 보호용 튜브였던 것으로 밝혀졌습니다. 방사능이 아주 높은 물건이죠. 2006년 캡슐을 닫을 때 실수로 잘려 나왔는데, 4년 동안이나 수조 구석에 가라앉아 있는 것을 아무도 발견하지 못했던 겁니다.

이 튜브는 방사능이 너무 높아서 만약 인체에 더 가까이 됐더라면, 이를테면 허리에 찬 공구 벨트에 끼웠거나 어깨에 멘 가방에 담았더라면 잠수부는 죽었을 수도 있다고 하네요. 그렇지만 물이 잠수부를 보호해 준 덕분에, 잠수부는 손에만 다량의 방사선을 쬐었습니다. 민감한 내부 장기에 비하면 손은 그나마 방사능을 잘 견디는 부위입니다.

　　그래서 수영을 해도 안전한지에 관해 결론을 내려 보자면, 저장 수조의 바닥까지 다이빙을 한다거나 이상한 물건을 집어 오지 않는 이상, 아마 별 문제 없을 겁니다.

　　그래도 혹시나 해서 원자로가 있는 연구 시설에서 일하는 친구에게 연락을 해 봤습니다. 그 친구네 방사능 차폐 수조에서 누군가가 수영을 하면 어떻게 되느냐고 물어봤는데요.

　　"우리 원자로에서?" 친구는 잠시 생각에 잠기더니 이렇게 말하더군요. "금방 죽을 거 같은데? 아마 물에 닿기도 전에 죽을 거야. 총 맞아서."

이상하고 걱정스러운 질문들 1

Q 치아를 아주아주 차갑게 만든 다음에 뜨거운 커피를 마시면 치아가 산산조각 나나요? - 셸비 허버트Shelby Hebert

Q 미국에서 해마다 완전히 불타 없어지는 가옥은 몇 채쯤 되나요? 그 숫자를 크게 (적어도 15퍼센트 이상) 늘릴 수 있는 가장 쉬운 방법은 뭘까요? - 익명

타임머신을 타고 뉴욕으로

Q 과거로 시간 여행을 떠나면 지구 상의 동일한 지점에 떨어지는 거죠? 영화 〈백 투 더 퓨처Back to the Future〉를 보면 그렇던데요. 만약 그렇다면, 뉴욕 타임스퀘 어에서 1,000년 전으로 시간 여행을 떠나면 어떻게 될까요? 1만 년 전으로 가면요? 10 만 년 전? 100만 년 전? 10억 년 전이면요? 미래로 100만 년을 달려가면 어떤 모습일 까요? - 마크 데틀링Mark Dettling

A **1,000년 전**
맨해튼에는 지난 3,000년간 계속 사람이 살았고, 인간이 처음으로 자리 를 잡은 것은 대략 9,000년 전입니다.

1600년대에 유럽인들이 도착했을 때, 이 지역에는 레나페Lenape 족(델라웨어 Delaware 족이라고도 합니다)이 살고 있었습니다. 레나페 족은 현재의 코네티컷, 뉴 욕, 뉴저지, 델라웨어 지역에 살던 여러 부족의 느슨한 연합체였죠.

1,000년 전에도 아마 이 지역에는 동일한 부족들이 살았을 겁니다. 유럽인들 을 접하기 500년 전부터 같은 사람들이 살고 있었던 거죠. 1600년대의 레나페 족이 지금의 레나페 족과는 많이 다른 것처럼, 1,000년 전의 레나페 족도 1600년 대의 레나페 족과는 영 딴판이었습니다.

도시가 생기기 전 타임스퀘어가 어떤 모습이었는지 알고 싶다면, 참조할 수 있는 근사한 프로젝트가 있습니다. 웰리키아Welikia 프로젝트라는 것인데, 매너해타Mannahatta 프로젝트라는 더 작은 프로젝트에서 파생된 것으로, 유럽인들이 도착했을 당시 뉴욕 시에 대한 자세한 생태 지도를 만들었답니다.

welikia.org에서 이용할 수 있는 인터랙티브 형식의 이 지도는 또 다른 뉴욕의 단면을 아주 멋지게 잡아냅니다. 1609년 맨해튼 섬은 여러 언덕과 습지, 삼림, 호수, 강으로 이루어진 자연의 일부였습니다.

1,000년 전 타임스퀘어는 웰리키아가 보여 주는 타임스퀘어와 생태학적으로 유사한 모습이었을지도 모릅니다. 겉모습은 아마 미국 북동부 일부 지역에서 지금도 볼 수 있는 오래된 숲들과 닮았겠죠. 하지만 눈에 띄는 차이도 있었을 겁니다.

1,000년 전에는 대형 동물들이 더 많았을 거예요. 오늘날 뚝뚝 끊어진 북동부의 오래된 숲에는 대형 포식자들이 거의 없습니다. 곰 몇 마리와 늑대, 코요테 정도가 있지만 마운틴 라이언mountain lion은 1마리도 없지요. 반면에 사슴의 개체 수는 폭발적으로 늘어났는데, 대형 포식자들이 사라진 것도 한 원인입니다.

1,000년 전 뉴욕 숲에는 밤나무가 가득했을 겁니다. 20세기 초 마름병이 휩쓸고 지나갈 때까지 북아메리카 동부의 활엽수림 중에서 약 25퍼센트가 밤나무였으니까요. 지금은 겨우 그루터기만 남아 있지만 말이죠.

지금도 뉴잉글랜드New England*의 숲에 가 보면 이런 그루터기들을 볼 수 있습니다. 때때로 새순이 돋아나기도 하지만 곧 마름병에 걸려 시들게 되지요. 머지않아 남은 그루터기들조차 죽게 될 겁니다.

---

*메인, 뉴햄프셔, 버몬트, 매사추세츠, 로드아일랜드, 코네티컷 등 미국 북동부의 6개 주를 이르는 말

숲에는 늑대들이 흔했을 겁니다. 특히 내륙 지역에는요. 마운틴 라이언(다른 말로, 퓨마, 쿠거cougar, 캐터마운트catamount, 흑표범, 페인티드 캣painted cat이라고도 합니다)이나 나그네비둘기*도 마주쳤을지 모르죠. 하지만 유럽 정착민들이 보았던, 하늘을 새까맣게 뒤덮은 수조 마리의 비둘기는 없었을지도 모릅니다. 《1491》이라는 책에서 찰스 C.만Charles C. Mann이 주장하는 바에 따르면, 유럽 정착민들이 목격했던 거대한 새떼는 천연두, 왕포아풀, 꿀벌로 인해 생태계가 교란된 징후였을 거라고 합니다.

그런데 단 1가지, 찾아볼 수 없는 것이 있었습니다. 바로 지렁이에요. 유럽 개척자들이 도착했을 때 뉴잉글랜드 지역에는 지렁이가 없었습니다. 왜 그런지 이유를 알고 싶다면 조금 더 과거로 가 봐야 해요.

1만 년 전

1만 년 전 지구는 오랜 추위에서 막 깨어나던 때였습니다.

뉴잉글랜드 지역을 뒤덮었던 거대한 대륙 빙하가 떠나 버린 후였죠. 2만 2,000년 전에 빙하의 남쪽 끝은 거의 스태튼아일랜드Staten Island까지 닿아 있었지

---

*무분별한 남획으로 20세기 초에 멸종된 북미산 비둘기

만 1만 8,000년 전에는 용커스Yonkers* 이북으로까지 물러나 있었습니다. (지금의 용커스 지역을 당시에는 '용커스'라고 부르지는 않았겠지요. 용커스는 1600년대 후반 정착기 네덜란드어에서 유래된 이름이니까요. 하지만 '용커스'라고 불리는 지역이 인간이나 지구보다 먼저 존재했다고 주장하는 사람도 있습니다. 그렇게 주장하는 사람이 저뿐인 것 같기는 하지만, 그래도 제 입장은 확고해요.) 인간이 나타난 1만 년 전에는 대부분의 빙하가 지금의 미국-캐나다 국경 위쪽으로까지 후퇴했고요.

대륙 빙하는 저 아래 기반암까지 긁어 놓으며 지나갔습니다. 그다음 1만 년 동안 생물들은 다시 서서히 북쪽으로 올라갔지요. 개중에는 다른 종보다 빨리 북쪽으로 옮겨 간 종들도 있었지만, 유럽인들이 뉴잉글랜드에 도착했을 때 지렁이들은 아직 돌아오지 않은 상태였습니다.

대륙 빙하가 물러날 때 커다란 얼음 덩어리들이 떨어져 나와 뒤에 남겨지기도 했습니다.

이 얼음 덩어리들이 녹으면서 움푹 팬 땅에 물이 가득 찬 케틀홀 연못kettlehole pond을 만들었습니다. 퀸스의 스프링필드 대로 북단 인근에 있는 오클랜드 호수가 바로 그런 케틀홀 연못 중 하나입니다. 대륙 빙하는 이동 과정에서 함께 쓸고

---

*뉴욕 시 북쪽에 바로 인접한 도시

다니던 바위를 떨어뜨리고 가기도 했는데, 빙하 표석漂石이라고 부르는 이들 바위는 오늘날 센트럴파크에서도 볼 수 있답니다.

얼음 밑으로는 높은 압력 때문에 얼음이 녹아 강이 되어 흐르면서 지나는 길에 모래와 자갈을 퇴적해 놓았습니다. 이런 퇴적물들이 산등성이가 된 것을 에스커esker라고 부르죠. 보스턴에 있는 저의 집 근처 숲에도 이런 에스커들이 종횡으로 지나고 있습니다. 에스커는 여러 가지 기이한 지형을 만드는데, 전 세계에서 하나뿐인, 세워진 'U'자 모양의 강바닥도 그렇게 해서 만들어졌습니다.

10만 년 전
10만 년 전 세상은 지금과 아주 비슷했을지도 모릅니다(지금처럼 광고판이 많지

---

*〈그림 그리는 손〉이라는 작품으로 유명한 네덜란드의 판화가 마우리츠 코르넬리스 에셔Maurits Cornelis Escher를 말하는 것으로 그의 미국식 발음이 '에스커'와 같은 데에서 착안한 언어 유희

는 않았겠지요). 우리는 빙기와 간빙기가 빠르게 바뀌는 지질시대를 살고 있지만, 지난 1만 년간은 따뜻한 기후가 안정적으로 유지되었습니다(적어도 얼마 전까지는 분명히 그랬어요. 지금은 우리가 그 안정을 끝장내려는 참이지만요).

10만 년 전 지구는 비슷한 기후적 안정기의 끝자락에 와 있었습니다. 산가몬Sangamon 간빙기라는 것인데요. 아마도 그 덕분에 지금과 같은 생태학적 발전이 있었던 것 같습니다.

한편, 해안의 지형은 지금과 완전히 달랐을 겁니다. 스태튼아일랜드, 롱아일랜드Long Island, 낸터킷Nantucket, 마서스 비니어드Martha's Vineyard는 모두 가장 마지막 빙하가 불도저처럼 밀어붙여서 만들어 놓은 둔덕이었습니다. 해안에는 지금과는 다른 모습의 섬들이 흩어져 있었고요.

10만 년 전 숲에서도 오늘날 볼 수 있는 동물들이 많이 있었을 겁니다. 새나 다람쥐, 사슴, 늑대, 흑곰 같은 것들 말이죠. 하지만 조금 놀랄 만한 동물들도 있었습니다. 이 부분에 관해 알고 싶다면 가지뿔영양pronghorn의 미스터리를 살펴 보아야 해요.

가지뿔영양(아메리카 엔텔로프America antelope)은 좀 이상한 점이 있습니다. 달리는 속도가 너무 빠르다는 점이죠. 그럴 필요가 없는 수준으로 빠르거든요. 가지뿔영양은 약 시속 90킬로미터 가까이 뛸 수 있고 이 속도로 아주 먼 거리를 달릴 수 있습니다. 반면에 가지뿔영양을 잡아먹는 늑대나 코요테는 기껏해야 최고 속도가 시속 55킬로미터 정도고요. 그렇다면 가지뿔영양은 왜 이토록 빨리 뛰도록 진화했을까요?

그 이유는 가지뿔영양이 진화하던 시절에는 세상이 지금보다 훨씬 더 위험한 곳이었기 때문입니다. 10만 년 전 북아메리카의 숲에는 다이어울프dire wolf, 짧은 얼굴곰short-faced bear, 검치호劍齒虎, sabre-tooted 같은 동물들이 살고 있었습니다. 모두 지금의 포식자들보다 훨씬 더 빠르고 무서운 놈들이었죠. 하지만 모두 첫 인류가 아메리카 대륙을 개척한 직후에 일어난 제4기* 멸종 사태 때 자취를 감췄습니다(혹시나 해서 하는 말인데, 인간이 그렇게 만든 것은 아니고 순전히 우연의 일치랍니다).

100만 년 전

가장 최근의 대규모 빙기가 시작되기 전인 100만 년 전에는 세상이 꽤 따뜻했습니다. 제4기의 한가운데에 와 있었죠. 몇백만 년 전에 이미 현대의 대빙하시대가 시작되었지만 100만 년 전에는 빙하가 발달하지도, 후퇴하지도 않는 소강상태였기 때문에 기후는 비교적 안정되어 있었습니다.

아마도 가지뿔영양을 먹고 살았을, 앞서 보았던 발 빠른 포식자들 외에도 무서운 육식 동물이 또 하나 있었는데요. 바로 지금의 늑대를 닮은, 다리가 긴 하이에나입니다. 하이에나는 주로 아프리카와 아시아에 서식했지만, 해수면이 낮아지면서 그중 한 종이 베링 해협을 지나 북아메리카로 넘어왔습니다. 넘어온 하이에나는 한 종류뿐이었기 때문에 '카스마포르세테스Chasmaporthetes'라는 이름을 부여받았습니다. '협곡을 본 자'라는 뜻이지요.

다음에는 질문자님이 또 궁금해했던 아주 먼 과거로 한번 가 볼게요.

10억 년 전

10억 년 전에는 대륙판들이 서로 밀리면서 하나의 거대한 초대륙을 형성하고 있

---

*신생대는 제3기와 제4기로 구분되는데, 약 200만 년 전부터 지금까지의 지질시대를 제4기라고 한다.

었습니다. 하지만 이 초대륙은 우리에게 잘 알려진 판게아Pangea가 아니라 판게아의 조상격인 로디니아Rodinia였죠. 지질학적 기록은 별로 많지 않지만, 열심히 추측해 보면 대략 다음과 같은 모양이었을 것입니다.

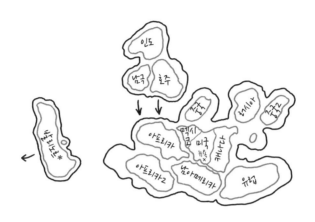

로디니아 시기에는 지금의 맨해튼 아래에 놓여 있는 기반암이 아직 형성되지 않았지만, 북아메리카의 심부 암반은 이미 노쇠한 상태였죠. 지금의 맨해튼이 되는 부분은, 당시에는 아마도 지금의 앙골라와 남아프리카가 되는 땅에 연결된 내륙이었을 것입니다.

정말로 옛날인 이 시기에는 동물도, 식물도 없었습니다. 바다에는 생명이 가득했지만 단순한 형태의 단세포생물들이었죠. 바다 표면에는 남조류들이 둥실둥실 떠 있었습니다.

그런데 예기치 못하게도 이 남조류들은 역사상 가장 치명적인 킬러가 되고 맙니다.

---

*J. R. R. 톨킨의 《반지의 제왕》에 나오는 가상 대륙

그 과정은 이랬습니다. '시아노박테리아cyanobacteria'라고도 하는 이 남조류는 최초로 광합성을 한 생물입니다. 이산화탄소를 흡수하고 산소를 내뱉었죠. 그런데 활성 기체인 산소는 쇠를 녹슬게 하고(산화) 나무를 태웁니다(격렬한 산화). 시아노박테리아가 처음 나타났을 때 이들이 내뿜는 산소는 거의 모든 생명체에게 독성이 있었습니다. 이렇게 해서 일어난 대규모 멸종 사태를 '산소 대참사'라고 부릅니다.

시아노박테리아가 지구의 대기와 바다에 유독한 산소를 잔뜩 쏟아낸 후, 생물들은 산소의 특이한 성질을 새로운 생물학적 과정에 이용할 수 있는 방향으로 진화했습니다. 우리는 처음으로 산소 호흡을 한 생물들의 후손인 것이죠.

이 시기의 세부적 내용은 불확실한 사항들이 많아서 10억 년 전의 세상을 재구성하기가 쉽지 않네요. 그런데 우리 질문자님은 그보다 더 불확실한 영역, 즉 미래에 관해서도 물어보고 있습니다.

100만 년 후

결국 인류는 멸종하겠죠. 언제일지는 아무도 모르지만(혹시 아는 분은 이메일 주세요), 영원히 사는 것은 아무것도 없으니까요. 아마도 우리는 별들 사이로 흩어져 몇십억 년, 몇조 년을 더 지속할 겁니다. 문명은 몰락하겠죠. 우리는 모두 질병과 기근에 무릎을 꿇을 것이고, 마지막 인류는 고양이 밥이 될 겁니다. 어쩌면 여러분이 이 문장을 읽고 난 몇 시간 후에 우리 모두가 나노봇nanobot에게 죽을지도 모르지요. 미래란 알 수 없는 것이니까요.

100만 년은 긴 시간입니다. 호모사피엔스가 존재한 기간보다도 몇 배나 더 길고, 문자가 존재한 기간보다 몇백 배나 더 깁니다. 그러니 인류의 이야기가 어떤 식으로 펼쳐지든, 100만 년 후에는 지금의 단계는 벗어났을 거라고 생각하는 편이 합당할 겁니다.

우리가 없더라도 지구의 지질은 남겠죠. 바람과 비 그리고 바람에 날린 모래들이 인류 문명이 남긴 작품들을 모두 해체하고 땅속 깊이 묻어 버릴 것입니다. 인간이 유발한 기후 변화 때문에 아마도 다음 빙기는 더 늦게 찾아오겠지만, 빙하시대의 순환 과정은 아직 끝난 것이 아닙니다. 결국 빙하는 다시 발달하겠죠. 인간이 만든 것들 중에서 100만 년 후까지 남아 있는 것은 거의 없을 겁니다.

우리가 남긴 유물들 중에 가장 오랫동안 사라지지 않는 것은 아마 우리가 지구 곳곳에 남겨 둔 플라스틱일 겁니다. 우리는 석유를 파내, 내구성 있고 오래가는 폴리머polymer(중합체)로 가공한 다음 지구 표면 곳곳에 뿌려 놓았죠. 결국 우리가 이룩한 그 모든 것보다 이 플라스틱이 더 오래 살아남아 인류의 지문 노릇을 하게 될 겁니다.

이 플라스틱들은 갈갈이 찢겨 땅속에 묻힐 겁니다. 그러면 그걸 소화하는 방법을 터득한 미생물도 나타날지 모르죠. 그렇지만 가장 확률이 높은 것은, 지금으로부터 100만 년 후 엉뚱한 층에서 발견되는 탄화수소층(샴푸 통, 쇼핑백 같은 것들이 부서지고 변형된 잔해)이 인류라는 문명의 화학적 기념비 역할을 하게 되리라는 점입니다.

먼 미래

태양은 점점 밝아지는 중입니다. 30억 년 동안 태양은 꾸준히 더 따뜻해졌습니다. 그리고 지구는 피드백 고리를 가진 복잡한 시스템 덕분에 비교적 안정된 온도를 유지해 왔습니다.

그런데 10억 년 후에는 이 피드백 고리가 수명을 다하게 됩니다. 생명체의 몸을 식혀 주고 생명체에게 자양분을 제공했던 바다는 이제 생명체에게 둘도 없는 적이 될 겁니다. 뜨거운 태양 때문에 몽땅 증발해 버린 바다가 두꺼운 수증기층을 형성해 지구를 뒤덮고, 그 결과 '폭주된 온실 효과runaway greenhouse effect'를 유발할 테니까요. 10억 년 후면 지구는 제2의 금성이 될 겁니다.

지구가 점차 뜨거워지면서 물이 모두 사라지고 나면 대기 중에는 암석 증기가 생길지도 모릅니다. 지각 자체가 끓기 시작하는 거지요. 그러고 나서 다시 수십억 년이 지나면 결국 우리는 팽창하는 태양에게 잡아먹히고 말 겁니다.

지구는 소멸될 것이고, 타임스퀘어를 이루던 많은 분자들은 죽어 가는 태양에 의해 밖으로 내쳐지겠지요. 이렇게 만들어진 우주진운宇宙塵雲은 우주 속을 떠돌다가 붕괴되어 새로운 별이나 행성을 구성할 겁니다.

만약에 인류가 태양계를 탈출하는 데 성공해서 태양이 죽은 후에도 계속 살아남는다면, 언젠가 우리 후손들은 아마 그런 행성 중 하나에 살고 있을지도 모릅니다. 타임스퀘어에서 나온 원자들이 태양 중심에서 다시 태어나 새로운 인류의 몸을 구성하는 거지요.

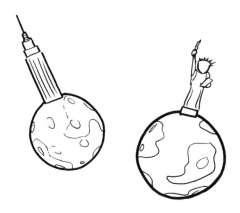

언젠가 우리는 모두 죽었거나, 모두 뉴요커New Yorker가 되어 있겠죠.

세상에 소울메이트가 1명뿐이면

Q 모든 사람에게 소울메이트가 단 1명뿐이라면, 그리고 그 1명이 지구 상 어디에 사는지 알 수 없다면 무슨 일이 벌어질까요? - 벤저민 스태핀Benjamin Staffin

A 정말 악몽 같은 일이네요.

'단 1명의 무작위 소울메이트'라는 개념에는 문제가 아주 많습니다. 팀 민친Tim Minchin도 〈이프 아이 디든트 해브 유If I Didn't Have You〉에서 이렇게 노래했을 정도니까요.

당신의 사랑은 100만 명 중의 하나.
아무리 많은 돈을 줘도 살 수가 없죠.
하지만 나머지 99만 9,999명 중에서도
그만큼 좋은 사람은 또 있을 거예요. 확률적으로.

그렇지만 정말로 우리에게 무작위로 할당된 단 1명의 완벽한 소울메이트가 있다면, 그리고 그 사람이 아니면 도저히 그 누구와도 행복할 수 없다면 어떻게 될까요? 우리는 과연 서로를 찾아낼 수 있을까요?

먼저 소울메이트가 태어날 때부터 정해져 있다고 가정합시다. 누구인지, 어디에 사는지는 전혀 모르지만, 로맨스 소설이나 영화에서 흔히 보는 것처럼 서로 눈이 마주치는 순간 단박에 서로를 알아볼 수 있다고요.

이렇게 되면 당장 몇 가지 의문이 생깁니다. 가장 먼저 드는 의문은, 과연 우리의 소울메이트가 아직 살아 있기는 한 걸까요? 지금까지 살았던 인류를 모두 합치면 족히 1,000억 명은 될 텐데, 지금 살아 있는 사람은 고작 70억 명입니다. 그렇다면 인간의 사망률은 93퍼센트가 되겠죠. 그런데 우리 모두가 무작위로 짝이 정해져 있다면, 우리의 소울메이트 중 90퍼센트는 이미 오래 전에 죽은 셈이에요.

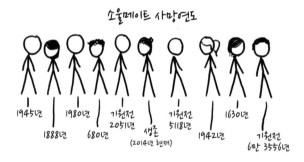

소울메이트 사망연도

1945년 1888년 1980년 680년 기원전 2051년 생존 (2014년 현재) 기원전 5118년 1942년 1630년 기원전 6만 3556년

정말 끔찍하죠? 하지만 이게 다가 아닙니다. 죽은 사람들로 끝이 아니거든요. 아직 태어나지 않은 수많은 사람들도 고려해야죠. 소울메이트가 먼 과거의 사람일 수 있다면, 당연히 먼 미래의 사람일 수도 있습니다. 먼 과거의 사람이 보았을 때는 '우리가' 먼 미래의 사람이니까요.

그러니 그냥 소울메이트가 동시대 사람이라고 가정합시다. 그리고 너무 섬뜩한 상황은 생각할 필요가 없도록 나이 차이도 얼마 나지 않는다고 가정합시다. 일반적으로 생각하는 '섬뜩한 나이 차이'보다는 훨씬 엄격한 조건을 붙여 보겠습니다(http://xkcd.com/314의 'Dating pools' 참조). 이렇게 하지 않을 경우, 30살짜리와 40살짜리가 서로 소울메이트라고 했을 때 두 사람이 우연히 15년 전에 만난다면 섬뜩하잖아요. 이렇게 '같은 또래'라는 조건을 추가할 경우 대부분의 사람들에게 잠재적으로 짝이 될 수 있는 사람은 약 5억 명 정도입니다.

그런데 성별과 성적 취향은 고려하지 않아도 될까요? 문화권은요? 언어는? 이 밖에도 여러 가지 인구 통계적 요소를 이용해 범위를 좁힐 수 있겠지만, 그렇게 하면 '단 1명의 무작위 소울메이트'라는 개념에서 점점 더 멀어지겠죠. 그러니 우리의 시나리오에서는 상대의 눈을 들여다보기 전까지 소울메이트에 대해 '아무것도' 모르는 걸로 하겠습니다. 그리고 모든 사람이 만사를 제쳐 두고 자신의 소울메이트만 찾아다닌다고 칩시다.

이랬을 경우에도 우리가 소울메이트와 마주칠 확률은 믿기지 않을 정도로 낮습니다. 물론 매일 몇 명의 낯선 사람과 눈이 마주치는가는 사람에 따라 천차만별입니다. 그 수가 거의 0에 가까운 사람(바깥 출입을 할 수 없거나 작은 마을에 사는 사람들)도 있고, 수천 명에 이르는 사람(타임스퀘어에서 일하는 경찰관)도 있죠. 하지만 우리는 그냥 매일 수십 명의 낯선 사람과 눈을 마주친다고 가정하기로 해요(저는 내향적인 사람이어서 이 정도면 아주 넉넉하게 잡은 겁니다). 그중 나이 차이가 얼마 안 나는 사람이 10퍼센트라고 했을 때, 평생으로 환산하면 5,000명의 낯선 또래들과 눈을 마주치는 셈이 됩니다. 소울메이트가 될 수 있는 사람이 5억 명이라는 점을 감안하면, 평생 동안 우리가 진정한 사랑을 찾을 확률은 1만분의 1이 되는 거지요.

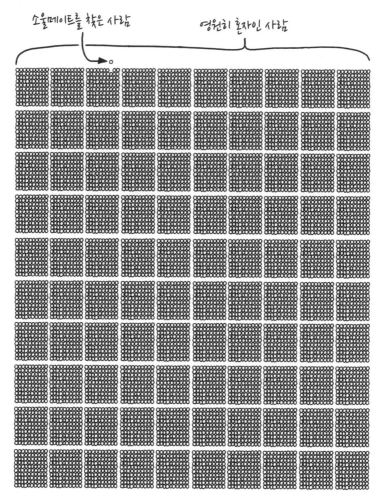

소울메이트를 찾은 사람   영원히 혼자인 사람

혼자서 외롭게 죽을 수도 있다는 불안감이 아주 커진다면, 가능한 한 많은 사람과 눈을 맞출 수 있는 쪽으로 사회 전체가 재정비될 수도 있습니다. 거대한 컨베이어 벨트를 설치해서 그 위에 줄을 서서 지나가며 서로 눈을 마주쳐 볼 수도 있겠죠.

하지만 웹캠을 통해 눈을 맞춰도 같은 효과를 가져올 수 있다면, '챗룰렛 ChatRoulette'* 같은 사이트를 좀 변형해서 사용할 수도 있겠지요.

모든 사람이 일주일에 7일, 하루 8시간씩 이 시스템을 이용하고 2초면 자신의 소울메이트를 판단할 수 있다고 했을 때, '이론적으로' 이 시스템은 수십 년이면 모든 사람에게 소울메이트를 찾아 줄 수 있습니다. (사람들이 각자 자기 짝을 찾는 데 시간이 얼마나 걸리는지 알아보려고 간단한 모형 몇 개를 만들어 보았는데요. 특정 조건의 수학적 확률을 알고 싶을 때는 한눈을 팔게 되는 문제가 있더군요.)

그런데 현실에서는 어떤 형태가 되었든 연애할 시간조차 낼 수 없는 사람들도 많으니, 여기에 20년이나 투자할 수 있는 사람은 거의 없을 겁니다. 그렇다면 소울메이트 찾기 사이트 앞에 앉아 있을 수 있는 사람은 부유한 집안의 아이들뿐일지도 모르겠네요. 그런데 안타깝지만 상위 1퍼센트의 경우도 그들의 소울메이트는 대부분 나머지 99퍼센트에 포함되어 있을 테니, 부유한 1퍼센트만 이 사이

---

*무작위로 전 세계 사람과 화상 채팅을 할 수 있는 웹사이트

트를 이용한다면 그 1퍼센트 중의 1퍼센트만이 짝을 찾게 될 겁니다. 겨우 만 명 중의 1명이 되는 거지요.

이렇게 되면 1퍼센트의 나머지 99퍼센트(즉, 0.99퍼센트에 속하는 사람들)는 더 많은 사람을 사이트로 끌어들이고 싶은 동기가 생길 겁니다. 그래서 다른 사람들에게 컴퓨터를 지원하는 자선 프로그램을 후원하게 될지도 모르지요. '모든 어린이에게 컴퓨터를' 사업과 '오케이큐피드OKCupid'*가 서로 만난 거지요. 사람들과 눈을 맞출 일이 많은 계산대 직원이나, 타임스퀘어의 경찰관 같은 직업이 각광받게 될 겁니다. 사람들은 도시로 모여들고, 사람이 많이 모이는 곳에 가서 사랑을 찾겠죠. 지금과 똑같이 말이에요.

하지만 누군가는 소울메이트 찾기 사이트에서 몇 년씩 시간을 보내고, 또 누군가는 낯선 사람들과 끊임없이 눈을 마주치는 직업을 구하고, 나머지 우리는 그저 행운을 바란다고 했을 때, 끝끝내 진정한 사랑을 찾는 사람은 극히 소수일 겁니다. 나머지 사람들은 그냥 운이 없는 거지요.

이 모든 스트레스와 압박감을 고려한다면, 진짜 사랑을 '찾은 척' 하는 사람들도 등장할 겁니다. 자신도 선택받은 사람들 속에 끼고 싶은 마음에, 또 다른 외로운 사람 1명과 의기투합하여 마치 소울메이트를 찾은 양 연기하는 것이지요. 결혼을 하고, 둘 사이의 문제를 숨기고, 친구나 가족들 앞에서 기를 쓰고 행복한 표정을 짓는 거예요.

'단 1명의 무작위 소울메이트'가 있는 세상은 외로운 세상일 겁니다. 그러니 부디 우리가 사는 세상은 그 세상이 아니기를 다 함께 바라 보자고요.

---

*온라인 소개팅 사이트

다 같이 레이저 포인터로 달을 겨냥하면

Q 전 세계 모든 사람이 동시에 레이저 포인터로 달을 겨냥하면 달의 색깔이 바뀔 까요? - 페테르 리포비치Peter Lipowicz

A 일반 레이저 포인터로는 안 될 거예요.

가장 먼저 고려해야 할 점은 모든 사람이 동시에 달을 보는 게 가능하지 않다는 점입니다. 물론 모든 사람을 한 자리에 모을 수도 있겠지만, 그냥 가장 많은 사람이 달을 볼 수 있는 시간대를 고른다고 합시다. 전 세계 인구의 75퍼센트 정도가 동위 0도에서 120도 사이에 살고 있으니, 이 실험을 하려면 달이 아라비아해 어디쯤 위에 떠 있는 시간을 골라야 합니다.

다음으로 결정해야 할 문제는 초승달이냐, 보름달이냐 하는 점입니다. 초승달이 더 어두우니까 레이저 색깔은 더 잘 보이겠지만, 문제점이 있습니다. 초승달은 주로 낮 시간에 뜨기 때문에 우리의 레이저 포인터 효과가 반감되어 버린다는 점이지요.

그러니 반달을 택하기로 합시다. 반달로 하면 어두운 쪽과 밝은 쪽에 각각 어떤 효과가 나타나는지까지 비교해 볼 수 있을 테니까요.

이게 우리의 목표물이에요.

우리가 흔히 보는 빨간색 레이저 포인터는 대략 5밀리와트 정도인데요. 좋은 레이저 포인터라면 달까지도 빔을 쏠 수 있을 겁니다. 달 표면에 도달할 때쯤에 레이저가 넓게 퍼지기는 하겠지만요. 대기가 레이저 빔을 다소 왜곡하고 일부는 흡수하겠지만, 포인터에서 나온 대부분의 빛은 달까지 도달할 겁니다.

우리 모두가 빛이 달에 도달할 때까지 포인터를 들고 있다가, 빛이 도달하는 즉시 포인터를 끈다고 가정해 봅시다. 그리고 그 빛은 달 표면에 고르게 퍼진다고 가정합시다.

그리니치 표준시GMT로 새벽 0시 30분에 모든 사람이 레이저 포인터로 달을 겨누고 버튼을 '딱' 하고 누르면 다음과 같은 일이 벌어집니다.

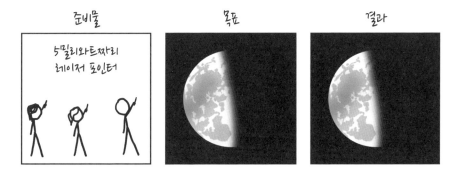

실망스럽죠?

하지만 그럴 수밖에 없답니다. 햇빛이 달을 비추는 에너지는 1제곱미터당 1킬로와트가 약간 넘습니다. 달의 단면적은 10^{13}제곱미터 정도이니, 10^{16}와트(10페타와트) 정도의 햇빛을 받고 있는 셈이죠. 이것을 50억 명으로 나누면 1인당 2메가와트가 되니까, 우리가 가진 5밀리와트와는 비교도 할 수 없이 밝은 빛입니다. 여러 부분에서 약간의 오차가 있을 수는 있겠지만, 전체 부등식의 방향 자체가 바뀌지는 않을 거예요.

1와트짜리 레이저 포인터는 아주 위험한 물건입니다. 사람들의 눈을 멀게 할 수 있을 뿐 아니라 피부에 화상을 입히고 물건에 불이 붙게 만들 수도 있죠. 그래서 미국에서는 1와트짜리 레이저 포인터를 소비자용으로 판매하는 것은 불법입

니다.

뻥이에요! 300달러만 주면 1와트짜리 레이저 포인터를 얼마든지 구입할 수 있답니다. 인터넷에 '1와트 휴대용 레이저'라고 검색해 보세요.

그러면 이제 2조 달러를 써서 모두에게 1와트짜리 녹색 레이저 포인터를 지급한다고 가정해 봅시다. (대통령 후보가 되실 분이 이걸 공약으로 내거신다면 제 표는 가져가신 거예요.) 이렇게 하면 빛이 더욱 강력할 뿐만 아니라, 녹색 레이저 광은 붉은 색보다 가시광선 스펙트럼의 중앙에 가깝기 때문에 사람 눈에 더 민감해서 더 밝게 보이는 장점이 있습니다.

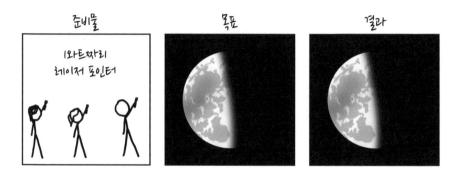

제장.

우리가 사용하는 레이저 포인터는 각거리 5분 크기로 150루멘의 빛(대부분의 손전등보다도 더 밝은 빛)을 내보냅니다. 이것이 달 표면을 비추면 약 0.5럭스의 밝기가 되는데, 태양이 비추는 13만 럭스와는 비교가 되지 않죠. 우리가 아주 완벽하게 겨냥한다고 해도 달 표면의 10퍼센트 정도를 겨우 5, 6럭스 정도로밖에 밝힐 수 없을 겁니다.

반면에 보름달이 지구를 비추는 밝기가 1럭스 정도니까, 우리의 레이저 포인터는 지구에서 인식하기에는 너무 약할 뿐만 아니라, 설사 우리가 달 표면에 서 있다고 해도 지구에서 보는 달빛보다도 더 약할 거예요.

더 센 빛을 사용하면요?

지난 10년간 리튬 배터리 기술과 LED 기술의 발달로 고성능 손전등 시장이 폭발적으로 성장했습니다. 하지만 손전등으로는 부족할 것이 뻔하니 손전등 종류는 다 건너뛰고, 우리 모두에게 나이트선Nightsun을 지급한다고 생각해 봅시다.

나이트선이라는 이름이 낯선 분들도 있겠지만, 다들 본 적은 있을 거예요. 경찰차 꼭대기나 해안 경비대 헬리콥터에 장착된 바로 그 서치라이트가 나이트선입니다. 대략 5만 루멘의 빛을 내는 나이트선은 작은 면적의 땅덩어리를 마치 대낮처럼 훤히 밝힐 수 있습니다.

나이트선의 빔 크기가 몇 도 정도 되기 때문에, 달에 닿으려면 초점을 잡아줄 렌즈를 이용해 0.5도 정도로 빔의 크기를 좁혀야 할 겁니다.

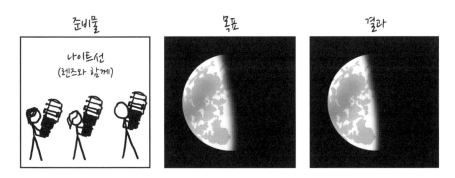

잘 보이지는 않지만 약간은 성과가 있었네요! 나이트선의 빔이 20럭스 정도

의 조명 효과를 내서 달의 어두운 쪽 절반의 침침한 빛을 2배나 밝게 만들었습니다! 하지만 잘 보이지 않을 뿐만 아니라, 밝은 쪽 절반에는 전혀 영향을 주지 않았네요.

더 센 빛을 사용하면요?

이번에는 나이트선을 모두 아이맥스 프로젝터로 바꿔 봅시다. 아이맥스 프로젝터는 3만 와트짜리 수랭식水冷式 램프가 2개 달려 있고, 100만 루멘 이상의 빛을 내는 기계입니다.

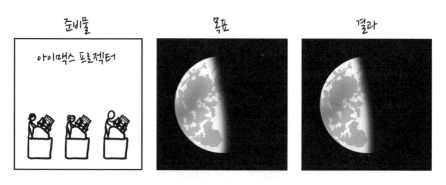

준비물   목표   결과

아이맥스 프로젝터

그래도 잘 안 보이죠?

라스베이거스에 있는 럭서 호텔Luxor Hotel 꼭대기에는 전 세계에서 가장 밝은 스포트라이트가 설치되어 있는데요. 이번에는 모두에게 이 스포트라이트를 나눠 준다고 가정해 봅시다.

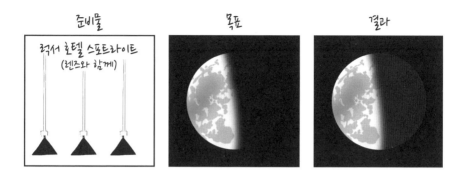

이번에는 분명히 보이네요. 목표 달성! 다들, 참 잘했어요!

더 센 빛을 사용하면요?

흠.

국방부에서 미사일 격추용으로 메가와트 급 레이저를 개발했다고 하는데요.

보잉 YAL-1기는 보잉 747기에 메가와트급 COIL^{chemical oxygen iodine laser} 레이저를 탑재한 비행기였습니다. COIL 레이저는 적외선 레이저여서 사람 눈에는 보이지 않지만, 이와 비슷한 정도의 세기를 가진 가시광선 레이저를 만든다고 상상해 볼 수는 있을 겁니다.

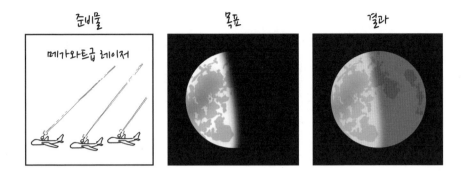

준비물　　　　　목표　　　　　결과

메가와트급 레이저

마침내 우리가 햇빛에 필적할 만한 빛을 만들어 냈네요!

지금 우리는 5페타와트의 전력을 소모하고 있는데요, 이것은 전 세계 평균 전력 소비량의 2배에 달하는 크기입니다.

더 센 빛을 사용하면요?

좋습니다. 그러면 이번에는 아시아 대륙 전체에 1제곱미터마다 메가와트급 레이저를 하나씩 설치해 보죠. 메가와트급 레이저 50조 개에 전력을 공급한다면 지구 전체의 석유 매장량이 약 2분 만에 동나 버릴 겁니다. 하지만 그 2분 동안 달은 다음과 같이 보일 겁니다.

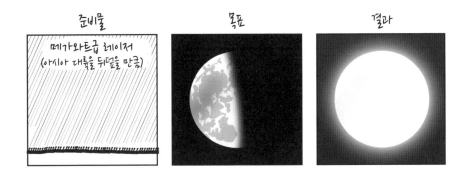

달이 아침나절의 태양만큼 밝게 빛날 겁니다. 그리고 그 2분이 지나면 달의 표토表土가 열을 받아 빛을 낼 거예요.

더 센 빛을 사용하면요?

알겠습니다. 그럼 이제 정말로 가능성이 없는 수준으로 한번 넘어가 보죠.

지구 상에서 가장 강력한 레이저는 미국핵융합연구소에 있는 고립 빔confinment beam입니다. 500테라와트급의 자외선 레이저이지요. 하지만 이 레이저는 겨우 몇 나노초밖에 지속되지 않는 단일파 형태로 발사되기 때문에 전달되는 전체 에너지 양은 겨우 휘발유 4분의 1컵 정도에 불과합니다.

우리가 어떻게든 이 레이저를 연속적으로 발사할 수 있는 방법을 찾아냈다고 상상해 봅시다. 그래서 이 레이저 장비를 모두에게 하나씩 나눠 주고 동시에 달을 비춘다고요. 안타깝지만 이 레이저의 에너지 흐름은 대기를 플라스마 상태로 바꿔 버릴 테고, 지표면에 즉시 불을 질러서 우리 모두를 죽이겠죠. 하지만 이 레

다 같이 레이저 포인터로 달을 겨냥하면

이저가 어찌어찌해서 그런 작용을 일으키지 않고 대기를 통과한다고 한번 가정해 봅시다.

그렇다고 해도 '여전히' 지구에는 불이 붙을 겁니다. 달에 반사되어 되돌아오는 빛이 정오의 태양보다 4,000배나 밝을 테니까요. 너무 밝은 달빛 때문에 지구의 바다는 1년도 못 되어 모두 증발해 버릴 겁니다.

하지만 지구는 잠시 잊기로 하고, 달에는 과연 무슨 일이 생길까요?

레이저 자체의 복사압이 너무 큰 나머지, 달은 중력 가속도의 1,000만분의 1만큼의 가속을 받게 될 겁니다. 처음에는 이런 가속도가 눈에 띄지 않겠지만, 세월이 흐르면 이런 효과가 축적되어 달은 결국 지구를 도는 공전 궤도에서 이탈해 버릴 수도 있습니다. 복사압만 생각한다면 말이죠.

40메가줄의 에너지라면 1킬로그램짜리 돌도 증발시킬 수 있습니다. 달에 있는 암석들이 리터당 평균 3킬로그램의 밀도를 가진다고 가정하면, 이 레이저가 쏟아 내는 에너지는 달의 기반암을 1초에 4미터씩 증발시켜 버릴 겁니다.

$$\frac{50억\,명 \times 500\frac{테라와트}{명}}{\pi \times 달의\ 반지름^2} \times \frac{1킬로그램}{40메가줄} \times \frac{1리터}{3킬로그램} \approx 4\frac{미터}{초}$$

하지만 실제로 달의 암석이 그렇게 빠른 속도로 증발하지는 않을 텐데, 거기에는 매우 중요한 이유가 있습니다.

커다란 돌이 증발하면 단순히 사라지는 것이 아닙니다. 달의 표층이 플라스마 상태가 되는데, 이 플라스마가 레이저가 지나는 길을 방해하게 되죠.

우리의 레이저가 이 플라스마에 계속해서 에너지를 쏟아 부으면, 플라스마는 계속 더 뜨거워질 겁니다. 입자들은 서로 자꾸 부딪히면서 달의 표면을 때리다가, 결국에는 엄청난 속도로 우주로 날아가겠죠.

이런 물질의 흐름이 달 표면 전체를 사실상 로켓 엔진처럼 바꿔 놓을 거예요. 그것도 아주 효율적인 엔진 말이죠. 이처럼 레이저를 이용해 표면 물질을 날려 버리는 것을 '레이저 제거법laser ablation'이라고 하는데, 이게 아주 유망한 우주선 추진법이랍니다.

달은 덩치가 아주 크기 때문에 빠르지는 않겠지만, 분명히 플라스마는 달을 지구에서 먼 쪽으로 밀어내기 시작할 겁니다. 분출된 가스와 불꽃은 지구 표면을 샅샅이 훑으며 레이저 장비까지 파괴해 버리겠지만, 우리의 장비에는 이상이 생기지 않는다고 가정할게요. 플라스마는 또한 달 표면을 물리적으로 갈가리 벗겨낼 텐데, 복잡해서 모형화하기가 쉽지 않네요.

하지만 대충 플라스마의 입자들이 평균 초당 500킬로미터의 속도로 빠져나간다고 가정해 보면, 달은 몇 달 내에 우리의 레이저가 미치는 범위를 벗어날 겁니다. 그렇게 되면 달의 질량은 대부분 보존되겠지만, 지구 중력을 벗어나 태양 주변을 한쪽으로 치우친 궤도로 돌게 되겠죠.

엄밀히 말하면 달이 새로운 행성이 되지는 않을 거예요. 국제천문연맹IAU이 정하는 행성의 기준에 따른다면 말이에요. 달의 새로운 궤도는 지구 궤도와 만나기 때문에 명왕성 같은 왜소행성으로 취급될 겁니다. 지구 궤도와 만나기 때문에 주기적으로 예상치 못한 궤도 변화도 생길 테고요. 결국에 가면 달은 태양 속으로 빨려 들어가거나, 태양계 외곽으로 쫓겨나거나, 아니면 행성 중 하나에 충돌할 겁니다. 지구와 충돌할 가능성도 얼마든지 있죠. 그럴 경우 그 재앙이 우리가 자초한 일이라는 데에는 다들 동의하실 거라고 믿습니다.

결국 이렇게 되는 거예요.

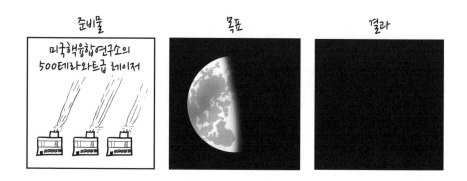

이제 더 센 빛은 필요 없겠죠?

원소 벽돌로 주기율표를 만들면

Q 주기율표에 있는 각 원소로 정육면체 모양의 벽돌을 만들어 주기율표 위치 그 대로 배치하면 무슨 일이 벌어질까요? - 앤디 코널리Andy Connolly

A **원소를 수집하는 사람들도 있습니다.** 이런 수집가들은 최대한 많은 원소 샘플을 수집해서 주기율표 모양으로 생긴 진열장을 채우려고 하죠. 그 런데 원소들이 위험하고, 방사능이 있으며, 수명이 짧은 포켓몬이라고 한번 생 각해 보세요.

118개의 원소 중에서 30개(헬륨, 탄소, 알루미늄, 철 등)는 동네 상점에서 순수 형태를 구입할 수 있습니다. 나머지 몇십 가지는 물건들을 분해하면 얻을 수 있 고요(연기 감지기를 뜯으면 아주 적은 양의 아메리슘을 얻을 수 있답니다). 다른 것 들은 인터넷으로 주문하면 되겠네요.

80퍼센트 정도의 원소는 어렵지 않게 구할 수 있습니다. 건강이나 안전의 위 험, 체포당할 위험 등에 연연하지 않는 사람이라면 90퍼센트도 구할 수 있어요. 하지만 나머지는 방사능이 너무 세거나 수명이 너무 짧아서 동시에 몇 개 이상의 원자는 수집할 수 없는 것들입니다.

하지만 만약에, 만약에 정말로 구했다면 어떻게 될까요?

원소 주기율표는 7줄로 되어 있습니다. (여러분이 이 책을 읽을 즈음에는 여덟째 줄이 추가되었을지도 모르지요. 만약 여러분이 2038년에 이 책을 읽는다면 주기율표는 10줄이 되었고, 주기율표에 대한 일체의 언급이나 의논은 지배자 로봇들에 의해 금지되었을지도 모릅니다.)

수소																	헬륨
리튬	베릴륨											붕소	탄소	질소	산소	플루오린	네온
나트륨	마그네슘											알루미늄	규소	인	황	염소	아르곤
칼륨	칼슘	스칸듐	타이타늄	바나듐	크로뮴	망간	철	코발트	니켈	구리	아연	갈륨	저마늄	비소	셀레늄	브로민	크립톤
루비듐	스트론튬	이트륨	지르코늄	나이오븀	몰리브데넘	테크네튬	루테늄	로듐	팔라듐	은	카드뮴	인듐	주석	안티모니	텔루륨	아이오딘	제논
세슘	바륨	하프늄	탄탈럼	텅스텐	레늄	오스뮴	이리듐	백금	금	수은	탈륨	납	비스무트	폴로늄	아스타틴	라돈	
프랑슘	라듐	러더포듐	더브늄	시보귬	보륨	하슘	마이트너륨	다름슈타튬	뢴트게늄	코페르니슘	(113)	플레로븀	(115)	리버모륨	(117)	(118)	

란타넘	세륨	프라세오디뮴	네오디뮴	프로메튬	사마륨	유로퓸	가돌리늄	테븀	디스프로슘	홀뮴	어븀	툴륨	이터븀	루테튬
악티늄	토륨	프로탁티늄	우라늄	넵투늄	플루토늄	아메리슘	퀴륨	버클륨	캘리포늄	아인슈타이늄	페르뮴	멘델레븀	노벨륨	로렌슘

- 처음 두 줄은 별다른 어려움 없이 쌓을 수 있을 겁니다.
- 셋째 줄을 쌓다가는 온몸에 불이 붙을 수 있습니다.
- 넷째 줄은 유독한 연기 때문에 죽을 수 있습니다.
- 다섯째 줄은 위의 모든 사항에 더해, 약간의 방사선 노출이 있을 수 있습니다.
- 여섯째 줄은 격렬하게 폭발할 겁니다. 방사능을 띤 유독한 불길과 먼지 구름이 일면서 건물이 파괴될 겁니다.
- 일곱째 줄은 쌓지 마세요.

자, 그러면 위에서부터 한번 시작해 봅시다. 첫째 줄은 너무 간단해서 재미없네요.

수소 벽돌은 위로 올라가서 흩어집니다. 마치 풍선이 없는 풍선처럼 말이죠. 헬륨도 마찬가지예요.

둘째 줄은 좀 더 까다롭네요.

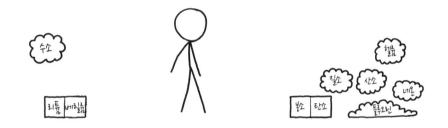

리튬은 즉시 변색될 거예요. 베릴륨은 독성이 상당하니 조심해서 다뤄야 하고, 공기 중에 조금이라도 가루가 날리게 해서는 안 됩니다.

산소와 질소는 둥둥 떠다니며 서서히 흩어질 테고, 네온은 멀리 가 버리겠죠. 어디까지나 O_2나 N_2처럼 2원자 형태일 때의 이야기입니다. 만약 원소 벽돌이 단일 원자 형태로 되어 있다면 즉시 결합할 것이고, 그 과정에서 온도가 수천 도까지 올라갈 겁니다.

옅은 노란색의 플루오린 가스는 땅바닥 여기저기로 퍼질 겁니다. 플루오린은 주기율표에 있는 원소들 중에서 반응성과 부식성이 가장 큰 원소입니다. 어떤 물질이든 순수한 플루오린에 노출되면 거의 모두가 즉시 불이 붙습니다.

우리의 시나리오에 대해 유기화학자인 데릭 로Derek Lowe와 이야기를 나눠 봤는데요(로는 '인 더 파이프라인In the Pipeline'이라는 훌륭한 약학 연구 블로그의 운영자랍니다). 로는 플루오린이 네온과는 반응하지 않을 거라고 하더군요. 그리고 "염소와는 일촉즉발의 휴전 상황이 될 테지만, 그 외 나머지 것들은 끝장"이라고 했습니다. 플루오린이 확산된다면 다른 줄의 원소들도 문제가 될 겁니다. 혹시나 습기를 만난다면 부식성을 갖는 불산(플루오린화 수소산)이 만들어질 테고요.

아주 약간이라도 들이마셨다가는 코와 폐, 입, 눈에 심각한 손상을 입거나 조직이 파괴될 것이고, 결국에는 몸 전체가 손상될 겁니다. 그러니 가스 마스크를 꼭 쓰세요. 플루오린은 어지간한 마스크 소재는 부식시키는 성질이 있으니, 사용하기 전에 반드시 테스트를 해 봐야 한다는 점 명심하세요. 즐거운 실험하시고요!

다음은 셋째 줄!

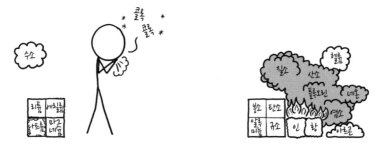

여기 있는 데이터의 절반은 교과서에 나오는 내용이고요,
나머지 절반은 주변에서 쉽게 관찰할 수 있습니다.

셋째 줄에서 크게 문제가 되는 것은 '인'입니다. 순수한 인에는 여러 형태가 있는데, 적린은 그럭저럭 다루기에 안전합니다. 황린은 공기와 닿는 순간 불이 붙고, 잘 꺼지지 않는 뜨거운 불길을 만들며 타는데 아주 유독하기까지 합니다. 그래서 소이탄*에 인을 사용하는 것에 대한 논란이 있는 것이죠.

'황'은 정상적인 환경에서는 문제가 되지 않습니다. 기껏해야 냄새가 고약하다는 정도죠. 하지만 우리의 시나리오에서는, 황의 왼쪽에 연소 중인 인이 있고 오른쪽에는 플루오린과 염소가 있습니다. 이렇게 순수한 플루오린 가스에 노출된 황은 다른 많은 물질들과 마찬가지로 불이 붙습니다.

비활성인 아르곤은 공기보다 무겁습니다. 그러니 옆으로 퍼져 땅에 낮게 깔릴 겁니다. 아르곤은 걱정하지 마세요. 더 큰 문제들이 있으니까요.

불이 나면 육불화황 같은 무시무시한 이름을 가진 온갖 화학 물질이 만들어질 겁니다. 실내에서 이 실험을 한다면 유독한 연기에 질식하거나 건물이 불타 무너질 수도 있습니다.

여기까지가 겨우 셋째 줄이에요. 다음은 넷째 줄!

---

*불을 질러서 목표물을 태워 없애는 포탄

'비소'는 듣기만 해도 섬뜩하죠? 그럴 만한 이유가 있습니다. 비소는 모든 형태의 복합적 생명체에게 독성을 갖습니다.

물론 우리가 섬뜩한 화학 물질에 대해 지나치게 호들갑을 떨 때도 있습니다. 모든 음식과 물에는 아주 적은 양의 천연 비소가 포함되어 있음에도 우리는 별 탈 없이 잘 살고 있으니까요. 하지만 우리 실험은 경우가 좀 다릅니다.

불타는 인은 비소에 불을 붙여 다량의 삼산화비소(비상)를 만들어 낼 수 있습니다. 아주 유독한 물질입니다. 흡입하지 마세요.

넷째 줄은 역시 끔찍한 냄새를 풍길 수 있습니다. 셀레늄과 브로민은 격렬하게 반응할 것이고, 로의 말로는, 이렇게 불타는 셀레늄은 "황에서 샤넬 같은 냄새가 나게 만들 수 있다"고 합니다.

알루미늄이 만약 불 속에서도 견딘다면 이상한 일이 생길 수 있습니다. 알루미늄 밑에서 녹고 있는 갈륨이 알루미늄에 배어들면, 알루미늄 구조를 교란시켜 알루미늄을 마치 젖은 종이처럼 부드럽고 약하게 만들 수 있거든요(유튜브에서 '갈륨 침투gallium infiltration'라고 검색해 보시면 이게 얼마나 이상한 현상인지 알 수 있습니다).

불타고 있는 황이 브로민에 들어갈 수도 있습니다. 브로민은 실온에서 액체 상태거든요. 실온에서 액체 상태인 원소는 브로민과 수은밖에 없습니다. 브로민 역시 아주 고약한 물질이어서, 브로민에 불이 붙었을 때 만들어질 수 있는 유독한 화합물의 종류는 셀 수도 없을 만큼 많습니다. 하지만 안전 거리만큼 떨어져서 이 실험을 한다면 혹시 죽지 않을지도 모르죠.

다섯째 줄에는 흥미로운 원소가 하나 포함되어 있는데요, 우리의 첫 방사능 벽돌인 테크네튬-99입니다.

테크네튬은 안정 동위원소가 없는 원소들 중에서 원자번호가 가장 낮은 원소입니다. 1리터짜리 테크네튬 벽돌에 포함된 방사능은 치명적인 양까지는 아니더라도, 여전히 막대한 양입니다. 테크네튬 벽돌을 모자처럼 온종일 머리에 쓰고 다닌다면, 혹은 그 분진을 흡입한다면, 충분히 죽을 수도 있습니다.

모자 아님

테크네튬을 제외하면 다섯째 줄은 넷째 줄과 상당히 비슷합니다.

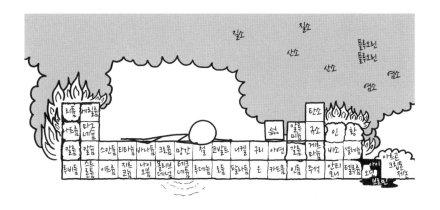

여섯째 줄! 아무리 조심한다고 해도, 여섯째 줄을 쌓고 나서도 살아남을 방법은 없습니다.

---

*테크네튬의 원소 기호

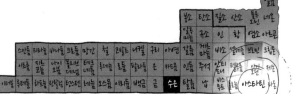

여러분에게 익숙한 주기율표보다 옆으로 좀 더 퍼져 있죠?

여섯째 줄과 일곱째 줄에 란타넘족 원소들과 악티늄족 원소들을 끼워 넣었기 때문입니다.

보통의 경우, 이 원소들은 표 하단에 따로 표시되어 있어요.

주기율표가 옆으로 너무 길어지는 것을 피하기 위해서죠.

주기율표 여섯째 줄에는 프로메튬, 폴로늄(2006년 전직 KGB 요원 알렉산드르 리트비넨코Alexander Litvinenko를 살해하는 데 사용된 우산의 끝이 바로 폴로늄이었습니다), 아스타틴, 라돈 등을 포함해 방사성 원소가 여러 개 포진하고 있습니다. 그 중 아스타틴이 최악이죠(라돈은 귀여운 편입니다).

아스타틴이 어떻게 생겼는지 우리는 모릅니다. 로의 표현을 빌리면 "아스타틴은 그냥 존재하기를 원치 않는 물질"이기 때문이죠. 아스타틴은 방사능이 너무 강해서(반감기가 겨우 몇 시간 수준) 아무리 큰 조각의 아스타틴도 스스로 내는 열에 의해 순식간에 증발해 버립니다. 화학자들은 아스타틴의 표면이 검은색이라고 짐작하지만, 정확한 것은 아무도 모릅니다.

아스타틴에게는 '화학 물질 안전 기준표'라는 게 없습니다. 그런 게 있다면 온통 시뻘건 색으로 '금지'라는 글자가 도배되어 있겠죠.

우리가 만든 아스타틴 벽돌에는, 잠깐이기는 하지만 지금까지 합성된 모든 아스타틴보다 더 많은 양의 아스타틴이 들어 있습니다. 제가 '잠깐'이라고 한 이유는 이 벽돌이 순식간에 엄청나게 뜨거운 가스 기둥으로 변해 버릴 것이기 때문입니다. 이때 생기는 열기만으로도 근처에 있는 사람은 모두 3도 화상을 입게 될 것이고, 건물이 무너질 겁니다. 뜨거운 가스 구름이 빠르게 하늘로 올라가면서 열기와 방사선을 뿜어내겠죠.

이 폭발력의 크기는 아마 여러분이 작성해야 할 서류의 양을 극대화하기에 딱 맞는 정도일 겁니다. 폭발력의 크기가 그보다 작으면 폭발 사실을 숨길 수 있을 테고, 폭발력의 크기가 그보다 크다면 서류를 받아 줄 사람이 도시 내에 남아나지 않을 테니까요. 구름에서는 아스타틴과 폴로늄, 기타 방사성 생성물로 코팅된 분진이 비처럼 내려, 그 아래 마을들을 사람이 얼씬도 할 수 없는 곳으로 바꿔 놓을 겁니다.

방사능 수치는 믿을 수 없을 만큼 높을 테고요. 눈 깜박할 새가 수백 밀리초임을 감안할 때, 말 그대로 눈 깜박할 새에 여러분은 치사량의 방사선을 쬐게 될 겁니다.

여러분은 '극심한 급성 방사선 중독' 같은 사인으로 죽게 되겠죠. 쉽게 말해 방사선에 타버렸다는 뜻입니다.

하지만 일곱째 줄이 훨씬 더 심각합니다.

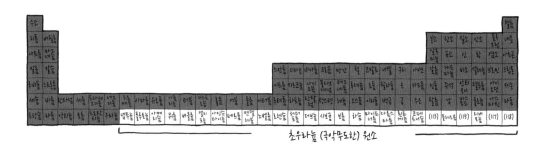

주기율표 제일 아랫줄에는 '초우라늄 원소'라는 괴상한 원소들이 잔뜩 포진하

고 있습니다. 이들 원소는 오랫동안 '우누누늄ununnium'* 같은 임시명을 갖고 있는 경우가 많았는데, 차츰 영구명이 배정되고 있습니다.

하지만 굳이 서둘러 이름을 지어야 할 필요는 없습니다. 이들 원소는 대부분 너무나 불안정해서 입자 가속기 내에서만 만들어질 수 있고, 만들어지고 나서도 몇 분 이상 존재하지 않거든요. 리버모늄 원자 10만 개가 있다면 1초 후에는 1개밖에 남지 않아요. 영점 몇 초가 지나면 그 하나마저 사라져 버릴 테고요.

우리 실험에는 참 안된 일이지만, 초우라늄 원소는 사라질 때 조용히 사라지지 않습니다. 방사성 붕괴가 일어나거든요. 그리고 대부분은 붕괴된 후에도 '다시' 붕괴될 수 있는 물질이 됩니다. 어느 것이든 원자번호가 높은 원자 벽돌은 몇 초 내에 붕괴하면서 어마어마한 양의 에너지를 방출할 겁니다.

그리고 그 결과는 핵폭발과는 다를 겁니다. 이것도 '핵폭발'이기는 하지만, 핵분열 폭탄(원자 폭탄)처럼 연쇄 반응을 하는 것이 아니라 그냥 '반응'을 할 거예요. 모든 게 한순간에 일어나는 거지요.

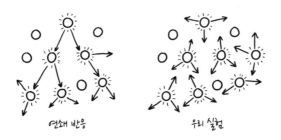

연쇄 반응   우리 실험

쏟아지는 에너지는 한순간에 여러분을 (그리고 나머지 주기율표의 원소들을) 플

---

*뢴트게늄의 과거 임시명. 라틴어에서 'un'은 '1'을 뜻하므로 우누누늄ununnium은 원자번호 111이라는 뜻이다.

라스마로 바꿔 놓을 겁니다. 폭발력은 아마 중간 크기의 핵폭발과 비슷하겠지만, 방사성 낙진은 훨씬 더 사정이 안 좋을 거예요. 주기율표에 있는 모든 진짜 원소들이 순식간에 다른 것으로 바뀌겠죠.

버섯구름이 도시를 뒤덮을 겁니다. 자체 열에 의한 부력을 받은 연기 기둥이 대기 중의 성층권까지 뚫고 올라갈 거예요. 인구가 많은 지역이라면 이 폭발로 인한 직접적 사상자만 해도 어마어마하겠지요. 하지만 방사성 낙진 때문에 장기적인 오염은 더욱 심각할 겁니다.

방사성 낙진도 일상적으로 생기는 보통의 방사성 낙진(우리가 다 함께 대수롭지 않은 것으로 취급하고 있는 바로 그 낙진 말이에요)과는 다를 겁니다. 오히려 폭발을 멈추지 않는 핵폭탄 같은 낙진이 될 거예요. 잔해들이 전 세계로 퍼지면서 체르노빌 사태 때의 몇천 배가 넘는 방사선을 방출하겠죠. 전 지역이 초토화될 겁니다. 이게 모두 정화되려면 수백 년이 걸릴 테지요.

물건 수집이 재미있는 일이기는 하지만, 화학 원소를 수집한다면 전체를 다 수집하는 건 절대로 좋은 생각이 아니랍니다.

70억 명이 다 함께 점프하면

Q 전 세계 모든 사람이 최대한 가까이 붙어 서서 점프를 한다면, 그리고 동시에 착지한다면 무슨 일이 벌어질까요? - 토머스 베넷Thomas Bennett (외 많은 분들)

A 제 웹사이트에 가장 많이 올라오는 질문 중 하나인데요. 이 주제는 이미 '사이언스 블로그ScienceBlogs'나 '스트레이트 도프The Straight Dope' 같은 곳에서 운동학적 측면을 잘 설명해 준 바 있습니다. 하지만 그게 다는 아니죠.

좀 더 자세히 한번 살펴볼까요?

이 시나리오에 따르면 우선 전 세계 모든 사람이 마법처럼 '짠' 하고 한 장소에 모이는 것에서부터 시작해야 합니다.

이렇게 모인 사람들은 로드아일랜드Rhode Island 주 정도의 면적이 됩니다. 하지만 우리는 '로드아일랜드 정도'라는 어렴풋한 용어를 쓸 이유가 전혀 없죠. 이건 우리 시나리오니까 콕 집어서 우리 마음대로 정하면 됩니다. 사람들이 '실제로' 로드아일랜드에 모여 있다고 합시다.

그리고 시계가 정오를 알리는 순간, 다 같이 점프를 하는 겁니다.

다른 곳에서도 언급된 것처럼, 실제로 지구에 무슨 영향이 있는 것은 아닙니다. 지구는 우리보다 10조(!) 배 이상 무겁거든요. 다들 컨디션이 좋은 날이라면, 사람들은 평균 약 50센티미터 높이까지 점프할 수 있습니다. 하지만 딱딱한 지구가 즉각 반응을 보인다 해도, 지구가 아래로 밀리는 정도는 아마 원자 하나의 폭만큼도 안 될 겁니다.

그다음 다들 다시 땅에 떨어지는 거지요.

정확히 말하면, 우리의 점프는 지구에 상당히 많은 에너지를 전달합니다. 다만 그 에너지가 워낙 넓은 면적에 걸쳐 분산되는 까닭에, 별 영향을 주지 못하는 것뿐이지요. 수많은 남의 집 정원에 발자국을 남기는 것 외에는 말이에요. 약간의 압력파가 북미 대륙의 지각을 따라 퍼져 나가겠지만, 별다른 영향 없이 소멸될 겁니다. 수많은 발들이 지면을 때리며 만들어진 굉음이 꽤 오랫동안 울려 퍼지겠죠.

그리고 결국 잠잠해질 겁니다.

몇 초가 지나면 다들 서로 멀뚱멀뚱 쳐다보겠죠.

못마땅한 표정들이 수두룩하네요. 기침 소리도 나고요.

누군가가 휴대 전화를 꺼내는군요. 몇 초 후 나머지 50억 개의 휴대 전화도 켜집니다. 다들, 이 지역 중계기와 호환되는 기기를 지닌 사람들조차, '신호 없음'이 뜨겠지요. 전례 없는 대규모 부하에 휴대 전화 통신망은 모두 다운됐을 겁니다. 로드아일랜드 밖에서는 버려진 기계들이 멈추기 시작할 테고요.

로드아일랜드 주 워릭Warwick에 있는 T. F. 그린T. F. Green 공항은 하루 수천 명 정도를 수용할 수 있습니다. 이 공항이 일사불란하게 움직여서 수용 능력의 500퍼센트로 몇 년간 가동된다고 해도, 여전히 모인 사람들은 조금도 줄어들지 않은 것처럼 보일 겁니다.

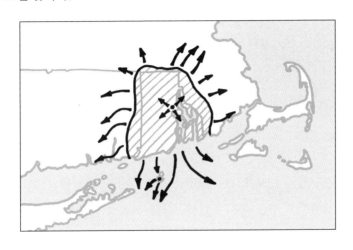

인근 공항을 모두 총동원해도 사정은 별반 다르지 않죠. 전철 시스템을 다 동원해도 마찬가지입니다. 심해항인 프로비던스Providence 항에서 컨테이너선으로 사람들을 실어 나른다고 하면, 아마 장거리 여행에 필요한 음식과 물을 싣는 게 문제가 될 겁니다.

로드아일랜드 주에 있는 50만대의 자동차를 징발한다고 칩시다. 몇 분 후면 95번, 195번, 295번 주간 고속도로가 역사상 최악의 교통 정체를 겪게 되겠죠.

대부분의 자동차는 사람들로 에워 싸이겠지만, 운 좋은 몇몇은 그곳을 탈출해 아무도 없는 고속도로를 질주하게 될 겁니다.

기름이 떨어지기 전에 뉴욕이나 보스턴까지 가는 사람도 있겠죠. 이쯤 되면 전기도 들어오지 않을 테니, 제대로 작동하는 주유기를 찾는 것보다는 차라리 타고 온 차를 버리고 새 차를 하나 훔치는 편이 나을 겁니다. 누가 뭐라겠어요? 경찰들도 모두 로드아일랜드에 있는 걸요.

모여들었던 사람 중에서 제일 바깥쪽에 서 있던 사람들이 차츰 사방으로 흩어지면서 매사추세츠나 코네티컷까지 가게 될 겁니다. 마주친 두 사람이 서로 언어가 통하는 경우는 거의 없을 겁니다. 이 지역을 아는 사람도 거의 없겠죠. 로드아일랜드 주는 각종 사회적 위계 질서가 합쳐지고 붕괴되는 혼돈의 지역이 될 겁니다. 폭력이 난무할 테고, 다들 배고프고 목마를 겁니다. 마트는 텅텅 비겠죠. 깨끗한 식수는 구하기 힘들 테고, 구한다고 해도 효율적으로 배급할 방법이 없을 겁니다.

몇 주 후 로드아일랜드 주는 수십억 명의 무덤이 되겠죠.

살아남은 사람들은 세계 곳곳으로 흩어질 겁니다. 구시대가 깡그리 무너진 폐허 위에 새로운 문명을 세우기 위해 고군분투하게 될 거예요. 인류는 어떻게든 살아가겠지만 인구가 크게 줄겠죠. 그래도 지구의 궤도는 전혀 영향을 받지 않은 채 인류가 점프를 하기 전과 조금도 다름없는 그 궤도를 돌 겁니다.

그래도 이제 답은 알았잖아요.

두더지 1몰을 한자리에 모으면

Q 두더지 1몰mole을 한자리에 모으면 어떻게 될까요?* - 숀 라이스Sean Rice

A 섬뜩한데요?

우선 몇 가지 정의부터 내리고 시작할게요.

'몰'은 단위입니다. 하지만 평범한 단위는 아니죠. 실제로는 '만'이나 '억'처럼 그냥 숫자라고 봐야 합니다. X를 1몰 가지고 있다면, X를 602,214,129, 000,000,000,000,000개 가지고 있다는 뜻이니까요(보통은 6.022×10^{23}이라고 씁니다). 이렇게 큰 수를 사용하는 이유는 수많은 분자를 셀 때 쓰기 때문이에요. (1몰은 수소 1그램에 들어 있는 원자의 수에 가깝습니다. 또한 우연이긴 하지만, 지구 상에 있는 모래알의 수와도 그럭저럭 비슷하답니다.)

---

*영어로 두더지는 'mole'이며, 물질의 측정 단위인 몰도 'mole'이라고 쓴다. 원래의 질문은 동음이의어를 활용한 'a mole of moles'를 묻는 질문이다.

분자가 너무 많아.

또한 영어로 '몰mole'은 땅에 굴을 파고 사는 포유동물, 두더지를 뜻하기도 합니다. 두더지에는 여러 종류가 있는데 몇몇은 아주 무서워요.

별코두더지/Star-nosed mole
검색

뜨으으으으아!

그러면 1몰의 두더지는, 그러니까 602,214,129,000,000,000,000,000마리의 두더지는 어떤 모습일까요?

먼저 근사치에서부터 시작해 보죠. 이런 숫자는 보통 얼마나 큰 수인지 가늠해 보려고 계산기를 꺼내기도 전에, 벌써 휘리릭 머릿속에서 날아가 버리죠. 이렇게 큰 수에서는 10이나 1이나 0.1이나 다 비슷비슷하니까 그냥 똑같이 취급해도 됩니다.

두더지는 제가 집어서 던져 버릴 수 있을 만큼 작은 동물입니다. 제가 던질 수 있는 것들은 모두 1파운드예요. 1파운드는 1킬로그램이고요. 602,214,129,

80

000,000,000,000,000라는 수는 대충 1조를 2개 나열해 놓은 것만큼 길어 보이네요. 그러니까 1조가 1조 개쯤 있는 거예요. 갑자기 생각났는데 1조의 1조 킬로그램이 대략 지구의 무게쯤 됩니다.

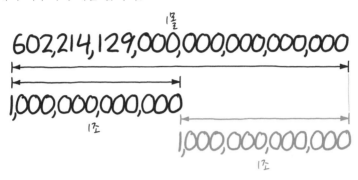

혹시 누가 물으면, 저는 수학을 이런 식으로 해도 된다고 말한 적 없는 거예요.

그러면 우리는 지구만큼의 두더지를 얘기하고 있는 셈이네요. 정말 대충 한 번 잡아본 겁니다. 몇천 배 더 많을 수도, 더 적을 수도 있어요.

조금 더 정확한 수치를 구해 볼까요?

동부두더지Scalopus aquaticus의 무게는 약 75그램 정도입니다. 그러면 동부두더지 1몰의 무게는 다음과 같겠죠.

$$(6.022 \times 10^{23}) \times 75g \approx 4.52 \times 10^{22} kg$$

이 정도면 달 질량의 절반이 약간 넘네요.

포유류는 대충 물이라고 봐도 돼요. 물 1킬로그램의 부피는 1리터니까 4.52×10^{22}킬로그램의 두더지라면, 부피로 4.52×10^{22}리터 정도 되겠네요. 혹시 눈치챘는지 모르겠지만 우리는 두더지와 두더지 사이의 공간은 고려하지 않고 있습니다. 왜 그런지는 조금 있다가 얘기할게요.

4.52×10^{22}의 세제곱근은 3,562킬로미터니까, 우리가 얘기하고 있는 부피는 반지름이 2,210킬로미터인 구 내지는, 각 변의 길이가 2,213마일인 정육면체에 해당합니다(저도 미처 몰랐던 우연의 일치인데요. 1세제곱마일은 거의 정확히 $4/3\pi$ 세제곱킬로미터라서 X킬로미터의 반지름을 가진 구는 각 변의 길이가 X마일인 정육면체와 부피가 같답니다).

이 두더지들을 지구 표면에 풀어 놓으면 80킬로미터 높이로 쌓일 거예요. (이전의) 우주 경계까지 쌓이는 거지요.

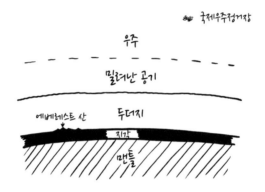

이렇게 숨 막히도록 높은 압력의 고깃덩어리가 쌓여 있다면 지구 상의 생명체는 대부분 죽고 말겠죠. 그러니 지구에 절대로 이런 짓을 하면 안 됩니다.

대신에 두더지들을 행성들 사이의 우주 공간에 집합시키기로 합시다. 만유인력 때문에 두더지들은 서로 구형으로 모이게 될 겁니다. 고깃덩어리는 압축이 잘 되지 않으니 약간의 중력 수축의 영향밖에 받지 않을 겁니다. 결국 달보다 약간 큰 두더지 행성이 생기는 거지요.

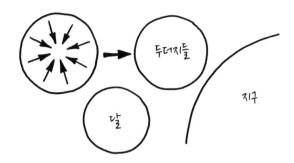

두더지들의 표면 중력은 대략 지구의 16분의 1정도일 겁니다. 명왕성과 비슷하지요. 이 두더지 행성은 일제히 미적지근해지기 시작할 겁니다. 아마 실온보다 약간 높은 정도로요. 중력 수축 때문에 깊숙한 안쪽은 온도가 약간 올라갈 테고요.

이상한 일이 벌어지는 것은 이때부터입니다.

두더지 행성은 거대한 고깃덩어리입니다. 많은 잠재된 에너지를 갖고 있겠지요. 두더지 행성이 지닌 칼로리면, 현재 지구의 인구를 300억 년 동안 먹여 살릴 수 있습니다. 보통은 유기물이 분해되면 그만큼의 에너지를 열로 방출합니다. 하지만 두더지 행성 내부에 있는 많은 두더지들은 100메가파스칼이 넘는 압력을 받게 됩니다. 이 정도 압력이면 박테리아가 모두 죽어 버리기 때문에 두더지 사체들은 멸균 상태가 되죠. 두더지 조직을 분해할 미생물이 남지 않는 거예요.

압력이 더 낮은 표면 쪽은 또 다른 장애물이 분해를 방해할 겁니다. 바로 두더지 행성 내부의 산소 농도가 낮다는 점이지요. 산소가 없으면 일반적 분해는 일어날 수가 없습니다. 산소가 필요없는 박테리아들만 두더지를 분해할 수 있게 되죠. 비효율적이기는 하지만 이런 혐기嫌氣 분해를 통해서도 상당량의 열을 방출할 수 있습니다. 그대로 놔둔다면 두더지 행성은 끓는점까지 올라갈 테죠.

하지만 이 분해 과정에는 자체적인 한계가 생길 겁니다. 섭씨 60도 이상의 고온에서 살아남을 수 있는 박테리아는 거의 없거든요. 따라서 온도가 상승하면 박테리아가 죽으면서 분해 과정이 느려질 겁니다. 두더지 행성 전체에 걸쳐 두더지 사체들은 서서히 유기물 곤죽과 같은 케로겐^{kerogen}으로 분해될 겁니다. 행성의 온도가 더 높다면 케로겐은 결국 오일이 되겠지요.

두더지 행성의 바깥쪽 표면은 우주로 열을 방사하고 얼어붙을 겁니다. 두더지들은 말 그대로 모피 코트가 되기 때문에 얼어붙으면 행성 내부에 단열 효과를 주게 될 테고, 우주로의 열 손실 속도를 늦추게 되겠죠. 하지만 액체 상태인 행성 내부의 열 흐름을 좌우하는 것은 대류 작용일 겁니다. 뜨거운 고기와 메탄 등의 가스가 갇힌 공기 방울 기둥이 주기적으로 두더지 지각을 뚫고 올라와 화산처럼 분출하겠죠. 죽음의 간헐천이 두더지 사체를 행성 밖으로 뿜어내는 겁니다.

이런 난리법석이 몇백 년 혹은 몇천 년 지속되고 나면 결국 두더지 행성은 조용히 식은 채로 완전히 얼어붙기 시작할 겁니다. 식는 동안 행성의 깊은 내부는 큰 압력을 받기 때문에 물은 얼음3$^{ice\ III}$이나 얼음5$^{ice\ V}$, 그리고 결국에는 얼음2$^{ice\ II}$나 얼음4$^{ice\ IX}$ 같은 낯선 종류의 얼음 결정이 될 겁니다(아무 상관없는 얘기였네요).

다 얘기해 놓고 보니 영 암울한 그림이죠? 다행히 더 나은 방법도 있습니다.

전 세계 두더지 개체 수(혹은 소형 포유류 일반의 바이오매스)가 얼마나 되는지 저는 전혀 모르지만, 어림잡아 사람 1명당 쥐와 생쥐, 들쥐 기타 소형 포유류가 수십 마리는 된다고 추측해 봅시다.

우리 은하에는 사람이 살 수 있는 행성이 10억 개쯤 있을 수 있습니다. 우리가 그 행성들을 식민지화한다면 생쥐나 들쥐도 데려갈 수 있겠죠. 100곳 중의 한 곳에만 지구와 비슷한 수의 소형 포유류가 살 수 있다면, 몇백만 년(진화론적으로 따지면 그리 긴 시간도 아닙니다)이 흐른 뒤에는 그때까지 살았던 소형 포유류의 총수가 아보가르도의 수*를 넘어설 겁니다.

그러니까 두더지 1몰이 필요하다면 우주선을 만드세요.

*앞서 1몰에 들어 있는 분자의 수인 6.022×10^{23}을 '아보가르도의 수'라고 한다.

꺼지지 않는 헤어드라이어

Q 밀폐된 가로-세로-높이 1미터짜리 상자에 전기가 계속 공급되는 헤어드라이어를 넣고 스위치를 켜두면 어떻게 될까요? - 드라이 파라트루파Dry Paratroopa

A 일반적인 헤어드라이어는 1,875와트의 전력을 소모합니다.

그러면 이 1,875와트는 모두 어딘가로 가야 하겠죠. 상자 안에서 무슨 일이 벌어지든 1,875와트의 전기를 사용한다면, 결국에는 1,875와트의 열이 흘러나오게 됩니다.

전기를 사용하는 기기라면 모두 똑같이 해당되는 얘기니까 알아 두면 편하겠죠? 사람들은 기기와 분리한 충전기를 벽에 그대로 꽂아 두면 전기가 유출되지 않을까 걱정하는데요. 정말로 그럴까요? 열류 분석을 해 보면 간단한 경험칙 하나를 얻을 수 있습니다. 사용하지 않는 충전기에 손을 댔을 때 따뜻하지 않다면 온종일 전기를 10원어치도 쓰지 않는다는 뜻입니다. 휴대 전화용 소형 충전기의 경우 만져서 따뜻하지 않다면 '1년 내내' 10원어치의 전기도 사용하지 않는 거예요. 전기 기기라면 거의 다 해당되는 얘기죠. 하지만 다른 기기에 연결되어 있는

86

것들은 그렇지 않을 수도 있어요. 충전기가 휴대 전화나 노트북 컴퓨터처럼 다른 기기에 연결되어 있다면, 콘센트에서 충전기를 통해 전기 기기로 전기가 흘러가고 있을 수 있습니다.

다시 우리의 밀폐 상자로 돌아가 봅시다.

헤어드라이어에서 나온 열기는 상자 속으로 흘러들어 갑니다. 절대 망가지지 않는 드라이어라고 가정했을 때, 상자 내부는 바깥 면의 온도가 약 섭씨 60도가 될 때까지 계속 뜨거워질 겁니다. 60도가 되면 상자는 헤어드라이어가 내부에서 추가하는 열만큼 빠르게 외부로 열을 잃게 되어 전체 시스템이 평형에 이르게 됩니다.

상자가 우리 부모님보다도 더 따뜻하네요. 새 부모님 삼아야겠어요.

만약 바람이 불고 있다면 평형 온도는 이보다 약간 낮습니다. 열을 빠르게 전도할 수 있는 젖은 면이나 금속 면 위에 상자가 놓여 있어도 마찬가지고요.

상자가 금속으로 만들어졌다면 아주 뜨거울 테니, 5초 이상 손을 댔다가는 손을 데고 말 겁니다. 나무 상자라면 잠깐 동안 손을 대고 있어도 괜찮겠지만, 헤어드라이어의 바람 나오는 구멍과 접한 면은 불이 붙을 위험이 있습니다.

상자 내부는 오븐과 비슷할 텐데요, 내부 온도가 얼마나 올라가느냐는 상자의 두께에 따라 달라질 겁니다. 상자의 벽이 두껍고 단열이 잘될수록 상자 내부 온도는 높이 올라가겠죠. 상자 두께가 아주 두껍지 않더라도, 헤어드라이어를 태워 버릴 만큼 온도가 올라가는 데는 문제가 없을 겁니다.

하지만 우리는 이 헤어드라이어가 절대로 망가지지 않는다고 가정하기로 합시다. 이렇게 대단한 헤어드라이어라면 전력 소모를 굳이 1,875와트라고 제한할 필요도 없겠죠.

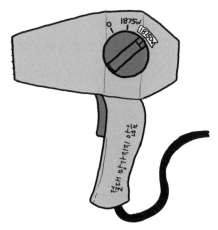

1만 8,750와트짜리 헤어드라이어라면, 상자의 표면 온도는 섭씨 200도까지 올라갈 겁니다. 약한 불에 올려 둔 프라이팬 정도의 온도네요.

다이얼을 어디까지 올릴 수 있을까요?

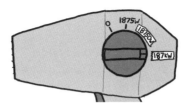

다이얼에 남은 공간이 너무 많아 괴롭군요.

이제 상자 표면의 온도가 섭씨 600도가 되었습니다. 이 정도면 상자가 희미하게 붉은 빛을 낼 거예요.

상자가 알루미늄으로 만들어졌다면 내부가 녹기 시작할 겁니다. 납으로 만들어졌다면 외부가 녹기 시작할 거고요. 나무 바닥 위에 있다면 집에 불이 나겠지요. 하지만 주변에 무슨 일이 벌어지는가는 중요하지 않습니다. 이 헤어드라이어는 절대 망가지지 않는 헤어드라이어니까요.

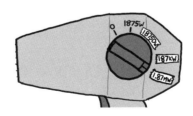

2메가와트짜리 레이저면, 미사일도 파괴할 수 있습니다.

상자는 이제 섭씨 1,300도가 되었으니 거의 용암의 온도네요.

한 칸 더 올려 볼까요?

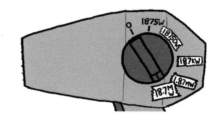

이 헤어드라이어는 아마 코드에 연결되어 있지는 않을 거예요.

이제 18메가와트가 상자 속으로 흘러들어 갑니다.

상자의 표면은 섭씨 2,400도에 달하고요. 쇠로 된 상자라면 벌써 녹았을 테지만, 텅스텐 같은 걸로 만들어진 상자라면 조금 더 버틸지 모릅니다.

한 단계만 더 올려 보고 끝내죠.

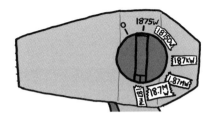

이렇게 높은 전력이라면(무려 187메가와트) 상자는 흰색 빛을 낼 겁니다. 이런 조건을 견딜 수 있는 물질은 많지 않죠. 그러니 상자도 절대 망가지지 않는 소재라고 가정할 수밖에 없네요.

바닥은 용암으로 되어 있습니다.

안타깝지만 바닥은 망가지겠네요.

바닥이 다 타 버리기 전에 누군가가 상자 밑에 물풍선을 던져 준다고 칩시다. 솟아난 증기 때문에 상자는 현관 밖으로 튕겨 나와 길바닥에 가서 떨어질 겁니다 (혹시라도 불타고 있는 건물에 저와 함께 갇힌다면, 제가 제안하는 탈출 아이디어는 그냥 무시하세요).

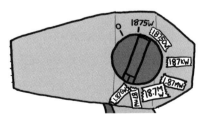

이제 1.875기가와트까지 왔습니다(곧 끝내겠다고 한 건 거짓말이었어요). 영화 〈백 투 더 퓨처〉에 따르면, 지금 이 헤어드라이어가 소모하는 전력은 우리에게 시간 여행도 시켜줄 수 있는 양입니다.

상자는 너무 밝게 빛나고 있어서 눈을 뜰 수가 없을 정도이고, 열기가 너무 강해서 몇백 미터 이내로는 접근조차 할 수 없습니다. 상자는 점점 더 커지는 용암 웅덩이 한가운데에 놓여 있네요. 50에서 100미터 이내에 접근하는 물체는 뭐든지 불길이 치솟을 겁니다. 열과 연기로 이루어진 기둥이 하늘 높이 치솟을 거예요. 주기적으로 상자 밑에서 가스 폭발이 일어나 상자가 하늘로 날아갈 테고, 떨어진 곳에서 다시 불길이 일면서 새로운 용암이 생기겠죠.

다이얼을 계속 돌려보기로 합시다.

18.7기가와트가 되면 상자 주변의 환경은 우주선이 발사될 때의 발사대와 비슷할 겁니다. 상자는 스스로 만들어 내는 강력한 상승 기류를 타고 여기저기로 튕겨 다니기 시작합니다.

1914년 H. G. 웰스H. G. Wells는 자신의 책《풀려난 세상The World Set Free》에서 1번 폭발하고 마는 것이 아니라 '계속해서' 폭발하는 폭탄에 관해 쓴 적이 있습니다.

도시의 심장부에서 시작된 커다란 불길
이 꺼지지 않고 계속해서 천천히 탈 거
라고 했었죠. 섬뜩하지만 이 이야기는
30년 후에 개발될 핵무기의 전조가 되었
습니다.

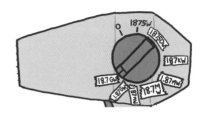

　상자는 이제 하늘로 치솟아 오릅니다.
지면에 가까워질 때마다 지표를 극도로
뜨겁게 만들어서, 팽창하는 공기 기둥을
타고 다시 하늘로 던져지겠죠.

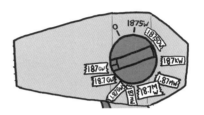

　1.875테라와트를 퍼붓는다는 것은 집
채만큼 쌓아 놓은 TNT 폭탄을 '매초' 터
뜨리는 것과 같습니다.

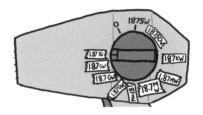

　폭풍 같은 불길이 눈 닿는 곳까지 퍼
져나가겠죠. 거대한 화마가 스스로 만들
어 내는 바람을 통해 불길을 계속 유지할
겁니다.

　새로운 기록이 만들어지는군요. 이제
헤어드라이어는 지구 상의 모든 전기 기
기를 합친 것보다 더 많은 전력을 소비하
고 있습니다.

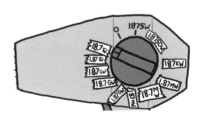

　상자는 지표 위로 높이 솟아올라 1945년
실시된 인류 최초 핵실험의 3배에 맞먹는
에너지를 '매초' 발산하고 있습니다.

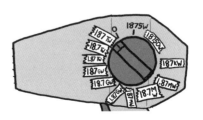

이쯤 되면 패턴은 분명합니다. 상자는 대기권을 이리저리 튕겨 다니며 지구를 파괴하고 말겁니다.

그러면 이제 좀 다른 걸 시도해 볼까요?

상자가 캐나다 북부 상공을 지나고 있을 때 다이얼을 '0'에 맞추는 겁니다. 상자는 급속히 냉각되면서 지구로 추락하겠죠. 그리고 그레이트베어 호수Great Bear Lake에 떨어져 증기 기둥을 내뿜을 겁니다.

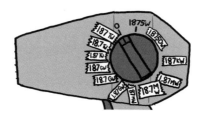

그러고 나서…

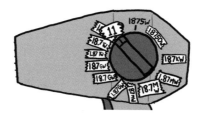

이번에는 2페타와트네요.

요약

인간이 만든 물건 중에서 가장 빠른 것으로 공식 기록을 보유한 것은 무인 우주 탐사선 헬리오스 2Helios 2호입니다. 헬리오스 2호는 태양 주위를 가까이 돌면서 초당 70킬로미터라는 속도에 도달했죠. 하지만 실제로 기록을 보유해야 할 것은

2톤짜리 금속 맨홀 뚜껑이라고 해도 틀린 얘기는 아니에요.

이 맨홀 뚜껑은 로스앨러모스Los Alamos에서 플럼밥 작전Operation Plumbbob의 일부로 지하에서 핵실험을 실시했을 때 그 장소의 수직 통로 꼭대기에 있던 물건입니다. 1킬로톤짜리 핵무기가 지하에서 터지면서 이 시설 자체가 거대한 핵무기 대포처럼 되었는데, 엄청난 힘으로 맨홀 뚜껑을 날려 버린 것이죠. 뚜껑을 촬영했던 고속 카메라조차 위로 날아가는 맨홀 뚜껑을 (화면에서 사라지기 전에) 겨우 한 프레임밖에 잡아내지 못했을 정도였습니다. 이 말은 곧 이 맨홀 뚜껑이 적어도 초당 66킬로미터 이상의 속도로 움직이고 있었다는 뜻이에요. 끝끝내 뚜껑은 그 어디에서도 발견하지 못했습니다.

초당 66킬로미터는 중력 탈출 속도보다 약 6배나 빠른 속도입니다. 하지만 일반적으로 생각하는 것과는 반대로, 이 뚜껑이 우주까지 날아갔을 가능성은 거의 없어요. 뉴턴이 고안한 충격-깊이 근사치 계산법으로 구한 값을 감안하면 뚜껑은 공기와의 충격에 의해 산산이 부서졌거나, 아니면 속도가 느려져 다시 지구로 떨어졌을 겁니다.

헤어드라이어의 전원을 다시 켠다고 생각해 봅시다. 활동을 재개한 헤어드라이어 상자는 호수에서 고개를 내밀었다 들어갔다 하면서 비슷한 과정을 다시 거치게 될 겁니다. 상자 아래에서 데워진 증기는 밖으로 팽창하고, 상자가 공중으로 올라가면서 호수의 수면 전체가 증기로 변할 겁니다. 방사선이 뿜어내는 열에 의해 플라스마가 된 증기는 상자를 더욱 가속하겠지요.

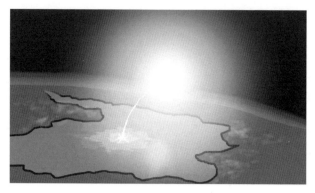

사진 제공 : 국제우주정거장 사령관 해드필드Hadfield

우리의 상자는 맨홀 뚜껑처럼 대기 중으로 날아가기보다는, 확장 중인 플라스마 버블 사이로 약간의 저항을 받으며 날아다닐 겁니다. 그리고 대기권을 벗어나 계속 날아가면, 우리 눈에는 처음에는 태양이 하나 더 생겼나 싶겠지만 이내 희미한 별처럼 서서히 흐려질 겁니다. 캐나다 북서부는 상당 부분 불타고 있겠지만 지구는 버텨내겠죠.

그렇지만 차라리 지구가 사라지는 편이 나았겠다 싶은 사람도 있을 겁니다.

Q 체르노빌 원자로에 멜트다운이 발생했을 때 반물질反物質*을 던져 넣었다면 멜트

다운이 멈췄을까요? - AJ

Q 너무 많이 울면 탈수 상태가 될 수도 있나요? - 칼 빌더무트Karl Wildermuth

---

*전자나 양성자, 중성자 등에 반대되는 개념인 양전자, 반양성자, 반중성자 등으로 이루어진 물질

인간의 마지막 빛

Q 갑자기 무슨 일이 벌어져 지구 상의 모든 인간이 사라져 버린다면, 마지막 인공 광원은 언제까지 켜져 있을까요? - 앨런Alan

A '마지막 빛'의 자리를 놓고 다툴 후보는 꽤 많습니다.

2007년에 나온 앨런 와이즈먼Alan Weisman의 걸작《인간 없는 세상The World Without Us》은 인간이 갑자기 사라졌을 때 지구의 주택이나 도로, 고층 빌딩, 농장, 동물들에게 무슨 일이 벌어지는지를 매우 상세히 그려내고 있습니다. 2008년에 나온 TV 시리즈〈인류 멸망 그 후Life After People〉역시 마찬가지의 경우를 심도 있게 연구해 보았고요. 하지만 어느 쪽도 정확히 이 문제에 대한 답을 제시하지는 않았네요.

먼저 분명한 데에서부터 시작해 봅시다. 대부분의 조명은 그리 오래가지 않을 겁니다. 주요 전력망이 비교적 빠르게 멈춰 설 것이기 때문이죠. 전 세계에서 사용되는 전기를 공급하는 방식 중 압도적으로 많은 비중을 차지하는, 화석 연료를 때는 발전소들은 연료를 꾸준히 공급해 줘야 합니다. 그런데 그 공급 사슬의 중간에는 인간의 의사 결정 과정이 포함되어 있죠.

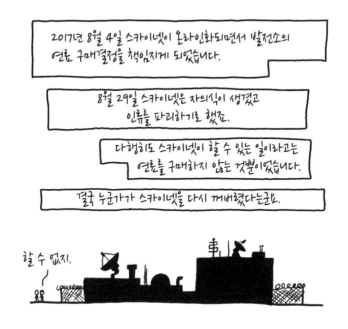

2017년 8월 4일 스카이넷이 온라인화되면서 발전소의 연료 구매결정을 책임지게 되었습니다.

8월 29일 스카이넷은 자의식이 생겼고 인류를 파괴하기로 했죠.

다행히도 스카이넷이 할 수 있는 일이라고는 연료를 구매하지 않는 것뿐이었습니다.

결국 누군가가 스카이넷을 다시 꺼버렸다는군요.

할 수 없지.

　인간이 없으면 전력 수요도 줄어들 겁니다. 하지만 실내 보일러는 계속 돌아가고 있겠죠. 당장 몇 시간 이내에 석탄, 석유 발전소들이 멈춰 서면서 다른 발전소들이 그 모자란 전력을 채워 넣어야 할 겁니다. 이런 상황은 사람이 감독을 한다고 해도 결코 쉬운 상황이 아니죠. 따라서 연쇄적으로 멈춰 서는 발전소들이 급격히 늘어날 테고, 주요 전력망은 모두 정전되는 사태가 벌어질 겁니다.

　하지만 주요 전력망을 통하지 않고 전기를 얻는 경우도 상당히 많습니다. 그중 몇 가지를 살펴보면서 각각 언제쯤 꺼질지 한번 생각해 봅시다.

디젤 발전기

외딴 섬처럼 외진 지역에서는 디젤 발전기를 통해 전기를 얻습니다. 이들 발전기는 연료가 동날 때까지는 계속 가동될 수 있죠. 하지만 대부분의 경우 기껏해야 며칠에서 몇 달 정도가 될 겁니다.

지열 발전소

인간이 연료를 공급할 필요가 없는 발전소들은 형편이 좀 더 나을 텐데요. 지구 내부의 열기를 이용해 전기를 얻는 지열 발전소는 인간의 도움 없이도 상당 기간 가동될 수 있습니다.

아이슬란드에 있는 스바르트셍기Svartsengi 섬 지열 발전소의 유지 보수 매뉴얼을 보면 관리자는 6개월마다 기어박스 오일을 교환하고 전기 모터와 커플링에 윤활유를 칠해야 합니다. 그런데 이렇게 유지 보수를 해 줄 인간이 모두 사라져 버린다면, 일부 발전소는 몇 년간 가동될지 몰라도, 결국에는 모든 발전소가 기계 부식으로 멈춰 설 겁니다.

풍력 발전

풍력 발전은 대부분의 경우보다 사정이 나을 겁니다. 왜냐하면 풍력 발전 터빈은 개수도 너무 많고, 타고 올라가기도 어렵기 때문에, 유지 보수를 자주 할 필요가 없게 만들어져 있거든요.

어떤 풍차들은 인간의 도움 없이도 상당히 오랫동안 돌아갈 수 있습니다. 덴마크에 있는 게세르Gedser 풍력 터빈은 1950년대 후반에 설치되었는데, 유지 보수 없이도 11년간 전기를 생산했죠. 현대식 풍력 터빈은 보통 유지 보수 없이도 3만 시간 가동을 보장하니, 일부는 수십 년간 가동될 것이 틀림없습니다. 그중 하나쯤은 분명 어딘가에 상태 표시 LED를 갖고 있겠죠.

결국 대부분의 풍력 터빈이 멈춰 서는 것은 지열 발전소가 망가지는 것과 똑같은 이유일 겁니다. 기어박스가 멈춰 서는 것 말입니다.

수력 발전 댐

떨어지는 물을 전기로 전환하는 발전기들은 꽤 오랫동안 작동할 겁니다. 히스토리채널의 〈인류 멸망 그 후〉를 보면 미국에 있는 후버 댐Hoover Dam 운영자와 얘기를 나누는 장면이 있는데요. 사람이 아무도 없더라도 후버 댐은 자동 조종 장치를 통해 몇 년 동안은 계속 가동될 수 있다고 합니다. 후버 댐은 아마 뭔가가 끼어서 수로가 막히거나 아니면 풍력 터빈이나 지열 발전소처럼 기계 고장으로 멈춰 서게 될 겁니다.

배터리

배터리로 가동되는 조명은 모두 1, 20년 내에 꺼지겠지요. 심지어 연결된 기기가 아무것도 없을 때도 배터리는 서서히 저절로 방전됩니다. 유형에 따라 더 오래가는 것들도 있긴 하지만, 보관 수명이 길다고 광고하는 것들조차 고작 10년에서 20년 정도 유지되는 게 보통일 거예요.

   하지만 몇 가지 예외도 있습니다. 옥스퍼드 대학의 클라렌든 연구소Clarendon Laboratory에 가면 1840년부터 계속 울리고 있는 종이 하나 있는데요, 배터리로 가동되는 종이랍니다. 이 종은 거의 들리지 않을 만큼 작은 소리로 울리기 때문에, 추가 움직일 때마다 극히 적은 전기밖에 먹지 않아요. 그런데 이 종이 무슨 배터리를 사용하는지 아는 사람은 아무도 없습니다. 그걸 알아내려면 일단 종을 분해해 봐야 하는데 아무도 그러고 싶어 하지 않기 때문이지요.

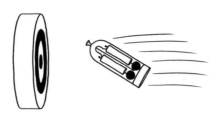

유럽입자물리연구소의 물리학자들이 옥스퍼드 종을 조사합니다.

그런데 안타깝지만 이 종에는 조명이 달려 있지 않아요.

원자로

원자로는 조금 까다롭습니다. 저출력 모드라면 원자로는 거의 무한정 계속 가동될 수 있거든요. 연료의 에너지 밀도가 그만큼 높은 거지요. 어느 웹툰은 다음과 같이 표현했을 정도니까요.

하지만 연료가 아무리 충분해도 원자로는 그리 오래 가동되지 못할 겁니다. 뭔가 하나만 잘못되어도 노심爐心이 자동으로 정지될 테니까요. 이런 일은 꽤 금방 일어날 겁니다. 원인이 될 수 있는 것은 많지만, 가장 유력한 범인은 외부 전력의 상실이겠네요.

발전소에 외부 전력이 필요하다는 게 좀 이상하게 들릴지도 모르겠습니다. 하지만 원자로의 제어 시스템을 구성하는 각 부분은 고장이 나면 빠르게 멈추도록, 즉 스크램SCRAM되도록 설계되어 있답니다. (최초의 원자로를 만든 사람은 엔리코 페르미Enrico Fermi인데요. 그는 제어봉을 매단 로프를 발코니 난간에 묶어 두었습니다. 그리고 혹시라도 뭔가가 잘못될 때를 대비해 난간 옆에는 항상 저명한 물리학자 1명이 도끼를 들고 대기하도록 했죠. 이 때문에 'SCRAM'이 '안전 제어봉 도끼맨Safety Control Rod Axe Man'의 약자라는 출처 불명의 이야기가 생겼습니다.) 외부 발전소가 운행 정지되든, 현장의 예비 발전기 연료가 떨어지든, 외부 전력이 사라지면 원자로는 스크램(긴급 정지)할 겁니다.

무인 우주 탐사선

인간이 만든 피조물 중에서 어쩌면 우주선이 가장 오래 버틸지도 모릅니다. 그중 일부는 수백만 년간 궤도를 유지할 테니까요. 하지만 보통 전력은 그때까지 유지되지 못할 겁니다.

수백 년이 지나면 화성 탐사 로봇은 흙먼지에 묻힐 겁니다. 그때쯤이면 지구를 도는 인공위성들은 궤도를 조금씩 이탈해서 지구로 추락한 경우가 많을 테고요. 멀리서 도는 GPS 위성들은 좀 더 오래 버티겠지만, 시간이 지나면 가장 안정적인 궤도조차 태양과 달의 방해를 받을 겁니다.

우주선은 태양열 전지판을 통해 전기를 공급받는 경우가 많지만, 방사성 붕괴를 이용하는 것들도 있습니다. 한 예로, 화상 탐사 로봇 큐리아서티Curiosity는 막대기 끝에 용기를 하나 매달고 다니는데요. 거기에 든 플루토늄 덩어리에서 나오는 열을 전기로 만들어 사용합니다.

죽음의 마법 상자

큐리아서티는 원자력 전지를 통해 100년 이상 계속 전기를 공급받을 수 있습니다. 결국에는 전압이 너무 낮아져서 로봇이 작동하지 못하겠지만, 아마도 그 전에 다른 부분이 먼저 낡아서 못쓰게 될 겁니다.

그러니 큐리아서티가 우리의 후보로 상당히 유망해 보이는데요. 1가지 문제점이 있습니다. 불빛이 없다는 거죠.

큐리아서티도 조명이 있긴 합니다. 샘플을 비추거나 분광학적 조사를 할 때는 조명을 사용하죠. 하지만 이 조명은 측정을 하는 동안에만 켜집니다. 인간의 지시가 없으면 조명을 켤 이유가 없는 거지요.

인간이 탑승하지 않는다면 우주선에 조명은 별로 필요가 없습니다. 1990년대에 목성을 탐사했던 갈릴레오Galileo 로봇은 비행 기록 장치에 LED가 몇 개 있었습니다. 하지만 이 LED들은 가시광선이 아니라 적외선을 방출했기 때문에 '빛'이라고 부르기에는 좀 무리가 있어요. 어쨌든 갈릴레오는 2003년에 목성과 일부러 충돌했습니다. 이렇게 충돌시킨 이유는 갈릴레오를 안전하게 소각하기 위해서였다고 하네요. 지구의 박테리아를 가진 갈릴레오가 혹시라도 근처의 위성을 오염시키는 일이 없도록 말이지요. 유로파Europa 같은 위성에는 물도 있으니까요.

그 외 인공위성들은 LED를 탑재하고 다닙니다. 예컨대 GPS 위성 중에는 UV LED를 사용해 장비 일부의 전기 축전을 제어하는 경우도 있습니다. 이런 위성들은 태양열 전지판을 이용해 전기를 얻기 때문에 이론적으로는 태양이 빛나는 한 계속 가동될 수 있습니다. 하지만 안타깝게도 대부분은 큐리아서티만큼도 버티지 못할 겁니다. 결국은 우주 쓰레기와 충돌하겠죠.

하지만 태양열 전지판이 우주에서만 사용되는 건 아닙니다.

태양열 발전

외딴 길가에서 종종 볼 수 있는 비상 전화 박스는 태양열 발전을 이용하는 경우가 많습니다. 보통 조명이 달려 있어서 밤마다 불이 켜지지요.

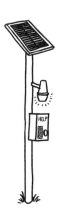

풍력 터빈과 마찬가지로 이것들도 유지 보수가 쉽지 않기 때문에 오래도록 고장이 나지 않게 만듭니다. 먼지나 쓰레기가 쌓이지만 않는다면, 태양열 전지판은 보통 그에 연결된 전자 기기만큼 오래갈 겁니다.

태양열 전지판의 전선이나 회로는 결국 부식되겠죠. 하지만 잘 만든 전자 기기와 함께 건조한 장소에 설치된 태양열 전지판이라면, 때때로 부는 바람이나 비로 인해 집열판에 먼지만 쌓이지 않는다면, 100년 정도는 거뜬히 전기를 공급할 수 있을 겁니다.

'조명'에 대해 엄밀하게 정의한다면, 태양열로 가동되는 외딴 지역의 조명이 아마도 가장 마지막까지 켜진 인공 광원일 거라고 생각할 수 있습니다. (옛날 소비에트연방에서 방사성 붕괴를 이용해 전력을 공급하는 등대를 만든 적이 있습니다. 하지만 지금까지 가동 중인 것은 없네요.)

그런데 또 하나의 후보가 있습니다. 좀 이상한 후보예요.

체렌코프 복사

방사능은 보통 눈에 보이지 않습니다.

　예전에는 시계 숫자판이 라듐으로 코팅되어 있어서 빛이 났습니다. 하지만 방사능 자체에서 나오는 빛은 아니었죠. 방사선을 쬐면 빛을 내는, 라듐 위에 칠해진 인광燐光 페인트에서 나오는 것이었습니다. 시간이 지나면 이 페인트는 분해됩니다. 그래서 숫자판에 여전히 방사능이 남아 있어도 더 이상 빛은 나지 않지요.

　그런데 방사능 광원을 사용하는 것은 시계의 숫자판 말고도 또 있습니다.

　방사성 입자가 물이나 유리 같은 물질을 통과하면 일종의 광학적 음속폭음音速爆音* 같은 효과를 통해 빛을 낼 수가 있는데요, 이 빛을 체렌코프 복사Cherenkov radiation라고 합니다. 원자로 노심에서 볼 수 있는 유난히 푸른빛이 바로 체렌코프 복사지요.

---

*초음속 제트기가 지날 때 충격파에 의해 생기는 폭발음

방사성 폐기물 중에서 세슘-137 같은 일부 물질은, 녹여서 유리와 섞어 고체 블록으로 만든 다음, 식혀서 다시 차폐물로 포장합니다. 수송과 저장 과정의 안전을 위해서죠.

어두운 곳에서 보면 이들 유리 블록은 푸른빛을 냅니다.

세슘-137의 반감기는 30년입니다. 그렇다면 200년 후에도 당초 방사능의 1퍼센트는 여전히 남아 빛을 내고 있을 거라는 뜻이 됩니다. 이 빛의 색깔을 결정하는 것은 방사선의 양이 아니라 붕괴 에너지이기 때문에, 시간이 지나도 비록 그 밝기는 약해지겠지만 여전히 똑같은 푸른빛을 유지할 겁니다.

자, 그러면 답이 나왔네요. 몇백 년 후에도 콘크리트 지하 창고 깊숙한 곳에서는 인간이 만든 가장 유독한 폐기물이 빛을 뿜어내고 있을 겁니다.

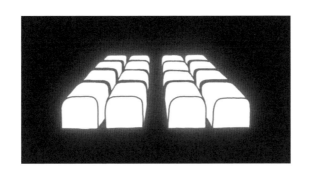

기관총으로 제트 추진기를 만들면

Q 아래 방향으로 발사되는 기관총을 이용해 제트 추진기를 만들 수 있을까요?
- 롭 BRob B

A **답이 '가능하다'여서 저도 좀 놀랐어요!** 하지만 정말 제대로 만들어 보겠다면 러시아 사람들이랑 얘기를 해 봐야할 겁니다.

여기에 적용되는 법칙은 아주 간단합니다. 총알을 앞으로 발사하면 반동 때문에 몸이 뒤로 밀리죠? 그러니 총을 아래로 발사하면 몸은 위로 밀릴 겁니다.

우리가 제일 먼저 답해 봐야 할 질문은 '총이 총 자체 무게만이라도 밀어 올릴 수 있을까?' 하는 점이에요. 기관총의 무게가 10파운드인데 총이 발사될 때의 반동력이 8파운드밖에 되지 않는다면, 사람은커녕 총 자체도 밀어 올리지 못할 테니까요.

공학계에서는 어느 물건의 추진력과 무게 사이의 비율을 말 그대로 '추력중량비推力重量比'라고 부릅니다. 이 비율이 1보다 작으면 해당 기계는 이륙할 수가 없겠죠. 새턴 5호의 경우 이륙 시 추력중량비는 1.5정도였습니다.

저는 남부에서 자랐지만 총기에 대해서는 잘 모르는데요. 그래서 이 질문에 대한 도움을 받으려고 텍사스에 사는 지인에게 연락을 해 봤습니다. (제가 측정을 좀 해 달라고 했더니 지인은 즉석에서 집에 있던 탄약으로 그 많은 실험을 해 주더군요. 아마도 텍사스는 이제 영화 〈매드 맥스Mad Max〉에 나오는 세계 멸망 후의 전쟁터처럼 변한 모양입니다.)

주의! 절대, 절대로! 집에서 시도하지 마세요.

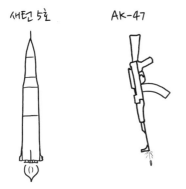

알고 보니 AK-47은 추력중량비가 2정도 되더군요. 이 말은 곧 AK-47을 세워 놓은 채 방아쇠를 당긴다면 발사와 동시에 총이 공중으로 뜰 거라는 얘기입니다.

모든 기관총이 이렇다는 얘기는 아닙니다. M60는 아마 자체 반동력으로는 땅에서 뜰 수가 없을 겁니다.

로켓이 만들어 내는 추진력의 크기는 (1)뒤로 얼마만큼의 질량을 내던지느냐와 (2)얼마나 빠른 속도로 내던지느냐에 달려 있습니다. 추진력은 이 2가지의 산물이죠.

$$추진력 = 질량\ 방출률 \times 방출\ 속도$$

만약 AK-47이 1초에 8그램짜리 총알 10개를 초당 715미터의 속도로 발사한다면 추진력은 다음과 같습니다.

$$10\ \frac{총알}{초} \times 8\ \frac{그램}{총알} \times 715\ \frac{미터}{초} = 57.2N \approx 13파운드의\ 힘$$

AK-47은 장전된 상태에서 무게가 10.5파운드밖에 나가지 않기 때문에 땅에서 뜰 수도 있고 위쪽으로 가속도 받습니다.

실제로는 추진력이 최고 30퍼센트 정도 더 높게 나올 겁니다. 왜냐하면 총이 발사될 때는 총알만 내뱉는 것이 아니라 뜨거운 가스와 폭발 잔해도 내놓기 때문이죠. 이렇게 추가되는 힘의 크기가 얼마나 될지는 총이나 탄약의 종류에 따라 달라집니다.

또한 전체적인 효율성은 탄피를 총기 밖으로 배출하느냐, 아니냐에 따라서도 달라집니다. 계산을 위해 텍사스의 지인들에게 탄피의 무게를 좀 재 달라고 했더니 저울을 못 찾아서 곤란해하더군요. 그래서 아무나 그냥 저울이 있는 '다른 사람'을 찾으면 될 것 같다고 말해 주었습니다. 탄약이 더 적은 사람이면 되겠죠.

자, 그러면 이런 것들은 모두 우리의 제트 추진기와는 무슨 관련이 있을까요?

AK-47은 스스로 땅에서 뜰 수는 있지만, 남은 추진력으로는 다람쥐 1마리도 들어 올리기 힘듭니다.

그러면 총을 여러 개 사용해 봐야겠죠? 총 2자루를 땅에 대고 발사하면 추진력도 2배가 됩니다. 총 1자루가 자체 무게 외에 추가로 5파운드를 들어 올릴 수 있다고 하면, 총 2자루는 10파운드를 들어 올릴 수 있는 거지요.

그렇다면 결론은 분명합니다.

오늘 내에 우주까지 가기는 힘들겠네요.

110

총을 충분히 많이 동원한다면 탑승자의 체중은 무관해질 겁니다. 체중이 수많은 총에 분산되어 각 총에 추가되는 무게는 거의 인식하지도 못할 정도일 테니까요. 총의 수가 늘어나서 평행하게 날아오르는 총의 수가 충분히 많아지면 이 장치의 추력중량비는 추가되는 무게가 없는 총기 1개의 추력중량비에 근접합니다.

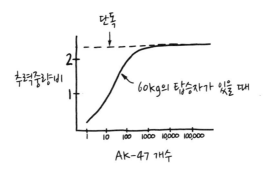

하지만 문제가 하나 남았습니다. 탄약이에요.

AK-47 탄창은 30발까지 장전이 가능합니다. 초당 10발이 발사된다면 3초 동안 쥐꼬리만큼의 가속이 붙겠죠.

더 큰 탄창을 사용한다면, 가속을 증가시킬 수 있겠지만 거기에도 한계는 있을 겁니다. 250발 이상은 장전해 봤자 이득이 없어요. 그 이유는 바로 로켓 과학의 핵심적이고 근본적인 문제 중의 하나인, '연료가 본체의 무게를 늘린다'라는 점 때문입니다.

탄알 하나의 무게가 8그램이고 탄피를 포함한 탄약(전체 총알)은 16그램이 넘게 나갑니다. 그러니 250발 이상을 장전하게 되면 AK-47은 너무 무거워져서 지면에서 뜰 수 없을 겁니다.

이렇게 되면 최적의 장치는 250발을 장전한 AK-47 여러 자루(최소 25자루, 최적은 300자루 이상)가 됩니다. 이 장치를 아주 크게 만든다면 가속을 받아서 수직으로 초당 100미터에 가까운 속도를 얻을 수 있겠죠. 그러면 공중으로 약 500 미터까지 올라갈 겁니다.

그러면 질문에 대한 답이 나왔네요. 기관총의 수가 충분히 많으면 하늘을 날 수 있습니다.

하지만 AK-47로 만든 이 장치가 별로 실용적인 제트 추진기가 아닌 것은 분명합니다. 좀 더 잘 만들 수는 없는 걸까요?

저는 텍사스의 지인들이 추천해 준 여러 종류의 기관총을 대상으로 각각 계산을 돌려 보았습니다. 그중에는 꽤 괜찮은 것도 있었어요. 예컨대, 더 무거운 기관총인 MG-42는 AK-47보다 추력중량비가 약간 더 높더군요.

그래서 더 큰 것으로 한번 시도해 봤습니다.

GAU-8 어벤저는 1파운드짜리 총알을 1초에 60개까지 발사할 수 있습니다. 반동력이 거의 5톤에 가깝죠. GAU-8 어벤저는 A-10 같은 비행기에 탑재되는데, 이 비행기의 양 엔진의 추진력이 각각 4톤밖에 안 되는 점을 고려하면 정말 엄청난 반동력입니다. A-10 비행기 1대에 GAU-8 어벤저 2대를 싣고 전면으로 동시에 발사한다면 총의 반동력이 더 세서 비행기가 뒤로 가속을 받을 겁니다.

달리 설명해 보면 이런 식입니다. GAU-8 어벤저를 제 차에 싣고, 기어를 중립에 놓은 다음, 정지 상태에서 총을 뒤쪽으로 발사하기 시작하면, 3초도 못 되어서 고속도로 제한 속도를 돌파할 겁니다.

실제로 제가 헷갈리는 건 방법입니다.

이 총도 로켓 추진기 역할을 충분히 할 수 있지만, 러시아 사람이라면 이보다 더 좋은 추진기도 만들 수 있을 겁니다. 그랴제프 시푸노프Gryazev-Shipunov GSh-6-30은 GAU-8의 절반밖에 안 되는 무게이지만 발사 속도는 더 빠릅니다. 추력중량비가 40에 가깝기 때문에 땅바닥에 대고 발사한다면 치명적인 금속 파편들을 사방으로 뿜어내며 떠오를 뿐만 아니라, 중력가속도의 40배에 이르는 가속을 경험하게 될 겁니다.

이 정도면 너무 나아간 셈이죠. 실제로 이 총은 비행기에 단단히 고정되어 있을 때조차 가속이 문제였습니다.

반동력 때문에 〔…〕 여전히 기체에 손상을 줄 수 있다. 발사 속도를 분당 4,000발까지 줄였으나 별 도움이 되지 않았다. 발사 후에는 거의 어김없이 착륙등이 깨졌다. 〔…〕 1번에 30발 이상 발사한다면 과열로 인한 문제가 생길 수 있다.

– 그레그 괴벨Greg Goebel, 에어벡터스닷넷airvectors.net

하지만 어떤 식으로든 탑승자를 태울 수 있다면, 가속을 견딜 만큼 장치를 튼튼하게 만든다면, GSh-6-30에 기체 역학적인 커버를 씌운다면, 그리고 충분히 냉각될 수 있게 한다면,

기관총으로 제트 추진기를 만들면

산이라도 넘을 수 있을 겁니다.

하늘로 계속 올라가면

Q 1초에 1피트(약 30센티미터)씩 멈추지 않고 계속 올라간다면 정확히 어떻게 죽게 될까요? 얼어 죽게 될까요, 질식사가 먼저일까요? 그것도 아니면 다른 원인인가요? - 레베카 BRebecca B

A 외투는 준비하셨나요?

초당 30센티미터는 별로 빠른 속도는 아닙니다. 평범한 엘리베이터보다도 훨씬 느린 속도죠. 옆에 있는 친구의 키가 얼마냐에 따라 다르긴 하겠지만, 5초에서 7초 정도면 더 이상 사람 손이 닿지 않는 높이까지 올라갈 겁니다.

30초 후에는 땅에서 9미터 높이에 있을 텐데요. 뒤에 나오는 '가장 높이 던질 수 있는 높이' 편을 미리 들춰 보시면 알겠지만, 친구에게 샌드위치나 물병 따위를 던져 달라고 할 수 있는 건 이때가 마지막입니다. 샌드위치나 물이 있다고 해서 살아남을 수 있는 건 아니겠지만, 그래도 말이에요.

1, 2분 후에는 나무들보다 높이 올라가 있겠죠. 하지만 아직까지 지상에 비해

크게 불편하지는 않을 거예요. 나무들보다 높은 곳에서는 바람이 일정하기 때문에 바람이 약간 부는 날이라면 아마 조금 더 추워질 겁니다. 기온은 여러 요인에 따라 상당히 달라질 수 있지만, 이번 질문에서는 그냥 전형적인 기온 분포가 적용된다고 가정할게요.

10분 후면 여러분은 대부분의 고층 건물보다도 높이 올라가 있을 테고, 25분 후면 엠파이어스테이트 빌딩의 첨탑보다도 높이 올라갔겠죠.

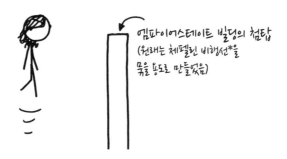

엠파이어스테이트 빌딩의 첨탑
(원래는 체펠린 비행선*을
묶을 용도로 만들었음)

---

*내부에 가스 주머니를 넣어 가볍게 만든 비행선

이 정도 높이에서 공기의 밀도는 지표에 비해 약 3퍼센트 정도 희박합니다. 하지만 다행히도 우리 신체는 이 정도 기압 변화에는 늘 대처하고 있습니다. 고막이 터질 수는 있겠지만, 그 외에는 별 차이를 느끼지 못할 거예요.

기압은 고도에 따라 휙휙 바뀝니다. 놀랍게도 땅에 서 있을 때는 몇 피트만 바뀌어도 기압이 눈에 띄게 달라진답니다. 요즘은 휴대 전화에 기압계가 내장된 경우가 많은데, 앱을 다운 받아서 머리와 발의 기압차를 직접 측정해 볼 수도 있습니다.

초당 1피트는 시간당 1킬로미터와 상당히 비슷한 속도이기 때문에 1시간 후면 지면에서 1킬로미터 정도 멀어져 있을 겁니다. 이쯤 되면 분명히 추위를 느끼기 시작할 거예요. 코트를 입고 있다면 아직은 괜찮겠지만, 바람이 점점 세지고 있다는 것을 느낄 수도 있습니다.

2시간 정도 지나서 2킬로미터쯤 올라가면 기온은 어는점 아래로 떨어집니다. 바람 역시 세질 테고요. 피부에 노출된 부위가 있다면 이제부터는 동상을 걱정해야 합니다.

이쯤 되면 기압은 비행기 객실(제 휴대 전화의 기압계에 따르면, 비행기 객실은 보통 해수면 기압의 70에서 80퍼센트 수준을 유지하는군요)보다 더 낮게 떨어지고, 그 영향도 눈에 띄기 시작할 겁니다. 하지만 방한복을 입은 게 아닌 이상, 기압보다는 기온이 더 큰 문제일 거예요.

앞으로 2시간 동안 기온은 영하로 떨어질 겁니다. 섭씨든, 화씨든 말이에요. 그렇다고 절대온도 0도까지는 아니고요. 설사 여러분이 산소 부족을 이겨냈다고 치더라도, 어느 시점이 되면 저체온증에 무릎을 꿇게 될 텐데요, 그 '어느 시점'은 언제일까요?

얼어 죽는 것에 관해 학문적으로 가장 권위를 가진 사람들은 역시나 캐나다인들 같은데요. 추위와 인간 생존에 관해 가장 널리 이용되는 비교 모형은 온타리오에 있는 환경의학민군연구소Defence and Civil Institute of Environmental Medicine의 피터 티쿠이시스Peter Tikuisis와 존 프림John Frim이 개발한 것입니다.

그들의 모형에 따르면, 가장 큰 사망 요인은 옷차림입니다. 알몸이라면 산소가 없어지기 전, 5시간쯤 되었을 때 이미 저체온증으로 죽게 됩니다(솔직히 알몸이라는 시나리오는 답을 주기보다는 더 많은 의문을 일으키네요). 옷을 단단히 입고 있다면 동상에 걸릴 수는 있겠지만 죽지는 않을 겁니다.

'죽음의 지대Death Zone'에 도달할 때까지는 말이죠.

8,000미터 이상 올라가면, 다시 말해 몇몇 산을 제외한 모든 것들보다 높이 올라가면, 공기 중의 산소 함량이 너무 낮아서 사람이 생존할 수 없습니다. 이 지대 근처에 이르면 여러 가지 증상을 겪게 되는데 정신착란, 어지럼증, 신체 능력 저하, 시력 손상, 메스꺼움 등이 나타날 수도 있습니다.

죽음의 지대에 근접할수록 혈중 산소 함유량은 곤두박질칠 겁니다. 원래 정맥은 산소가 낮은 혈액을 폐로 가져와서 산소를 다시 채우도록 되어 있는데요, 죽음의 지대에서는 공기 중의 산소가 너무 적기 때문에 공기에서 산소를 얻는 것이 아니라 공기에 산소를 잃게 될 겁니다.

그러면 금세 의식을 잃고 죽게 되겠지요. 이런 일이 발생하는 것은 올라가기 시작한 지 7시간쯤 되었을 때고, 8시간째까지 살아남을 가능성은 극히 적습니다.

그녀는 살던 모습 그대로 죽었습니다. 1초에 1피트씩 올라가면서.

제 말은, 마지막 몇 시간 동안 살던 것처럼 죽었다고요.

그리고 200만 년 후, 꽁꽁 언 시체는 아직도 초당 1피트씩 움직이며 태양계를 지나 별들 사이로 나아가고 있을 겁니다.

명왕성을 발견한 사람은 클라이드 톰보Clyde Tombaugh라는 천문학자인데요, 그는 1997년에 죽었습니다. 그의 유해 일부가 우주선 뉴호라이즌스호에 실렸는데 이 우주선은 명왕성을 지나 태양계 밖으로까지 계속 날아갈 겁니다.

여러분이 가정한 초당 1피트의 이동은 아주 춥고, 불쾌하고, 금세 목숨을 앗아갈 여행이 될 겁니다. 하지만 40억 년이 지나 적색거성赤色巨星이 된 태양이 지구를 삼켜 버리면, 그때는 여러분과 클라이드만이 지구를 탈출한 유일한 사람이 되겠지요.

답이 됐나요?

이상하고 걱정스러운 질문들 3

Q 지금 인류가 가진 지식과 능력을 가지고 새로운 별을 만들 수도 있나요? - 제프 고
든Jeff Gordon

Q 원숭이들로 군대를 양성하려고 하면 병참학적으로 어떤 문제가 생길까요? - 케
빈Kevin

Q 사람들이 만약 바퀴를 가지고 있고 날 수도 있다면, 비행기와 사람을 어떻게 구
분할까요? - 익명

핵잠수함을 타고 지구 주위를 돌면

Q 핵잠수함이 궤도를 돈다면 얼마나 오래 버틸 수 있나요? - 제이슨 래스버리Jason Lathbury

A **잠수함은 괜찮을 거예요.** 승무원들이 곤란하겠죠.

잠수함이 폭발하는 일은 없을 겁니다. 잠수함의 선체는 50에서 80기압 정도 되는 물속 외부 압력에도 견딜 수 있을 만큼 튼튼하게 만들어졌기 때문에 공기 1기압 정도의 내부 압력을 유지하는 데는 아무 문제가 없을 겁니다.

선체에는 아마 공기가 통하지 않을 거예요. 물이 새지 않는다고 해서 공기가 통하지 말라는 법은 없지만, 50기압에서도 물이 새지 않는다는 얘기는 공기가 쉽사리 빠져나가지 않는다는 뜻이니까요. 공기를 빼내기 위한 특수 밸브가 몇 개 있을 수는 있겠지만, 아마도 잠수함은 밀폐 상태를 유지할 겁니다.

승무원들이 당면할 가장 큰 문제는 당연히 '공기'입니다.

핵잠수함은 전기를 이용해 물에서 산소를 추출하는데, 우주에는 물이 없기 때문에 더 이상 공기를 만들 수가 없겠죠. 며칠 분량의 산소는 비축하고 다니겠지만 결국에는 곤경에 빠질 겁니다.

난방을 위해 원자로를 가동할 수도 있겠죠. 하지만 '얼마나' 가동할지 아주 유의해야 할 겁니다. 바다가 우주보다 차가우니까요.

엄밀히 말하면 이 말은 사실이 아닙니다. 다들 알다시피 우주는 아주 춥거든요. 그럼에도 불구하고 우주선이 과열될 수 있는 것은, 우주 공간의 열전도성이 물처럼 크지 않기 때문입니다. 그래서 배보다는 우주선에 열이 더 빠르게 축적되는 것이죠.

하지만 학문적으로 '한 단계 더 깊이' 들어가 보면 바다가 우주보다 차갑다는 것은 '사실'이기도 합니다.

별들 사이의 우주는 매우 차갑지만, 태양이나 지구에 가까운 우주 공간은 실제로 말도 못하게 뜨겁거든요! 그럼에도 그렇게 보이지 않는 것은, 우주에서는 '온도'의 정의가 다소 애매해지기 때문입니다. 우주 공간이 차갑게 보이는 것은 너무나 '텅 비어' 있기 때문인 거죠.

온도란 어느 입자의 집합이 가진 운동 에너지의 평균으로 측정됩니다. 우주에서는 개별 분자들이 가진 운동 에너지의 평균은 높지만, 분자의 수가 너무나 적기 때문에 다른 물체에 별 영향을 주지는 못하는 거예요.

어릴 때 제 아버지는 지하실에 작업장을 갖춰 놓으셨는데요. 그래서 저는 아버지가 금속 절단기를 사용하시는 모습을 지켜보곤 했지요. 절단기 톱날에 금속이 닿으면 언제나 불똥이 사방으로 튀면서 아버지의 손과 옷 위로 비처럼 우수수 떨어져 내렸습니다. 그런데도 아버지는 전혀 다치지 않으셨어요. 그때는 그게 도무지 이해가 안 갔죠. 시뻘건 불똥의 온도는 수천 도가 넘었는데 말이죠.

나중에 알게 된 사실이지만, 아버지가 불똥에 데지 않으셨던 것은 불똥의 크기가 너무 작았기 때문입니다. 불똥이 가진 열기는 피부의 아주 작은 면적을 살짝 데울 뿐, 금세 인체에 흡수되어 버렸던 거죠.

우주 공간에 있는 뜨거운 분자들도 그 불똥과 같습니다. 분자들은 뜨거울 수도, 차가울 수도 있지만, 너무 작기 때문에 우리 몸에 닿더라도 체온은 크게 바뀌지 않는 거예요. 성냥과 횃불의 온도는 거의 같습니다. 하지만 영화에서 보면 터프가이들이 성냥불을 손가락으로 눌러 끄는 경우는 있어도, 횃불을 손가락으로 눌러 끄는 경우는 없습니다. 똑같은 이유지요. 대신에 온도가 올라가고 내려가는 것은, 여러분이 얼마나 많은 열을 만들어 내고, 그 열을 빈 공간에 쏟아 부을 수 있는지에 따라 결정됩니다.

주변이 따뜻해서 열을 다시 여러분에게 복사해 주지 않는다면, 여러분은 복사에 의해 평소보다 훨씬 빨리 열을 잃게 됩니다. 하지만 여러분의 체표에 있는 열을 실어 나를 공기가 없다면, 대류(혹은 전도)에 의해 열을 크게 잃는 일은 없죠.

대부분의 유인 우주선의 경우는 후자의 효과가 더 중요합니다. 그래서 따뜻한 상태를 유지하는 것보다는 시원한 상태를 유지하는 게 더 문제가 되는 거예요.

핵잠수함은 바닷물에 의해 선체 외부가 섭씨 4도까지 내려가더라도 내부는 생활하기에 적합한 온도를 유지할 수 있습니다. 하지만 잠수함의 선체가 우주에서도 이 온도를 유지해야 한다면 지구의 그림자에 가려져 있는 동안에는 약 6메가와트의 속도로 열을 잃게 될 겁니다. 이것은 승무원들이 공급하는 20킬로와트보다 훨씬 빠른 속도죠. 태양광선을 직접 쬐고 있을 때 얻는 몇백 킬로와트보다도 훨씬 큽니다. 따라서 온도를 유지하려면 원자로를 가동해야 할 겁니다. 햇빛을 받는 쪽으로 이동하면 잠수함의 표면은 따뜻하겠지만, 여전히 얻는 열보다는 잃는 열이 더 많을 겁니다.

궤도를 벗어나려면 잠수함은 속도를 충분히 늦춰 대기권에 진입해야 합니다. 하지만 로켓 없이 이런 일은 불가능하죠.

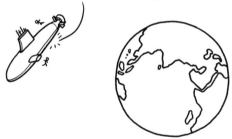

잠깐! '로켓 없이'라니, 대체 무슨 말이에요?

알겠습니다. 엄밀히 말하면 잠수함에도 로켓이 있습니다.

이상하네, 진공 상태인데 어떻게 연기가 피어나지?

쉿, 조용히 해.

하지만 안타깝게도 이 로켓들은 엉뚱한 방향을 가리키고 있기 때문에 잠수함을 밀어 줄 수가 없습니다. 로켓은 자동 추진self-propelling 방식인데, 이 말은 곧 반동이 거의 없다는 뜻입니다. 총에서 총알이 발사될 때는 총알을 '밀어서' 빠른 속도로 날아가게 하죠. 하지만 로켓은 그냥 불을 붙여서 떠나보내는 방식입니다. 그렇기 때문에 미사일을 발사해도 잠수함을 앞으로 나아가게 만들어 줄 수는 없는 거예요.

하지만 로켓을 '발사하지 않음'으로써 앞으로 나아갈 방법은 있을 겁니다.

현대식 핵잠수함이 싣고 다니는 탄도 미사일을 꺼내서 거꾸로 넣는다면, 탄도 미사일 하나마다 잠수함의 속도를 초당 4미터 정도씩 바꿀 수 있습니다.

보통 궤도를 벗어나게 하려면 초당 100미터 정도의 델타-v(속도 변화)가 필요합니다. 그렇다면 오하이오급 잠수함에 실려 있는 트라이던트 미사일 24기면 궤도에서 빠져나올 수 있다는 뜻이지요.

하지만 잠수함에는 열처리용 융제融劑 타일이 없기 때문에, 그리고 극초음속 상태에서 잠수함은 기체 역학적으로 안정된 상태가 아니기 때문에 잠수함은 필연적으로 공중에서 데굴데굴 구르며 분해되어 버릴 겁니다.

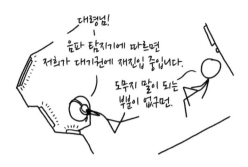

아주 아주 아주 작은 확률이기는 하지만, 잠수함의 어느 틈새에 끼어서 가속 의자에 묶여 있고 거기에 운까지 좋다면, 이렇게 빠른 감속에도 불구하고 살아남을 수 있을지 모릅니다. 그랬다면 잠수함 잔해가 땅에 떨어지기 전에 어서 낙하산을 타고 탈출해야 하겠죠.

저는 말리고 싶지만, 혹시라도 여러분이 이것을 시도한다면 중요한 주의 사항이 하나 있습니다.

미사일의 기폭 장치를 제거하는 것 잊지 마세요.

단답형 질문 모음

Q 우리 집 프린터가 돈을 찍어 낼 수 있다면 세상에 큰 영향이 있을까요? - 데릭
오브라이언Derek O'Brien

A **A4 용지 1장이면 지폐 4장을 인쇄할 수 있습니다.**
질문자님의 프린터가 1분에 1장씩 고화질 컬러 프린팅을 할 수 있다
면, 1년에 2억 달러를 찍어 낼 수 있다는 얘기죠.

그 정도 돈이면 질문자님은 충분히 부자가 될 수 있겠지만, 세계 경제에 어떤
영향을 주기에는 턱없이 부족합니다. 현재 유통되는 100달러짜리 지폐는 78억
장이고, 100달러짜리 지폐의 수명이 90개월 정도니까, 100달러짜리 지폐는 매
년 10억 장씩 새로 만들어지는 셈입니다. 거기에 질문자님이 200만 장을 추가해
봤자 거의 눈에 띄지도 않을 거예요.

Q 허리케인 눈에서 핵폭탄을 터뜨리면 어떻게 될까요? 허리케인이 그 자리에서 증발하나요? – 루퍼트 베인브리지Rupert Bainbridge 외 수백 명

A 이 질문을 올려 주신 분들이 굉장히 많아요.

알고 보니 (미국허리케인센터의 운영 주체인) 미국해양대기청도 이 질문을 아주 많이 받는다고 하네요. 실은 같은 질문을 너무 자주 받다 보니 미국해양대기청에서 공식 답변을 올렸어요.

크리스 랜시Chris Landsea의 'Why don't we try to destroy tropical cyclones by nuking them?(열대 사이클론을 핵폭탄으로 없애면 어떨까?)'를 검색해 보세요. 전문을 읽어 보아도 좋겠지만, 첫 단락의 마지막 문장 하나면 충분할 것도 같네요.

"두말할 나위 없이, 이건 좋은 생각이 아닙니다."

미국 정부의 한 부처에서 '허리케인에 핵미사일을 발사하는 것'에 관해 공식적인 의견을 발표했다는 사실 자체가 저는 아주 뿌듯하네요.

Q 집집마다 그리고 상점이나 사무실마다 빗물받이에 소형 터빈 발전기를 설치한다면 전력을 얼마나 생산할 수 있을까요? 그렇게 생산된 전력으로 발전기비용을 상쇄할 수 있을까요? - 데이미언Damien

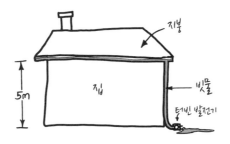

A 알래스카 팬핸들Alaska panhandle처럼 비가 아주 많이 오는 지역의 주택이면 1년에 4미터 가까이 빗물을 받을 수 있을지도 모르겠습니다. 수력 터빈이 아주 효율적인 경우도 있죠. 해당 주택의 면적이 1,500제곱피트(약 140제곱미터)이고 홈통이 지면에서 5미터 높이에 있다면 빗물에서 생산되는 전력은 평균 1와트 이하일 테고, 전기 절약분은 최대 아래와 같을 것입니다.

$$1{,}500\text{제곱피트} \times 4\frac{\text{미터}}{\text{년}} \times 1\frac{\text{킬로그램}}{\text{리터}} \times 9.81\frac{\text{m}}{\text{s}^2} \times 5\text{미터} \times 15\frac{\text{센트}}{\text{kWh}} = \frac{1.14\text{달러}}{\text{년}}$$

2014년 현재 시간당 가장 많은 강우량을 기록한 것은 1947년 미주리 주 홀트Holt였습니다. 42분 동안 30센티미터의 비가 왔었죠. 위의 주택이라면 그 42분 동안 최고 800와트의 전기를 생산할 수 있었을 겁니다. 그 정도면 집안의 모든 기기에 전기를 공급할 수 있었겠죠. 하지만 1년 중 그날을 제외한 다른 날에는 생산되는 전력이 턱없이 부족할 겁니다.

발전기 가격이 100달러라고 한다면, 알래스카 캐치칸Ketchikan같이 미국에서

비가 가장 많이 오는 지역에 사는 주민들은 100년 안에는 그 비용을 상쇄할 수 있을 겁니다.

Q 발음 가능한 조합만을 생각했을 때, 우주에 있는 모든 별에 한 단어로 된 고유한 이름을 붙여 주려면 이름이 대체 얼마나 길어야 하나요? - 세이머스 존슨
Seamus Johnson

A 우주에는 약 300,000,000,000,000,000,000,000개의 별이 있습니다. 모음과 자음을 번갈아 사용하면서 발음 가능한 단어를 만든다고 했을 때(발음 가능한 단어를 만들 수 있는 더 나은 방법도 있지만, 이렇게 해도 대략적인 결과는 알 수 있을 거예요), 알파벳 2개를 추가할 때마다 이름을 지을 수 있는 별의 수는 105배 늘어납니다(영어의 21개 자음 곱하기 5개 모음). 숫자도 비슷한 정보 밀도(글자 하나당 100개의 가능성)를 갖고 있기 때문에 이름의 길이는 별의 총 개수와 비슷한 정도의 길이가 됩니다.

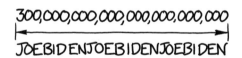

별들의 이름은 조 바이든Joe Biden으로 합시다.

저는 종이에 쓰인 숫자의 길이를 재는 방식으로 계산하는 것을 참 좋아하는데요(실제로는 $\log_{10}x$의 근사치를 추정하는 방식의 하나에 불과합니다), 분명히 맞는 방법인데도 왠지 '틀린 것'처럼 느껴진다니까요.

130

Q 저는 종종 자전거를 타고 수업을 들으러 가는데요, 겨울에는 너무 추워서 자전거 타기가 힘듭니다. 우주선이 대기권에 재진입할 때 뜨거워지는 것처럼 제 피부가 따뜻해지려면 자전거를 얼마나 빨리 타야 할까요? - 데이비드 나이|David Nai

A **대기권에 재진입하는 우주선이 뜨거워지는 것은** 우주선 앞쪽에 있는 공기가 압축되기 때문입니다. 흔히들 생각하는 것처럼 공기와의 마찰 때문이 아니에요.

질문자님의 몸 앞에 있는 공기층의 온도를 섭씨 20도(영하의 공기를 실온 수준으로)까지 올리려면 초당 200미터의 속도로 자전거를 몰아야 합니다.

해수면 높이에서 인력으로 움직이는 교통수단 중 가장 빠른 것은 기체역학적인 유선형 커버를 씌운 리컴번트 자전거recumbent bicycle*입니다. 이런 자전거는 거의 초속 40미터에 가까운 속도를 낼 수 있죠. 이 정도 속도에서 인간의 추진력은 공기의 견인력과 겨우 균형을 이루는 정도입니다.

견인력은 속도의 제곱에 비례해 증가하기 때문에 이 한계 이상을 달성하기는 상당히 어려울 것입니다. 초당 200미터의 속도로 자전거를 타려면 초당 40미터 속도로 탈 때보다 적어도 25배 이상의 동력 출력이 필요합니다.

그 정도 속도라면 공기로 인한 열기는 더 이상 걱정거리가 아니에요. 잠깐만 생각해 봐도 신체가 그렇게 많은 일을 한다면 몇 초 내에 인체의 심부 체온이 너무 올라가서 생존할 수 없을 테니까요.

---

*누워서 타는 자전거

Q 인터넷은 어느 정도의 물리적 공간을 차지하나요? - 맥스 L Max L

A 인터넷에 저장된 정보의 양을 추정하는 방법은 아주 다양합니다. 하지만 우리(인류 전체)가 스토리지 공간을 얼마나 많이 구매했는지 살펴보면 그 상한선은 알 수가 있지요.

스토리지 업계는 1년에 대략 6억 5,000만 개의 하드 드라이브를 생산합니다. 그 대부분은 3.5인치 드라이브이니까, 초당 8리터의 하드 드라이브를 생산하는 셈입니다.

그렇다면 지난 몇 년간의 하드 드라이버 생산량으로 대략 유조선 하나는 채울 수 있을 거예요. 이렇게 본다면 인터넷은 유조선 하나보다는 작은 셈이네요.

Q 부메랑에 C4 폭탄을 묶으면 어떻게 될까요? 이게 효과적인 무기가 될 수 있을까요, 아니면 역시나 멍청한 생각인가요? - 채드 말체프스키 Chad Malczewski

A 기체 역학은 제쳐 두더라도, 부메랑이 혹시 목표물을 놓치고 질문자님에게 되돌아온다면 고성능 폭탄이 달려 있는 게 무슨 전략적 이점이 있을까요?

번개와 관련한 질문 모음

여기서 잠깐! 먼저 강조해 두고 싶은 게 있습니다. 저는 번개 안전에 관한 권위자가 아닙니다.

저는 인터넷에서 그림을 그리는 사람이에요. 저는 불이 나거나 무언가 폭발하면 박수를 치며 좋아하는 사람입니다. 그러니 여러분의 안전 같은 것은 염두에 두지 않았겠죠? 번개 안전에 관한 권위자들은 미국기상청에 있습니다 (http://www.lightningsafety.noaa.gov/).

자, 그러면 그 문제는 이제 됐고, 앞으로 나올 여러 질문에 답을 하자면 먼저 번개가 어디로 치는지 대략은 알고 있는 게 편합니다. 이해하기 쉬운, 근사한 전략이 하나 있는데요. 처음부터 말씀드리고 시작하죠, 뭐. 머릿속으로 야외에서 60미터짜리 공을 하나 굴린다고 생각하고 그게 어디에 닿을지 한번 생각해 보세요. 실제로 굴려 보셔도 무방합니다.

번개는 보통 주변에서 가장 높은 곳을 때린다고들 말합니다. 하지만 이렇게 부정확한 말이 또 있을까요? 이러니 온갖 의문이 꼬리를 물고 나타나는 겁니다. '주변'이라는 건 대체 얼마를 말하는 걸까요? 제 말은, 번개마다 모두 에베레스트 산을 때리지는 않을 것 아닙니까. 그러면 번개는 사람들 중에서 제일 키 큰 사람을 때리는 걸까요? 제가 아는 사람 중에서 제일 키가 큰 사람은 라이언 노스

Ryan North인데(고생물학자들의 말로는 라이언 노스의 어깨까지가 5미터 정도 된다고 합니다)*, 번개를 맞지 않으려면 저는 항상 라이언 노스 주변에 서 있어야 하는 걸까요? 또 다른 이유로 서 있으면 안 될까요? 이런. 질문을 할 게 아니라 대답에 충실해야겠네요.

실제로 번개의 목표물은 어떻게 결정될까요?

번개는 여러 가닥으로 나눠진 전하(선도 낙뢰)가 구름에서 내려오면서부터 시작됩니다. 초당 수십에서 수백 킬로미터의 속도로 아래로 확산하면서 겨우 몇십 밀리초만에 몇 킬로미터를 지나 지면에 도달하는 거지요.

선도 낙뢰는 비교적 전류가 크지 않습니다. 약 200암페어 정도니까요. 이 정도로도 사람이 죽을 수 있지만 그다음 일어나는 일에 비하면 아무것도 아닙니다. 선도 낙뢰가 지면에 닿으면, 구름과 땅 사이에는 2만 암페어가 넘는 어마어마한 전류가 흐릅니다. 우리가 보는 눈부신 섬광은 바로 이것입니다. 그리고 이것이 다시 거의 빛의 속도로 되돌아가는데, 같은 거리를 1밀리초 이내에 주파합니다. 이것을 복귀 낙뢰라고 하는데, 여전히 전하는 아래쪽으로 흐릅니다. 그렇지만 방전은 위쪽으로 전파되는 것처럼 보이죠. 마치 신호등이 녹색으로 바뀌었을 때 앞쪽에 있는 자동차들부터 움직이기 시작해 뒤쪽의 자동차가 움직이기 때문에 전체적인 움직임은 뒤로 전해지는 것처럼 보이는 것과 같은 효과예요.

우리가 땅에 '번쩍' 하는 것을 보는 위치는, 선도 낙뢰가 지면에 처음 닿는 곳입니다. 선도 낙뢰는 거의 점프를 하지 않고 대기를 통과해 아래로 내려와서, 궁극적으로는 땅에 있는 (주로) 양전하를 향해 돌진합니다. 하지만 그다음에 어디

---

*라이언 노스는 공룡이 등장하는 웹툰을 그리는 캐나다의 작가다. 실제 키는 약 199센티미터 정도라고 한다.

로 점프할지를 결정할 때는 겨우 번개 끝에서 수십 미터 이내에 있는 전하들을 '감지'합니다. 이 거리 이내에 뭔가 땅과 연결된 것이 있으면, 번개는 거기로 점프하는 거지요. 그렇지 않으면, 다소 제멋대로인 방향으로 점프해 같은 과정을 반복합니다.

60미터짜리 공 이야기를 꺼낸 것은 바로 이 부분 때문입니다. 선도 낙뢰가 제일 먼저 감지할 지점, 즉 다음(마지막) 단계로 점프할 장소가 어디일지 상상하는 데 도움이 되거든요.

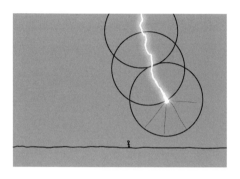

번개가 어디를 때릴지 알고 싶으면 가상의 60미터짜리 공을 그 인근에 굴려 보면 됩니다(안전을 생각해서 진짜 공은 사용하지 마세요). 이 공이 아무것도 통과하지 않은 채 그리고 아무것도 굴리지 않은 채 나무나 건물을 타고 올라간다고 생각하는 겁니다. 나무 꼭대기, 울타리 말뚝, 골프장에 있는 사람 등, 공의 표면이 접하는 장소들은 잠재적으로 번개의 목표물이 될 수 있는 곳입니다.

이렇게 하면 평평한 면 위에 놓인 높이 h의 물체 주변에 생길 번개의 '그림자'를 계산할 수 있습니다.

$$\text{그림자의 반지름} = \sqrt{-h(h-2r)}$$

이 '그림자'는 선도 낙뢰가 주변의 땅 대신 그 키 큰 물체를 때릴 가능성이 큰 지역입니다.

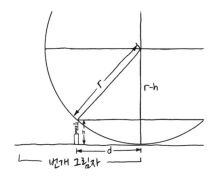

그렇다고 해서 그림자 안에 있으면 안전하다는 뜻은 아닙니다. 그 반대인 경우도 종종 있어요. 전류는 키 큰 물체를 때린 다음 땅속으로 흘러나갑니다. 근처의 땅과 닿아 있다면 몸을 통과할 수도 있습니다. 2012년 미국에서 번개를 맞아 사망한 28명 중에서 13명은 나무 아래나 근처에 서 있었습니다.

이상의 사항들을 염두에 두고, 아래 각 시나리오에 따른 번개의 예상 경로를 살펴보기로 하죠.

 천둥 번개가 칠 때 수영장에 있는 것은 얼마나 위험한가요?

상당히 위험합니다. 물에는 전도성이 있지만, 문제는 그게 아닙니다. 가장 큰 문제는 널찍하고 평평한 수면 위에 여러분의 머리만 뾰족 튀어나와 있을 거라는 점이죠. 번개가 여러분 근처의 물을 때린다고 해도, 결과는 여전히 심각합니다. 2만 암페어의 전류가 밖으로 퍼져 나갈 때 그 대부분은 수면 위로 퍼질 테니까요. 그렇지만 어느 정도 거리에 있을 때, 얼마만큼의 충격을 받을지는 계산하기가 쉽지 않네요.

제 생각에는 10미터 내에 있다면 심각하게 위험할 테고, 담수라면 범위가 더 넓을 겁니다. 전류는 여러분을 좋은 지름길 삼아 통과해 버릴 거예요.

샤워를 하다가 번개를 맞으면 어떻게 될까요? 폭포 아래에 서 있다면?

떨어지는 물보라 때문에 위험하지는 않습니다. 물보라는 그저 공기 중의 수많은 작은 물방울에 불과하니까요. 정말로 위험한 것은 발밑에 있는 욕조, 혹은 배수관과 닿아 있는 물웅덩이예요.

Q 제가 타고 있는 보트나 비행기가 번개를 맞으면 어떻게 될까요? 잠수함이면요?

A **선실이 없는 보트는 골프장만큼이나 안전합니다.** 밀폐된 선실과 피뢰 설비가 있는 보트라면 자동차만큼 안전하고요. 잠수함은 바다 밑에 있는 금고만큼 안전합니다.

Q 송신탑 꼭대기에서 전구를 갈고 있는데 번개가 친다면 어떻게 될까요? 뒤로 공중제비를 넘고 있었다면요? 흑연 들판에 서 있으면요? 번개를 똑바로 쳐다 보고 있으면요?

Q 날아가는 총알에 번개가 치면 어떻게 되나요?

A 총알이 번개의 경로에 영향을 주지는 않을 겁니다. 복귀 낙뢰가 칠 때 번 개의 중간에 총알이 오도록 하려면 시간을 잘 계산해서 쏴야 할 거예요. 번개의 중심은 반지름이 겨우 몇 센티미터 정도입니다. AK-47에서 발사된

총알은 길이가 26밀리미터 정도이고, 밀리초당 700밀리미터 정도의 속도로 움직입니다.

총알은 납 중심 바깥에 구리로 코팅되어 있죠. 구리는 전기 전도성이 매우 큰 물질입니다. 2만 암페어의 전류라면 총알을 지름길로 이용하겠죠.

놀랍게도 총알은 그런 전류를 충분히 잘 처리할 겁니다. 총알이 가만히 놓여 있다면 전류가 순식간에 총알을 가열해 금속을 녹여 버릴 겁니다. 하지만 날아가는 총알은 아주 빠르게 움직이고 있기 때문에, 미처 온도가 몇 도 상승하기도 전에 벌써 번개가 치는 길을 빠져나갈 겁니다. 그리고 비교적 별 영향을 받지 않고 목표물을 향해 계속 날아가겠죠. 번개 주변의 자기장과 총알을 통과하는 전류에 의해 다소 재미난 전자기력이 만들어지긴 하겠지만, 제가 검토해 본 결과로는 큰 그림이 바뀌지는 않을 것 같네요.

Q 천둥 번개가 치는 날 컴퓨터 바이오스BIOS를 업데이트하고 있는데 번개를 맞았다면 어떻게 될까요?

이상하고 걱정스러운 질문들 4

Q 지표 아래에 폭탄(열압력탄 또는 원자폭탄)을 설치해 두면 화산 폭발을 멈출 수 있을까요? - 토마시 그루시카Tomasz Gruszka

Q 제 친구 중 하나는 우주 공간에도 소리가 있다고 굳게 믿고 있는데요. 우주 공간에는 소리가 없는 게 맞죠? -에런 스미스Aaron Smith

인류의 연산 능력

Q 전 세계 모든 사람이 하던 일을 멈추고 다 함께 연산을 시작하면 어느 정도의 연산 능력을 달성할 수 있을까요? 요즘 컴퓨터나 스마트폰과 비교하면 어느 정도 수준일까요? - 마테우시 크노르프스Mateusz Knorps

A **인간과 컴퓨터는 사고의 유형이 너무나 다르기 때문에** 둘을 비교하는 것은 마치 사과와 오렌지를 비교하는 것과 같습니다.

하지만 또 어떻게 생각하면 사과가 더 낫죠. 이참에 그냥 인간과 컴퓨터를 한 번 전면적으로 비교해 볼까요?

비록 하루하루 더 어려워지고 있기는 하지만, 사람 1명이 세상의 모든 컴퓨터보다 더 빨리 해낼 수 있는 일은 어렵지 않게 찾을 수 있습니다. 예컨대 그림을 보고 무슨 일이 있었는지 알아맞히는 일은, 아직도 인간이 컴퓨터보다 훨씬 더 잘할 겁니다.

이 가설을 시험해 보려고 위의 그림을 제 어머니에게 보내서 무슨 일이 있었던 것 같냐고 여쭤 봤습니다. 어머니는 지체 없이 이렇게 답하시더군요(어릴 때 저희 집에는 꽃병이 참 많았답니다). "아이가 꽃병을 넘어뜨렸고, 고양이가 꽃병을 살펴보고 있구먼."

어머니는 다음과 같은 다른 가능성에 대해서는 절묘하게 모두 빠져나갔습니다.

- 고양이가 꽃병을 넘어뜨렸다.
- 고양이가 꽃병에서 뛰쳐나와 아이에게 달려들었다.
- 고양이에게 쫓기던 아이가 탈출용 밧줄을 들고 서랍장 위로 올라가려고 했다.
- 도둑고양이가 집에 들어오자 누군가가 고양이에게 꽃병을 집어던졌다.
- 고양이는 꽃병 속에 미라 상태로 들어 있었는데, 아이가 마법의 밧줄로 건드리자 오랜 잠에서 깨어났다.
- 꽃병을 매달아 놓았던 밧줄이 끊어졌고, 고양이는 꽃병을 다시 조립하려고 노력 중이다.

- 꽃병이 폭발하자 아이와 고양이가 달려왔다. 아이는 꽃병이 또 폭발할까 봐 보호 차원에서 모자를 쓰고 있다.
- 뱀 1마리를 잡으려고 아이와 고양이가 뛰어다니다가 마침내 아이가 뱀을 잡았고, 그 뱀으로 매듭을 만들었다.

세상의 그 어느 컴퓨터도 아이가 있는 부모 한 사람보다 더 빨리 정답을 알아낼 수는 없을 겁니다. 그 이유는 컴퓨터는 이런 종류의 문제를 해결하기 위해 프로그램된 적이 (적어도 지금까지는) 1번도 없는 반면에, 인간의 두뇌는 수백만 년 동안 진화 과정에서 훈련을 통해 주변의 다른 두뇌가 무슨 일을 하고, 또 왜 그런 일을 하는지 파악하는 데 능숙해졌기 때문이죠.

따라서 인간이 우위에 있는 일을 찾는 것은 얼마든지 가능하지만 아무 의미 없는 일입니다. 컴퓨터는 컴퓨터를 프로그램하는 우리의 능력에 구애되므로, 우리는 처음부터 컴퓨터보다 유리한 위치에 있으니까요.

그러니 대신에 컴퓨터가 잘하는 분야에서 우리는 과연 얼마나 잘해낼 수 있는지를 알아보기로 합시다.

마이크로칩의 복잡성

새로운 과제를 고안해 내지 말고, 그냥 컴퓨터에게 실시하는 벤치마크 연산을 인간에게도 적용해 볼게요. 이런 과제는 보통 소수점 아래로 끝도 없이 내려가는 계산이나 숫자를 저장하고 불러내는 일, 일련의 문자를 조작하는 일 혹은 기초적인 논리 연산 등으로 구성됩니다.

컴퓨터 과학자 한스 모라벡Hans Moravec에 따르면, 컴퓨터 칩이 수행하는 계산을 인간이 연필과 종이를 사용해 수행할 경우, 명령 하나에 해당하는 일을 하는

데 1분 30초가 걸린다고 합니다. 이 수치는 한스 모라벡의 책 《로봇Robot》에 나오는 리스트에서 가져온 것입니다(http://www.frc.ri.cmu.edu/users/hpm/book97/ch3/processor.list.txt 참조).

이렇게 본다면 평범한 휴대 전화에 있는 프로세서는 전 세계 인구보다 70배나 빠르게 계산을 수행할 수 있고, 고급형 최신 데스크톱 컴퓨터에 들어 있는 칩은 1,500배나 빠르게 계산할 수 있는 셈입니다.

그렇다면 보통의 컴퓨터 1대가 인류 전체의 처리 능력을 능가하게 된 것은 언제였을까요?

1994년입니다.

1992년에 세계 인구는 55억이었는데요. 이들의 연산 능력을 합치면 약 65밉스MIPS(1초당 100만 개의 명령)가 됩니다.

그해에 인텔은 인기를 끌었던 486DX를 출시했는데, 이 칩이 기본 설정에서 55에서 60밉스 정도를 수행했습니다. 인텔의 신제품 펜티엄Pentium 칩은 70~80대 밉스를 기록하면서 인류를 훨씬 앞질러 갔죠.

이런 식으로 비교하면 우리가 불리하다고 불평할 사람도 있을지 모릅니다.

하지만 이건 컴퓨터 1대와 인류 전체를 비교한 것이니까요. 모든 인간을 '모든' 컴퓨터와 비교하면 어떨까요?

계산하기가 쉽지 않네요. 다양한 컴퓨터에 대해서는 기준을 잡는 일이 간단하지만, 말하는 인형 '퍼비Furby'에 들어 있는 칩이 1초에 몇 개의 명령을 수행하는지는 어떻게 측정해야 할까요?

세상에 존재하는 트랜지스터의 대부분은 우리의 벤치마크 연산을 적용하기 힘든 마이크로칩에 들어 있습니다. 인간들은 모두 우리의 벤치마크 연산을 수행할 수 있게 조정(훈련)이 되어 있다고 가정할 때, 각 컴퓨터 칩이 벤치마크 연산을 할 수 있게 조정하려면 얼마나 많은 작업이 필요할까요?

0.138338129의 세곱근은 0.37193834!

이런 문제를 피하려면 트랜지스터의 수를 세어서 전 세계 연산 기기의 총 연산 능력을 측정하는 방법도 있습니다. 1980년대와 오늘날의 프로세서를 비교해 보면 트랜지스터 대 밉스의 비율은 대략 비슷하다고 합니다. 그 비율은 초당 명령처리마다 트랜지스터 30개 정도 된다고 해요. 크게 차이가 나지는 않을 겁니다.

'무어의 법칙*'으로 유명한 고든 무어Gordon Moore가 쓴 논문을 보면 1950년대 이래 제조된 트랜지스터의 총 개수를 알 수 있습니다. 대략 아래와 같은 모양이에요.

---

*반도체의 집적도가 2년마다 2배가 된다는 법칙

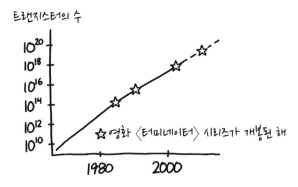

트랜지스터의 수

☆ 영화 〈터미네이터〉 시리즈가 개봉된 해

1980   2000

이 비율을 이용하면 트랜지스터의 수를 연산 능력의 총량으로 전환할 수 있습니다. 이 방법에 따르면 요즘 흔한, 수만 밉스를 가진 노트북 컴퓨터는 1965년 이전에 전 세계에 존재했던 연산 능력보다 더 큰 연산 능력을 갖고 있습니다. 이 방법을 따른다면, 컴퓨터들의 능력 합계가 인간의 연산 능력 합계를 넘어선 것은 1977년이고요.

뉴런의 복잡성

역시나 사람들에게 연필과 종이를 갖고 CPU가 하는 일을 하도록 시키는 것은 '말도 안 되게' 바보 같은 측정법입니다. 복잡성으로 따진다면 우리의 두뇌는 그 어느 슈퍼컴퓨터보다 정교하니까요. 그렇지 않나요?

맞습니다. 거의요.

슈퍼컴퓨터를 이용해서 개별 시냅스 수준에서 인간의 뇌를 온전히 시뮬레이션해 보려고 시도하는 프로젝트들이 있습니다. 이렇게 해도 인간의 뇌에서 일어나는 일을 모두 다 파악하지는 못할 수도 있습니다. 생물학이란 묘한 거니까요. 이들 시뮬레이션에 얼마나 많은 프로세서와 얼마나 많은 시간이 필요한지를 살펴보면 복잡한 인간의 두뇌에 필적하기 위해 필요한 트랜지스터의 수를 알 수 있습니다.

2013년에 일본의 K 슈퍼컴퓨터로 시험해 본 바로는, 인간의 두뇌에 해당하는 트랜지스터의 수는 10^{15}개입니다(각각 약 7억 5,000만 개의 트랜지스터를 가진 8만 2,944개의 프로세서를 사용했던 K 컴퓨터는 두뇌 활동 1초를 시뮬레이션하는 데 40분이 걸렸습니다. 연결점은 인간 두뇌의 1퍼센트에 불과했는데 말이죠). 이 기준에 따르면 전 세계 모든 논리 회로의 총합이 인간 두뇌 하나의 복잡성을 넘어선 것은 1988년에 와서였습니다. 그리고 아직도 모든 회로의 복잡성 총합은 모든 두뇌의 복잡성 총합보다는 훨씬 적습니다. 무어의 법칙이 맞다고 했을 때 이런 시뮬레이션 결과로 본다면 컴퓨터는 2036년까지는 인간을 앞설 수 없을 겁니다(혹시 여러분이 이 글을 읽고 있는 지금이 2036년 이후라면, 안녕하세요, 먼 미래의 분들! 미래에는 여러 가지로 지금보다는 나으면 좋겠네요. 추신. 와서 우리를 데려갈 수 있는 방법 좀 알아내 주세요).

이 방법이 말도 안 되는 이유

이렇게 2가지 방법을 사용해 비교해 보면 서로 상반되는 결과가 나옵니다.

첫 번째 방법은 연필과 종이를 이용한 드라이스톤Dhrystone 벤치마크법으로, 인간에게 컴퓨터 칩에서 일어나는 개별 작용을 수동으로 흉내 내 보라고 합니다. 그렇게 나온 결과는 인간의 수행 능력이 약 0.01밉스라고 말합니다.

두 번째 방법은 슈퍼컴퓨터가 인간의 뉴런을 시뮬레이션하는 방법으로, 컴퓨터에게 인간 두뇌에서 일어나는 개별 뉴런의 작용을 흉내 내 보라고 합니다. 그렇게 나온 결과는 인간의 수행 능력이 50,000,000,000밉스에 해당한다고 말하고요.

2가지 추정치를 결합하는 것이 약간 더 나은 방법일지도 모릅니다. 이상하게도 실제로 이 방법은 나름 일리가 있어요.

컴퓨터 프로그램이 인간의 두뇌 활동을 흉내
내는 것이, 인간 두뇌가 컴퓨터 칩의 활동을 흉
내 낼 때만큼이나 비효율적이라고 본다면, 두뇌
능력의 공정한 등급은 아마도 두 수의 기하평균
일 겁니다.

잠깐, 마지막 문장은 엄밀함과는
전혀 거리가 먼 것 같은데.

이렇게 결합된 수치에 따르면, 인간의 두뇌는 약 3만 밉스의 능력을 가진 셈
이 됩니다. 제가 지금 타이핑을 하고 있는 이 컴퓨터의 능력과 거의 같지요. 또한
이에 따르면 지구의 디지털 복잡성이 인간 뉴런의 복잡성을 능가한 것은 2004년
이 됩니다.

개미들

고든 무어는 〈무어의 법칙 40주년Moore's Law at 40〉이라는 글에서 재미난 이야기를
하나 했습니다. E. O. 윌슨E. O. Wilson에 따르면 지구 상에는 10^{15}에서 10^{16}마리
정도의 개미가 살고 있다는 겁니다. 비교해 보면 2014년에는 전 세계에 10^{20}개
의 트랜지스터가 있었고 이것은 개미 1마리당 수만 개의 트랜지스터에 해당합
니다.

개미의 뇌는 25만 개 정도의 뉴런을 갖고 있습니다. 그리고 뉴런 하나당 시냅
스가 수천 개니까, 전 세계 개미의 뇌의 복잡성을 합치면 전 세계 인간 두뇌의 복
잡성을 합친 것과 비슷하다는 뜻이 됩니다.

그러니 우리는 컴퓨터가 우리의 복잡성을 따라잡을까 봐 너무 걱정할 필요는
없습니다. 우리도 개미들을 따라잡았지만 개미들은 별로 걱정하는 것 같지 않잖
아요. 물론 우리는 우리가 지구를 완전히 점령한 것처럼 굴고 있지만, 만약에 영

장류와 컴퓨터, 개미 중에서 100만 년 후에도 여전히 남아 있는 것은 누굴까 내기를 해야 한다면 여러분은 누구를 고르겠나요?

어린왕자가 사는 행성

Q 크기는 아주 작지만 질량은 아주 무거운 소행성이 있다면, 우리도 '어린왕자' 처럼 그곳에서 살 수 있을까요? - 서맨사 하퍼Samantha Harper

"너 혹시 내 장미 먹었니?"

"그런 거 같아."

A **앙투안 생 텍쥐페리**Antoine de Saint-Exupéry의 **《어린왕자》는** 머나먼 소행성에서 온 여행자에 관한 이야기입니다. 단순하고 슬프면서도 가슴 아프고 오래도록 기억되는 소설이지요. (하지만 모든 사람이 이렇게 생각하는 것 같지는 않네요. the-toast.net에 글을 올리는 맬러리 오트버그Mallory Ortberg가 《어린왕자》를 요약하는 방식을 보면 말이죠. 그는 《어린왕자》가, 부유한 아이가 비행기 사고 생존자

에게 그림을 그려 달라고 했다가 완성된 그림에 대해 혹평하는 이야기라고 정리합니다) 《어린왕자》는 겉으로는 동화인 척하고 있지만, 실제로는 대상 독자가 누구인지 잘라 말하기가 어렵습니다. 어찌 되었든 독자를 찾아낸 것만은 분명하죠. 역사상 가장 많이 팔리는 책 중 하나니까요.

《어린왕자》가 씌어진 1942년은 시기적으로 소행성에 관한 글을 쓰기에 아주 적합한 때였습니다. 소행성이 실제로 어떻게 생겼는지 모르던 시절이거든요. 가장 큰 소행성을 성능이 가장 좋은 망원경으로 바라봐도 겨우 어두운 하늘의 밝은 점처럼 보이던 시기였습니다. 그러고 보면 소행성이라는 이름 자체도 그렇게 해서 붙여진 거네요. 영어로 소행성, 즉 '애스터로이드asteroid'는 '별과 비슷한starlike'이라는 뜻이니까요.

소행성이 어떻게 생겼는지 처음으로 확인한 것은 1971년이었습니다. 매리너Mariner 9호가 화성을 탐사하면서 포보스Phobos와 데이모스Deimos의 사진을 찍는 데 성공한 것이죠. 이들 두 위성을 소행성이라고 착각하는 바람에 오늘날 소행성에 대한 우리의 이미지는 여기저기 분화구가 나 있는 감자와 같은 모습으로 굳어졌습니다.

매리너 9호가 촬영한 포보스의 이미지

1970년대 이전의 SF 소설을 보면 흔히 소행성을 행성처럼 둥근 모양으로 가정해 놓고 있습니다.

《어린왕자》는 여기서 한 걸음 더 나아가 소행성을 중력과 대기 그리고 장미가 있는 행성으로 상상했던 거지요. 여기에 과학적 잣대를 들이대는 것은 아무 의미도 없습니다. 일단 《어린왕자》는 소행성에 관한 얘기가 아닐 뿐더러, 도입부부터 어른들에 관한 우화, 즉 모든 것을 곧이곧대로만 바라보는 어른들이 얼마나 바보 같은지에 관한 이야기로 시작되니까요.

그러니 우리는 과학을 동원해 《어린왕자》의 스토리를 난도질하는 대신, 과학을 이용하면 어떤 새롭고 신기한 요소들을 덧붙일 수 있는지 알아보기로 합시다. 걸어 다닐 수 있을 만큼의 표면 중력을 가진 초고밀도 소행성이 정말로 있다면, 상당히 놀라운 특성들이 여러 가지 목격될 겁니다.

우선 그 소행성의 반지름이 1.75미터라고 했을 때 지구 정도의 표면 중력을 가지려면 질량이 약 5억 톤 정도가 되어야 합니다. 5억 톤이면 대략 지구 상에 있는 모든 인간의 질량을 합친 것과 비슷한 정도입니다.

이 소행성의 표면에 서 있으면 조석력을 느끼게 될 겁니다. 머리보다 발이 무겁게 느껴질 테고, 그래서 약간 당기는 느낌이 들겠죠. 마치 둥근 고무 공 위에서 스트레칭을 하고 있는 것 같은 기분이 들 거예요. 아니면 회전목마 위에서 머리를 중심 쪽으로 두고 누워 있는 기분이거나요.

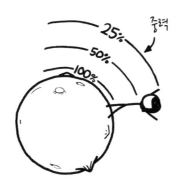

소행성 표면의 탈출 속도는 약 초속 5미터가 될 겁니다. 이 정도면 전력 질주하는 것보다는 느리지만 그래도 꽤 빠른 속도죠. 어림잡아 말하자면, 덩크슛을 쏠 수 없는 사람이라면 점프를 해서 이 소행성을 탈출할 수는 없을 겁니다.

하지만 탈출 속도의 묘미는 방향을 가리지 않는다는 점이에요. 그래서 실은, 탈출 속도를 영어로는 'escape velocity'가 아니라 'escape speed'라고 불러야 합니다. 방향이 상관없다는 사실은 의외로 꽤 중요하거든요. 탈출 속도보다 빠르게 움직인다면, 소행성 쪽을 향해 움직이는 게 아닌 이상, 이곳을 탈출할 수 있을 겁니다. 즉, 수평으로 달리거나 경사로 끝에서 뛰어내리는 방식으로도 이 소행성을 탈출할 수 있을지도 모릅니다.

만약에 탈출하려고 움직인 속도가 충분히 빠르지 못했다면 소행성 주위로 궤도를 돌게 될 겁니다. 공전 속도는 대략 초당 3미터 정도가 될 테니까 사람들이 조깅하는 속도와 얼추 비슷하네요.

그렇지만 이 공전 과정은 상당히 '이상할' 겁니다.

조석력이 여러 방향으로 작용할 테니까요. 소행성을 향해 팔을 내린다면 다른 신체 부위보다 훨씬 강하게 팔이 잡아당겨질 겁니다. 한쪽 팔이 땅을 짚게 된다면 나머지 신체 부위는 위로 밀릴 테니 중력을 더욱 '덜' 느끼게 되겠죠. 결과적으로 신체 각 부분이 제각기 서로 다른 궤도로 돌려고 할 겁니다.

이런 조석력 하에서 궤도를 도는 커다란 물체(예컨대 달처럼)는 보통 여러 개의 링 모양으로 부서지게 됩니다. (아마 '소닉 더 헤지호그Sonic the Hedgehog*'에게 일어난 일과 비슷할 겁니다.) 여러분에게 이런 일은 벌어지지 않겠지만, 그래도 혼란스럽고 불안정한 궤도가 되겠지요.

이런 궤도를 연구한 논문이 한 편 있는데요, 라두 D. 루제스쿠Radu D. Rugescu와 다니엘레 모르타리Daniele Mortari가 그 저자들입니다. 두 사람의 시뮬레이션에 따르

---

*일본 세가Sega사에서 만든 게임 시리즈 및 주인공 캐릭터 이름. 국내에서는 '바람돌이 소닉' 또는 '고슴도치 소닉'으로도 알려져 있다.

면, 크고 길쭉한 물체는 무게 중심을 기준으로 이상한 경로를 그리는데요, 그 무게 중심조차 전통적인 타원형으로 움직이지 않았습니다. 어떤 것들은 5각형의 궤도를 그리기도 했고, 뒤죽박죽으로 뒹굴다가 행성에 충돌해 버린 것들도 있었어요.

실제로 이런 분석은 실용적 용도에 응용되기도 합니다. 그동안 회전하는 긴 케이블을 이용해서 중력장을 드나들며 화물을 이동시키자는 제안들이 여럿 있었습니다. 말하자면 자유롭게 떠다니는 우주행 엘리베이터를 만들자는 거지요. 이런 케이블이 있다면 달 표면으로 화물을 보내거나 가져올 수도 있고, 대기권 경계에서 우주선을 회수해 올 수도 있을 겁니다. 하지만 이 프로젝트에서는 어떻게 해도 어쩔 수 없이 케이블의 여러 궤도가 불안정하다는 점이 큰 난관입니다.

우리의 초고밀도 소행성에 사는 사람들은 조심할 점이 있습니다. 너무 빨리 뛰었다가는 공전 궤도에 진입해 굴러다니느라, 먹은 것을 몽땅 다 토해 버릴지도 모른다는 점이지요.

다행히도 수직으로 점프하는 것은 아무 문제가 없을 겁니다.

클리블랜드 지역의 프랑스 어린이 문학 팬들은
왕자님이 마이애미 히트(NBA팀)와
계약하기로 했다는 소식에 크게 실망했어요.*

---

*미국의 농구 스타 르브론 제임스는 2010년에 클리블랜드 캐벌리어스를 떠나 마이애미 히트로 이적했다.

하늘에서 스테이크가 떨어지면

Q 스테이크용 고기를 얼마나 높은 곳에서 떨어뜨려야 땅에 떨어질 때쯤 익어 있을까요? - 앨릭스 라헤이Alex Lahey

A **피츠버그 레어**Pittsburgh Rare*도 **좋아하셔야 할 텐데요.** 그리고 아마 땅에 떨어진 것을 주워서 해동을 해야 할 거예요.

우주에 나간 물체가 지구로 되돌아올 때는 아주 뜨거워집니다. 물체가 대기에 진입할 때 공기들이 충분히 빨리 길을 비켜 줄 수가 없기 때문에 물체 앞의 공기가 눌리게 되는데, 압축된 공기는 물체를 뜨겁게 만들거든요. 어림잡아 마하2가 넘어서면 압축열이 눈에 띄기 시작합니다. 그래서 콩코드기의 날개 앞쪽은 내열 소재로 되어 있었지요.

스카이다이버인 펠릭스 바움가르트너Felix Baumgartner는 지상 39킬로미터에서 뛰어내렸는데요, 지상 30킬로미터 부근에서 마하1의 속도를 찍었습니다. 그 정

---

*고기의 겉만 타고 속은 전혀 안 익은 상태

도면 온도가 몇 도 정도 올라갈 수도 있었겠지만, 이미 한참 영하의 온도였기 때문에 큰 영향은 없었습니다. 바움가르트너가 뛰어내린 직후의 공기 온도는 영하 40도 정도였습니다. 영하 40도는 화씨인지 섭씨인지 밝힐 필요가 없는 마법의 온도죠. 둘이 똑같거든요.

제가 아는 한, 이 스테이크 질문이 처음으로 등장한 것은 4chan 사이트 www.4chan.org의 어느 게시판이었던 것 같습니다. 게시판은 금세 정확하지도 않은 장황한 물리 이론들과 동성애 비방의 장으로 변질되어 버렸습니다. 뚜렷한 결론은 없었죠.

더 나은 대답을 구하기 위해 저는 다양한 고도에서 스테이크를 떨어뜨리는 몇 가지 시뮬레이션을 돌려 보기로 했습니다.

8온스(227그램)짜리 스테이크는 하키 퍽과 크기나 모양이 비슷한데요. 그래서 스테이크의 항력계수抗力係數는 《하키의 물리학The Physics of Hockey》 74페이지에 나와 있는 항력계수와 같다고 가정했습니다. 저자인 알랭 아셰Alain Haché가 실험실의 장비를 이용해 실제로 측정한 항력계수입니다. 스테이크는 하키 퍽이 아니지만 결과적으로 항력계수의 정확성은 결과와는 큰 관련이 없는 것으로 나왔어요.

이런 종류의 질문에 답하려면 극단적인 물리적 조건에서 비정상적인 물체를 분석해야 할 때도 많습니다. 어떤 때는 찾을 수 있는 관련 자료가 냉전 시대의 군사 연구 자료뿐일 때도 있죠. (보아하니 미국 정부는 무기 연구와 약간이라도 관련이 있다면 아낌없이 돈을 퍼붓는 것 같네요.) 공기가 스테이크를 어떤 식으로 데우는지 알아보기 위해 제가 찾아본 자료는 대륙간 탄도 미사일이 대기에 재진입할 때 미사일 앞부분이 뜨거워지는 것을 연구한 논문들이었습니다. 가장 도움이 된 두 논문은 〈전술 미사일에 가해지는 기체역학적 열기 예측Predictions of Aerodynamic Heating on Tactical Missile Domes〉과 〈재진입 물체 온도 이력 계산Calculation of Reentry-Vehicle

Temperature History〉이었죠.

그리고 마지막으로 알아내야 했던 것은 열기가 스테이크에 얼마나 빠르게 확산되느냐 하는 점이었습니다. 저는 먼저 식품 제조업계의 관련 논문에서 다양한 고기의 열 흐름을 시뮬레이션한 결과들을 살펴보기 시작했습니다. 그러다가 한참 후에야 다양한 스테이크를 효과적으로 가열하기 위해 필요한 시간과 온도의 조합을 알 수 있는, 훨씬 쉬운 방법이 있다는 사실을 깨달았어요. 바로 요리책이 있었던 거죠.

제프 포터Jeff Potter의 명저 《괴짜 과학자 주방에 가다》를 보면, 고기 요리의 과학에 관한 훌륭한 소개와 함께 어느 정도의 열기가 스테이크에 어떤 효과를 내고, 또 왜 그렇게 되는지에 관한 설명이 나와 있습니다. 쿡스Cook's 시리즈 중 《훌륭한 요리의 과학The Science of Good Cooking》도 도움이 되었고요.

이 모든 것을 종합해 보면, 스테이크는 빠르게 가속되다가 지상 30~50킬로미터 고도에 이르러 공기가 충분히 많아지면서 속도가 줄어들기 시작합니다.

공기의 밀도가 점점 커지면서 추락하는 스테이크의 속도도 꾸준히 줄어듭니다. 아무리 빠르게 추락하고 있었더라도 대기권 하층에 이르게 되면 스테이크는 종단속도終端速度*까지 급격히 느려질 거예요. 낙하를 시작했던 고도가 얼마였든 상관없이, 지상 25킬로미터 지점에서 땅까지 떨어지는 데 소요되는 시간은 언제나 6, 7분입니다.

그 25킬로미터 구간 중 상당 구간에서 대기의 온도는 영하입니다. 이 말은 곧 스테이크는 6, 7분 동안 살을 에는 영하의 바람을 맞게 될 거라는 얘기죠. 그러니 추락하는 동안 고기가 익었다고 하더라도, 땅에 떨어졌을 때는 아마 해동을 해

---

*낙하하는 물체의 최종 속도

야 할 겁니다.

그렇게 해서 마침내 스테이크가 땅에 떨어졌을 때는 초당 30미터라는 종단 속도로 움직이고 있을 겁니다. 이게 무슨 뜻인지 알고 싶다면, 메이저리그 투수가 스테이크를 땅바닥에 냅다 패대기치는 모습을 상상해 보면 됩니다. 약간이라도 얼어 있었다면 스테이크는 산산조각이 나고 말겠죠. 하지만 스테이크가 물이나 진흙, 나뭇잎 같은 것 위에 떨어진다면 상태는 양호할 겁니다(제 말은 부서지지 않는다고요. 먹기에 '양호하다'는 뜻은 아닙니다).

39킬로미터 상공에서 떨어뜨린 스테이크는 펠릭스 바움가르트너와는 달리 음속 장벽을 넘지 않을 테고, 크게 가열되지도 않았을 겁니다. 펠릭스 바움가르트너가 착륙했을 때 옷에 그을린 자국이 없었던 점을 기억해 보면 당연한 결과겠죠.

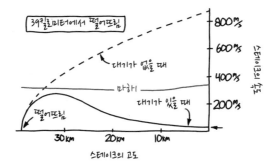

음속 장벽을 깨더라도 스테이크는 아마 무사할 겁니다. 펠릭스 바움가르트너 외에 초음속으로 탈출했던 여러 비행사들도 무사하니까요.

음속 장벽을 깨려면 약 지상 50킬로미터 지점에서 떨어뜨려야 할 텐데 그래도 고기는 익지 않을 겁니다.

고기를 익히려면 더 높이 올라가야 해요.

지상 70킬로미터에서 떨어뜨린다면, 스테이크는 아주 빠르게 떨어지면서 잠간 동안 약 섭씨 180도의 공기를 지나칩니다. 하지만 희박한 몇 가닥의 이 뜨거운 공기는 채 1분도 지속되지 않습니다. 부엌 경험이 조금이라도 있는 사람이라면 다들 알겠지만, 180도의 오븐에 스테이크를 60초간 넣어 두어도 고기는 익지 않습니다.

공식적으로 우주와의 경계라고 정의되는 지상 100킬로미터 지점에서 떨어뜨려도 크게 달라질 건 없습니다. 마하2 이상의 속도로 1분 30초 정도 떨어져 봤자, 고기는 겉만 그을린 채 익기도 전에 벌써 얼음장 같은 성층권을 지나게 됩니다.

초음속 그리고 극초음속의 속도면 스테이크 주위로 충격파가 형성되어 더 빠른 바람으로부터 스테이크를 다소 보호해 줍니다. 충격파의 전면이 정확히 어떤 성격을 띠고, 그래서 스테이크에 어떤 물리적 스트레스를 줄 것인지는, 익히지 않은 8온스짜리 살코기가 극초음속으로 굴러다니는 방식에 따라 달라질 텐데요, 문헌을 뒤져 봐도 이에 관한 연구는 찾을 수가 없네요.

시뮬레이션을 위해 저는 더 느린 속도에서는 일종의 와류渦流 방출 때문에 스테이크가 뒤집어지면서 구르지만, 극초음속에서는 스테이크가 다소 안정된 회전 타원체 모양으로 짜부라진다고 가정했습니다. 순전히 추측이기는 하지만요. 혹시 극초음속 풍동 장비*에 스테이크를 넣어서 더 좋은 데이터를 얻게 되는 분이 있다면 꼭 저한테 영상 좀 보내 주세요.

250킬로미터 상공에서 스테이크를 떨어뜨린다면 스테이크는 가열되기 시작할 겁니다. 250킬로미터 상공이면 저궤도에 속합니다. 하지만 스테이크는 정지 상태에서 떨어졌기 때문에 궤도에서 재진입하는 물체만큼 빠르게 움직이지는 않습니다.

---

*터널 모양으로 된 공간에 바람이 불게 만들어서 바람의 흐름을 연구하는 장비

이 경우 스테이크는 최고 속도가 마하6까지 도달하므로 겉면은 적절한 정도로 구워질 수도 있습니다. 하지만 안타깝게도 속은 여전히 익지 않을 거예요. 극초음속 회전 때문에 폭발해서 여러 조각으로 나눠지지 않는 이상은 말이죠.

더 높은 고도라면 열기가 아주 엄청날 겁니다. 스테이크 전면의 충격파는 수천 도까지 도달하겠지요(섭씨든 화씨든 마찬가지예요). 이 정도 열기의 문제점은 겉면이 완전히 타 버려서 고기가 아닌 거의 탄소 덩어리가 된다는 점입니다. 다시 말해 '숯 덩어리'가 된다는 얘기예요.

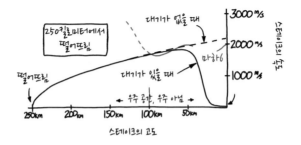

불 속에 고기를 떨어뜨리면 숯 덩어리가 되는 것은 당연합니다. 극초음속으로 움직이는 고기가 숯 덩어리가 되었을 때의 문제점은 숯이 된 면에 구조적 단일성이 없기 때문에 탄 부분이 바람에 날려 간다는 점이죠. 그러고 나면 또다시 새로운 면이 숯이 될 테고요. 열이 충분히 뜨겁다면 고기는 익는 동시에 표면이 바람에 날려갈 겁니다. 이것을 앞서 탄도 미사일 논문에서는 '융삭대融削帶'라고 부르더군요.

이 정도 높이에서조차 스테이크는 완전히 익을 만큼 충분한 시간 동안 열을 쐬지 못했습니다. 여러분 중 몇몇이 어떤 질문을 할지는 짐작이 가지만 답은 '아니요'입니다. 방사선을 통해 살균이 될 만큼 밴앨런대Van Allen belt에서 충분한 시간을 보내지 못했으니까요. 우리는 더 빠른 속도로 시도해 볼 수도 있을 테고, 궤도에서 비스듬히 떨어뜨려 노출 시간을 늘릴 수도 있을 겁니다.

온도가 충분히 높거나 태우는 시간이 충분히 길다면 스테이크는 겉면이 반복적으로 그을리고 날아가고 함으로써 서서히 분해될 겁니다. 하지만 스테이크의 대부분이 땅에 도달한다고 했을 때, 고기 내부는 아직도 익지 않은 상태일 거예요.

그렇기 때문에 우리는 이 스테이크를 피츠버그 상공에서 떨어뜨려야 합니다.

출처 미상으로 전하는 이야기에 따르면, 피츠버그의 철강 노동자들은 주물 공장에서 나오는 빨갛게 달아오른 쇳덩이에 고기를 턱 하니 올려놓아 겉은 태우고 속은 덜 익은 스테이크를 만든다고 합니다. 아마도 이게 '피츠버그 레어'의 어원이겠지요.

그러니 스테이크 고기를 궤도 이하의 로켓에서 떨어뜨리세요. 그리고 수거 팀을 파견해 회수해 온 뒤, 먼지를 털어내고, 재가열해서, 심하게 탄 부분은 잘라내고 드세요.

단, 살모넬라균은 조심하셔야 합니다. 외계에서 온 병원체도요.

골키퍼까지 날아가게 만들려면

Q 하키 퍽을 얼마나 세게 쳐야 골키퍼까지 골대 안으로 날아갈까요? - 톰Tom

A **실제로는 일어날 수 없는 일입니다.**
퍽을 세게 치는 게 문제가 아니거든요. 이 책은 그런 데 제한을 두지는 않죠. 스틱을 쥔 것이 사람이라면 아무리 빨라도 퍽을 초속 50미터 이상으로 보낼 수는 없겠지만, 우리는 하키 로봇이나 전기 썰매 혹은 초음속 가스총에서 퍽을 발사한다고 가정해도 되지요.

하지만 문제는, 하키 선수들은 무거운 데 반해 퍽은 그렇지가 않다는 점입니다. 장비를 모두 장착한 골키퍼라면 퍽에 비해 무게가 족히 600배는 나갈 겁니다. 아무리 빠른 샷을 날린다고 해도, 스케이트를 신고 시속 1마일로 천천히 움직이는 10살짜리만큼의 운동량도 나오지 않을 거예요.

그리고 하키 선수들은 얼음 위에서 상당히 잘 버팁니다. 스케이트를 타고 전력질주하던 선수도 불과 몇 미터 공간 안에서 멈춰 설 수가 있죠. 이 말은 곧 얼

164

음 위에서 선수들이 발휘하는 힘의 크기가 상당하다는 얘기입니다. 이 말은 또한 하키 링크를 천천히 돌기 시작한다면 링크를 50도까지 기울여도 선수들이 몽땅 한쪽 끝으로 미끄러지지는 않을 거라는 얘기입니다. 물론 정확한 것은 실험을 통해 확인을 해 봐야겠네요.

하키 영상을 통해 추정되는 충돌 속도와 하키 선수 1명의 조언을 바탕으로 제가 추정한 결과에 따르면, 골키퍼가 뒤로 넘어져서 골대 안으로 들어가게 하려면 165그램짜리 하키 퍽이 대략 마하2에서 마하8정도의 속도는 되어야 합니다. 골키퍼가 퍽에 맞을 것에 대비해 버티고 있다면 속도는 이보다 더 빨라야 할 것이고, 퍽이 비스듬히 위로 날아간다면 조금 더 느려도 될 겁니다.

어느 물체를 마하8의 속도로 쏘는 것은 그리 어려운 일이 아닙니다. 가장 좋은 방법 중 하나는 앞서 말한 가스총으로 쏘는 것이지요. 가스총의 원리는 기본적으로 BB총이 BB탄을 쏘는 원리와 다를 게 없습니다(공기 대신 수소를 사용하고, 또 눈이 빠지도록 쏜다면 '정말로' 눈이 빠지겠지만요).

그러나 마하8의 속도로 움직이는 하키 퍽은 문제가 많습니다. 먼저 퍽 앞에 있는 공기가 눌리면서 빠르게 가열될 겁니다. 공기를 이온화시켜서 퍽에 혜성처럼 빛을 내는 꼬리가 생길 만큼 빠르게 움직이지는 않겠지만, (충분히 오랫동안 날아간다면) 퍽은 표면이 녹거나 그을리기 시작할 겁니다.

하지만 공기 저항 때문에 퍽의 속도는 급속히 느려질 테고, 처음에 발사될 때 마하8의 속도였던 퍽은 목표 지점에 도착했을 때는 몇 분의 1의 속도로 느려져 있을 겁니다. 속도가 마하8이라고 하더라도 퍽이 골키퍼의 몸을 통과할 수는 없겠지요. 대신에 퍽은 충돌하는 순간 대형 폭죽 내지는 작은 다이너마이트만큼의 폭발력을 보이며 산산이 부서질 겁니다.

저 같은 사람들은 이 질문을 처음 보았을 때 만화에서처럼 사람 몸에 퍽 모양

구멍이 나는 모습을 상상할지도 모릅니다. 하지만 이것은 우리가 아주 빠른 속도의 물체가 어떤 식으로 반응하는지 직관적으로 잘 모르기 때문입니다.

오히려 이렇게 상상해 보면 더 비슷할지도 모릅니다. 케이크를 향해 잘 익은 토마토를 있는 힘껏 던진다고요.

이 모습이 실제와 더 비슷할 겁니다.

감기 전멸시키기

Q 만약에 지구 상 모든 사람이 몇 주 동안 서로 떨어져 지낸다면, 일반 감기는 완전히 사라져 버리지 않을까요? - 세라 에와트Sarah Ewart

A 그럴 만한 가치가 있을까요?

일반 감기를 유발하는 것은 다양한 바이러스입니다. 그중에서도 가장 흔한 범인은 리노바이러스rhinoviruse지요(실제로는 모든 종류의 상기도 감염이 일반 감기의 원인이 될 수 있습니다). 이들 바이러스는 우리의 코와 목에 있는 세포들을 점령하고는 그것을 이용해 더 많은 바이러스를 생산합니다. 며칠이 지나면 우리의 면역 체계가 바이러스를 감지해 내고 파괴하겠지요(실은 우리가 느끼는 여러 증상은 바이러스 자체가 원인이라기보다는 우리 신체의 면역 반응이 그 원인입니다). 하지만 이때쯤이면 벌써 평균 1명의 다른 사람에게 감기를 옮겨 준 후입니다(수학적으로 아주 정확한 얘기입니다. 옮겨 준 사람이 1명 이하라면 바이러스는 멸종되었을 테고, 1명보다 크다면 결국에는 모든 사람이 동시에 감기를 앓고 있을 테니까요). 이렇게 감염과 싸워서 이겨 내고 나면 해당 리노바이러스에 대해서는 앞으로 몇 년간 면역이 생깁니다.

만약 우리가 모두 격리된다면, 우리가 옮기고 다니는 감기 바이러스는 의지할 새로운 숙주를 더 이상 찾을 수 없을 겁니다. 그렇게 되면 우리의 면역 체계는 해당 바이러스의 모든 개체를 깡그리 없앨 수도 있을까요?

이 질문의 답을 찾기 전에 먼저 이런 격리 조치가 일어났을 때 실제로 무슨 일이 생길지부터 한번 생각해 봅시다. 전 세계의 연간 경제 생산량은 80조 달러 정도 됩니다. 그렇다면 몇 주간 모든 경제 활동이 중단될 경우 우리가 치러야 할 비용은 최소 수조 달러에 이른다는 뜻이 되지요. 전 세계적인 '일시 정지'로 인해 경제 시스템이 받을 충격을 생각해 본다면 자칫 전 세계 경제가 붕괴될 수도 있습니다.

전 세계 식량 비축고를 생각하면 아마 4, 5주 정도의 격리 조치는 버틸 수 있

을 겁니다. 하지만 그러려면 먼저 사람들에게 식량을 골고루 나눠 줘야 할 텐데, 솔직히 제가 어느 들판에 20일치의 곡식과 함께 서 있다면 뭘 어떻게 해야 할지 모르겠네요.

전 세계적으로 사람들을 격리시킨다면 또 다른 의문도 생깁니다. '실제로 우리는 서로에게서 얼마나 떨어질 수 있을까?' 세상은 넓지만, 사람도 많습니다.

전 세계 육지를 균등하게 나눠 갖는다면, 우리는 각자 2헥타르가 약간 넘는 땅을 가질 수 있습니다. 가장 가까이 있는 사람과는 77미터 정도 떨어지게 되는 거지요.

77미터면 리노바이러스의 전염을 막기에는 충분하지만, 사람들을 그 정도로 분리시키려면 상당히 많은 걸 감수해야 할 겁니다. 전 세계 육지의 대부분은 5주씩이나 거주하기에 적합하지가 않거든요. 꽤 많은 사람들이 사하라 사막(4억 5,000만 명)이나 남극 한가운데(6억 5,000만 명)에서 버텨야 할 겁니다.

비용이 반드시 덜 든다고 할 수는 없지만, 좀 더 현실적인 해결책을 생각해 보면 모든 사람에게 생화학 방호복을 나눠 줄 수도 있을 겁니다. 그러면 사람들은 돌아다니면서 대화도 하고 약간의 정상적인 경제 활동도 지속할 수 있을 테니까요.

하지만 우리는 현실성 따위는 제쳐 두고 그냥 질문자님이 물어본 질문 자체에 충실해 봅시다. '효과가 있을까요?'

답을 알아보려고 저는 퀸즐랜드 대학교 호주감염질환연구센터Australian Infectious Diseases Research Centre at the University of Queensland의 바이러스 전문가 이언 M. 매케이Ian M. Mackay 교수님과 얘기를 나눠 봤습니다(처음에 저는 이걸 보잉보잉Boing Boing 블로그의 코리 닥터로Cory Doctorow에게 물어보려고 했는데, 닥터로가 자신은 진짜 의사가 아니라고 차근차근 설명해 주더군요).

매케이 박사님 말로는 순전히 생물학적인 관점에서만 보면 이 아이디어는 어느 정도 일리가 있다고 해요. 리노바이러스를 비롯한 기타 RNA 호흡기 바이러스들은 면역 체계에 의해 신체에서 완전히 제거되기 때문에 감염 이후에 몸에 머물지 않는다고 하네요. 게다가 인간이 동물과 리노바이러스를 주고받지 않는 것 같기 때문에 인간 외에 감기를 보유할 수 있는 종도 없고요. 옮겨 다닐 인간이 부족해지면 리노바이러스는 멸종되겠지요.

실제로 고립된 집단에서 이런 식의 바이러스 멸종 사태가 관찰된 적이 있습니다. 스코틀랜드 북서쪽에 위치한 세인트킬다St. Kilda 군도에서 있었던 일인데요. 이곳의 외딴 섬에는 수백 년간 겨우 100명 정도의 사람만이 거주했고, 드나드는 배도 1년에 몇 척 되지 않았습니다. 그런데 이들이 '크나탄나갈cnatan-na-gall' 또는 '이방인의 기침stranger's cough'이라고 하는 이상한 증후군을 앓았어요. 수백 년 동안 새로운 배가 도착할 때마다 어김없이 이 병이 섬을 휩쓸었습니다.

이 증후군이 정확히 왜 발병하는지는 알려지지 않았습니다(세인트킬다 군도 주민들은 발병의 원인이 보트라고 정확하게 지적했습니다. 그런데도 당시 의료 전문가들은 이런 주장을 귀담아듣지 않고, 오히려 섬 주민들이 배를 마중하느라 찬 공기를 많이 쐬어서, 혹은 환영 파티를 하느라 술을 너무 많이 마셔서 병에 걸린 거라며 주민들을 탓했다고 하네요). 하지만 그중 다수는 아마 리노바이러스 때문이었을 겁니다. 배가 닿을 때마다 새로운 변종 바이러스를 실어 왔을 테고, 이 변종 바이러스들은 섬을 휩쓸며 거의 모든 사람들을 감염시켰겠죠. 그렇게 몇 주가 지나고 나면 주민들은 모두 변종 바이러스에 대한 면역성이 새로 생기고, 그러면 더 이상 갈 곳이 없어진 바이러스들은 멸종한 거지요.

이처럼 작고 고립된 집단이라면 어디서든지 이런 식으로 바이러스가 멸종할 수 있습니다. 예컨대 난파선의 생존자들처럼 말이에요.

그냥 앉아서 얘기를 좀 들어 봐.
비운의 여행에 관한 얘기.
선장과 선원들은
더 이상 콧물이 흐르지 않았지.

모든 인간이 서로 고립된다면 세인트킬다에서 벌어진 일이 인류 전체에게 벌어지는 거지요. 1, 2주 후면 감기는 수명을 다하고, 건강한 면역 체계가 바이러스를 모두 물리치겠지요.

그런데 안타깝게도 문제가 하나 있습니다. 이것 때문에 전체 계획이 어그러질 수도 있는데요. 바로 모든 사람이 건강한 면역 체계를 갖고 있는 건 아니라는 사실이지요.

대부분의 사람들은 10일 이내에 신체에서 리노바이러스가 말끔히 사라질 겁니다. 하지만 면역 체계가 심각하게 약해진 사람들의 경우는 달라요. 예컨대 장기 이식 수술을 받은 환자들의 경우, 면역 체계를 인위적으로 억제하기 때문에 리노바이러스를 포함한 흔한 감염 질환도 몇 주, 몇 달, 혹은 몇 년까지 남아 있을 수 있습니다.

면역 체계가 약화된 소수의 사람들은 리노바이러스에게 안전한 피신처를 제공할 겁니다. 그러니 리노바이러스를 뿌리 뽑을 가능성은 아주 낮아요. 몇 사람의 숙주만 있어도 리노바이러스는 살아남아 다시 전 세계를 휩쓸 겁니다.

이 질문의 계획을 따라간다면 아마도 문명은 붕괴되고 리노바이러스도 근절

하지 못할 겁니다(격리 기간 동안 우리가 굶어 죽는다면 또 모르죠. 그때는 리노바이러스도 우리와 함께 죽을 테니까요). 하지만 어쩌면 그게 최선일지도 모릅니다!

감기가 절대 좋은 건 아니지만, 감기가 없으면 오히려 더 골치 아플지도 모릅니다. 《바이러스의 행성A planet of Viruses》의 저자인 칼 짐머Carl Zimmer에 따르면 어릴 때 리노바이러스에 노출되지 않은 사람은 어른이 되었을 때 면역계 질환에 더 많이 걸린다고 해요. 감기처럼 약한 정도의 감염이 우리의 면역 체계를 단련하고 조절한다는 주장도 불가능한 얘기는 아니죠.

그래도 감기는 정말 별로입니다. 불쾌할 뿐만 아니라 이들 바이러스가 우리의 면역 체계를 직접적으로 약화시켜서 다른 감염에 취약하게 만들 수 있다는 연구 결과도 있습니다.

어쨌거나 저라면 제 몸에서 감기를 영원히 제거하기 위해 사막 한가운데에서 5주를 보내지는 않을 겁니다. 하지만 혹시라도 리노바이러스 백신이 발명된다면 제일 먼저 달려가 맞을 겁니다.

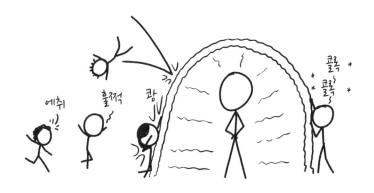

갑자기 물 잔의 반이 비면

Q 갑자기 물 잔의 반이 말 그대로 비어 버린다면 어떻게 될까요? - 비토리오 이아코
벨라Vittorio Iacovella

A 이 결과에 대해서는 비관주의자들이 더 옳을 것 같네요.

보통 사람들이 '반이 빈 잔'이라고 말할 때는 같은 양의 물과 공기가
들어 있는 잔을 얘기합니다.

전통적으로 낙관주의자들은 물 잔의 반이 찼다고 보고, 비관주의자들은 반이
비었다고 봅니다. 이것 때문에 수많은 농담이 만들어졌죠. '엔지니어는 잔을 필

174

요 이상으로 크게 본다' '초현실주의자는 넥타이를 먹고 있는 기린을 본다' 라는 둥 하면서 말이에요.

그런데 만약 물 잔의 절반이 '정말로' 비었다면, 다시 말해 '진공'이라면 어떻게 될까요? 진공 상태조차 정말로 '빈' 것은 아닐 수도 있습니다. 하지만 그건 양자역학적 의미론의 문제겠지요. 어쨌든 분명 진공 상태는 오래가지 못할 겁니다. 하지만 정확히 무슨 일이 일어날 것이냐는, 굳이 아무도 의심해 보지 않는 핵심적인 질문 하나에 달려 있습니다. '어느 쪽 절반이 비어 있나요?'

그러면 우리는 절반이 빈, 3개의 서로 다른 잔이 있다고 상상하고 각각 어떤 일이 일어나는지 마이크로초 단위로 따라가 보기로 하죠.

가운데 있는 것이 흔히 생각하는 공기 반, 물 반의 잔입니다. 오른쪽에 있는 것은 흔히 생각하는 그 잔에서 공기 대신 진공인 경우고요. 왼쪽의 것은 절반은 물이고 절반은 비었는데 아래쪽 절반이 빈 경우죠.

t =0일 때 진공 상태가 일어났다고 칩시다.

처음 몇 마이크로초 동안은 아무 일도 일어나지 않습니다. 이 정도의 짧은 시간 단위로 살펴본다면 공기 분자조차 거의 정지해 있으니까요.

대부분의 경우 공기 분자들은 초당 수백 미터의 속도로 이리저리 움직이고 있습니다. 하지만 일정 순간을 기준으로 하면 공기 분자들 중에는 다른 것들보다 빠르게 움직이는 것들이 있죠. 가장 빠른 것은 초당 1,000미터가 넘는 속도로 움직이는데요, 오른쪽 잔에서는 이것들이 가장 먼저 진공으로 흘러 들어갈 겁니다.

왼쪽 잔의 진공 상태는 여러 장벽에 막혀 있기 때문에 공기 분자가 쉽사리 들어가지 못합니다. 액체 상태의 물은 공기와 같은 방식으로 확장돼 진공을 채우지는 않습니다. 그렇지만 이 물 잔은 끓기 시작할 테고, 서서히 수증기들이 진공속으로 들어가기 시작하겠죠.

2개의 잔 모두 물 표면이 끓어 날아가기 시작하는 것은 동일하지만, 오른쪽잔에서는 수증기가 들어서기도 전에 공기가 밀고 들어가서 수증기를 멈춰 세웁니다. 왼쪽 잔에서는 아주 약한 수증기 안개가 진공을 계속 채워나가고요.

수백 마이크로초가 지나면 오른쪽 잔에는 공기가 밀고 들어가서 진공을 완전히 채우게 됩니다. 그리고 물 표면에 충돌해 액체 전체에 압력파를 보냅니다. 그러면 유리 면이 살짝 볼록해지겠지만 유리가 압력을 견뎌 내기 때문에 깨지지는 않습니다. 물속에서 울리고 되돌아온 충격파는 공기 중에 있는 난기류와 합쳐집니다.

진공 상태가 깨지면서 만들어진 충격파는 몇 밀리초 후면 나머지 2개의 잔에도 전달됩니다. 충격파가 통과하는 동안 유리와 물은 모두 살짝 구부러집니다. 충격파는 몇 밀리초 후에는 인간의 귀까지 도달해 '쾅' 하는 소리가 울리게 됩니다.

이쯤 되면 왼쪽 잔은 눈에 띄게 공중으로 들리기 시작합니다.

기압은 잔과 물을 모두 짜부라뜨리려고 합니다. 이게 바로 우리가 생각하는 '흡입력'의 정체예요. 오른쪽 잔의 경우는 물 잔을 들어 올릴 만큼 흡입력이 오래 유지되지 못했습니다. 하지만 왼쪽 잔의 진공은 공기가 들어갈 수 없기 때문에 물과 잔이 서로를 향해 미끄러지기 시작합니다.

끓는 물은 아주 적은 양의 수증기로 진공을 채웠습니다. 공간이 작아지는 동안 수증기는 축적되어 물 표면의 압력을 서서히 높이게 됩니다. 결국 이 때문에 고기압 아래서 그렇듯이, 끓는 작용이 느려집니다.

하지만 이제 잔과 물이 너무 빠르게 움직이고 있어서 수증기의 축적 따위는 문제가 되지 않습니다. 진공이 시작된 지 10밀리초도 되기 전에 잔과 물은 서로를 향해 초당 수 미터의 속도로 날고 있습니다. 둘 사이에 공기라는 완충제가 없기 때문에(아주 약간의 수증기밖에 없기 때문에) 물은 망치처럼 유리잔의 바닥을 때리게 됩니다.

하지만 물은 거의 압축이 불가능하기 때문에 이 충격은 시간적으로 분산될 수가 없습니다. 1번의 날카로운 충격으로 바닥을 내리치는 거지요. 유리잔에 미치는 순간적인 힘이 어마어마하기 때문에 잔은 결국 깨지고 맙니다.

이 '물 망치' 효과(수도꼭지를 잠그면 오래된 배관에서 들리는 '꽝' 소리도 이 때문이에요)를 활용한 것이 바로 파티에서 흔히 볼 수 있는, 물병 위를 내리쳐 바닥을

날려 버리는 묘기랍니다.

병을 내리치면 병이 갑자기 아래로 밀립니다. 병 속에 있는 액체는 흡입력(기압)에 즉각적으로 반응하지는 못하기 때문에 (우리의 시나리오처럼) 잠깐의 시간 차가 생깁니다. 진공 부분은 아주 작지만(겨우 1인치의 몇 분의 1 정도) 약간의 시간 후에는 충격이 병 바닥을 깨 버리는 거지요.

우리 시나리오의 경우에는 아무리 무거운 유리잔도 깨뜨릴 만큼 강한 힘이 생깁니다.

물 때문에 유리잔 바닥은 아래로 떨어져 테이블 위에 '탁' 하고 부딪힙니다. 물이 후두둑 떨어져 내리면서 작은 물방울과 유리 파편들이 사방으로 튑니다.

한편 그동안 분리된 유리잔의 위쪽 부분은 계속해서 위로 올라갑니다.

0.5초 후에는 '픽' 하는 소리에 실험자들이 움찔합니다. 그리고 자기도 모르게 공중으로 올라가는 유리잔을 쳐다보느라 고개가 위로 들립니다.

유리잔은 천장에 가서 '쾅' 하고 부딪히며 산산조각이 납니다.

그리고 운동량을 잃은 유리 조각들은 테이블로 되돌아옵니다.

여기서 교훈. 낙관주의자들은 유리잔의 절반이 찼다고 하고, 비관주의자들은 절반 비었다고 할 때, 물리학자들은 고개를 휙 숙일 거예요.

갑자기 물 잔의 반이 비면

이상하고 걱정스러운 질문들 5

Q 지구 온난화 때문에 기온이 올라갈 위험이 있고, 대규모 화산 폭발 때문에 기온이 내려갈 위험도 있다면, 2가지가 서로 상쇄되어 균형이 잡혀야 되지 않나요?

- 플로리안 자이들-슐츠Florian Seidl-Schulz

Q 사람이 얼마나 빨리 뛰어야 치즈 자를 때 쓰는 철사에 몸이 두 동강 날 수 있을까

요? - 존 메릴Jon Merrill

외계인이 우리를 보면

Q 생물이 살 수 있는 가장 가까운 외계 행성에 생명체가 있다고 치고요, 그들의 기술 수준이 우리에게 필적한다고 했을 때, 지금 이 순간 저들이 우리 별을 보면 뭐가 보일까요? - 척 HChuck H

A

좀 더 자세히 한번 알아볼까요? 뭐부터 시작해야 하나….

전파 송신

영화 〈콘택트〉 덕분에 외계인들이 우리 방송 미디어를 청취한다는 생각이 널리 퍼져 있는데요. 안타깝게도 그럴 가능성은 없다고 봐야 합니다.

문제는 이겁니다. 우주가 '정말로' 크거든요.

물론 별들 사이의 전파 감쇠에 관한 물리법칙을 하나씩 다 따져 봐도 됩니다 (굳이 그러고 싶다면 말이에요). 하지만 경제적 측면을 생각해 보면 문제를 훨씬 더 쉽게 파악할 수 있습니다. 만약 TV 신호가 다른 별에 닿는다면 그건 돈을 낭비하고 있다는 뜻이에요. 송신기에 들어가는 전기가 아주 비싸거든요. 다른 별에 사는 생명체들이 TV 광고 속 제품들을 구매해 전기 요금을 대줄 것도 아니고요.

전체 그림은 훨씬 복잡하지만 결론만 이야기하면, 기술이 발달할수록 우리의 전파 통신이 우주로 새어 나가는 분량은 줄어듭니다. 우리는 이미 집채만 한 송신 안테나들을 내리고, 케이블이나 광섬유, 도달 범위가 한정된 기지국 형태의 네트워크 등으로 전환하고 있습니다.

엄청난 노력을 들인다면, 잠시 동안 우리의 TV 신호를 감지하는 것은 가능하겠지만 그럴 기회조차 점점 사라지고 있어요. 허공을 향해 비명을 지르는 것만큼이나 강력하게 내보냈던 20세기 후반의 TV 신호와 라디오 신호들도 몇 광년을 달린 후에는 감지할 수 없을 만큼 약해졌을 겁니다. 그동안 우리가 찾아낸, 생물이 살 가능성이 있는 외계 행성들은 최소 수십 광년은 떨어져 있기 때문에 그들이 지구의 광고 문구를 엿듣고 있을 가능성은 없다고 봐야 합니다. (신빙성 없는 몇몇 코믹 웹툰의 주장과는 정반대로 말이죠.)

하지만 TV 신호와 라디오 신호가 지구 상에서 가장 강력한 전파 신호였던 것은 아닙니다. 그것들보다 훨씬 더 강력한 것이 있었으니, 바로 조기 경보 레이더입니다.

냉전의 산물인 조기 경보 레이더는 북극 주위에 흩어진 여러 지상기지 및 공중기지로 구성되었습니다. 이들 기지는 매일매일 24시간 내내 강력한 레이더 빔으로 대기를 휩쓸다시피 했고, 그 신호들은 종종 이온층에 튕겨 나갔습니다. 사람들은 혹시라도 적의 움직임이 있을까 해서 그 반향을 강박적으로 감시했다고 합니다. 저도 별로 냉전 시대를 살아 보지는 못했는데요. 사람들 말로는 긴장감이 대단했다고 하더군요.

이런 레이더 신호가 우주로 새어 나갔다면 가까운 외계 행성에서 수신했을 가능성도 있습니다. 우리의 레이더 빔이 그들의 하늘을 지날 때 우연히도 귀를 기울이고 있었다면 말이죠. 하지만 TV 방송탑을 구식으로 만들어 버린 바로 그 기술적 진보가 조기 경보 레이더에도 똑같은 영향을 주었습니다. 오늘날의 경보 시스템은 (그런 게 있기는 하다면) 훨씬 더 조용한 편이고, 결국에는 새로운 기술로 완전히 대체될 겁니다.

지구 상에서 가장 강력한 전파 신호는 아레시보Arecibo 망원경에서 나오는 빔입니다. 푸에르토리코Puerto Rico에 있는 이 거대한 접시는 레이더 송신기 역할도 할 수 있어서 수성이나 소행성대 같은 가까운 목표물을 향해 신호를 반사할 수도

있습니다. 말하자면 행성들을 더 잘 보기 위해 비춰 주는 손전등 같은 역할을 하는 거지요(말 그대로 정말 이상한 짓입니다).

하지만 이 망원경은 아주 가끔씩만, 가느다란 빔을 내보낼 뿐입니다. 이 빔이 혹시나 외계 행성에 잡힌다고 하더라도, 그리고 아주 운 좋게도 그 시간에 저들의 수신 안테나가 우리 쪽을 가리키고 있더라도, 저들이 수신할 수 있는 것은 아주 잠깐의 전파 에너지 펄스가 전부일 겁니다. 그러고 나면 다시 적막만이 흐르겠죠(1977년에 우리가 보았던 것도 바로 이것입니다. '와우 시그널Wow Signal'이라고들 부르는 이 짧은 신호의 출처는 지금까지도 밝혀지지 않았습니다).

그러니 외계인들은 전파 안테나를 가지고 지구를 지켜보며 우리를 알아챌 수 없을 겁니다.

하지만 다른 것도 있죠.

가시광선

이게 더 유망하네요. 태양은 정말로 밝습니다. 그 밝은 빛이 지구를 비추고 있죠. 그 빛 중의 일부가 다시 우주로 반사되는 것이 '지구광'입니다. 지구광 중 일부는 지구를 스치듯이 지나면서 대기를 통과해 별까지 날아갑니다. 바로 이런 효과를 외계 행성에서도 감지할 가능성이 있습니다.

이 빛들이 직접적으로 인간에 관해 뭔가를 알려 주는 것은 아니지만, 지구를 충분히 오랫동안 지켜본다면 반사율을 통해 지구의 대기에 관해 많은 것을 알아낼 수 있습니다. 지구의 물 순환 과정도 알 수 있을 테고, 대기 중에 산소가 풍부하다는 점은 이곳에 뭔가 기이한 일이 벌어지고 있을 거라는 힌트가 될 수도 있겠지요.

그러니 지구에서 전해지는 가장 분명한 신호는 우리가 만든 것과는 전혀 상관

186

없을지도 모릅니다. 수십억 년 동안, 지구를 지구처럼 보이도록 만들어 왔던 것은 (그리고 우주로 보내는 신호를 바꿔 왔던 것은) 바닷말algae일지도 모릅니다.

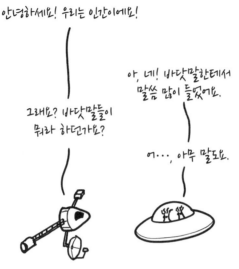

안녕하세요! 우리는 인간이에요!

그래요? 바닷말들이 뭐라 하던가요?

아, 네! 바닷말한테서 말씀 많이 들었어요.

어..., 아무 말도요.

이봐, 시간이 벌써 이렇게 됐어. 가야 해.

물론 더 분명한 신호를 보내고 싶다면 불가능한 일은 아닙니다. 하지만 전파 송신은 신호가 도착했을 때 저들이 주의를 기울이고 있어야 한다는 문제가 있습니다.

대신에 우리가 저들이 주의를 기울이게 '만들 수'는 있습니다. 이온 추진이나 핵 추진 방식을 통해 혹은 그냥 태양의 중력을 영리하게 이용하는 방식으로 충분히 빠른 무인 탐사선을 태양계 밖을 내보낸다면, 아마 몇만 년 후쯤에는 가까운 별에 도착할 수 있을 겁니다. 이 우주여행(상당히 힘든 여행이 되겠죠)을 견뎌낼 수 있는 유도 장치를 만드는 법만 알아낸다면, 생명체가 살고 있는 행성에도 보낼 수 있을 거예요.

안전하게 착륙하려면 속도를 늦춰야 할 텐데, 속도를 늦추는 것은 속도를 높이는 것보다도 더 많은 연료를 소모합니다. 그렇지만 어차피 우리가 이 모든 일을 하는 이유는 저들이 우리를 알아차리게 하려는 것이잖아요?

그러니 외계인들이 우리의 태양계 쪽을 바라본다면 아마 다음과 같은 것을 보게 될 겁니다.

인체에서 DNA가 사라지면

 Q 좀 뜨악한 소리일 수도 있겠지만, 만약 누군가의 DNA가 갑자기 사라진다면 그 사람은 어떻게 될까요? - 니나 샤레스트Nina Charest

A DNA를 잃는다면 그 즉시 체중이 150그램 정도 줄어들 겁니다.

150그램 빼기

이 전략은 별로 추천하고 싶지 않네요. 150그램을 뺄 수 있는 더 쉬운 방법도 얼마든지 있거든요.

- 셔츠를 벗는다.
- 소변을 본다.
- 머리를 자른다. (긴 머리의 경우)
- 헌혈을 한다. (150밀리리터를 뽑고 나면 줄을 꼬아서 더는 못 가져가게 하세요.)
- 반지름 3피트(약 90센티미터)짜리 헬륨 풍선을 들고 있는다.
- 손가락을 몇 개 제거한다.

뿐만 아니라 극지방에서 열대 지방으로 여행을 가도 150그램은 빠집니다. 이유는 2가지인데요. 우선 지구가 다음과 같이 생겼기 때문이죠.

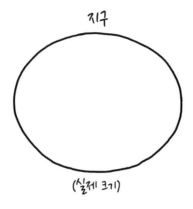

북극에 서 있다면 적도에 서 있는 것보다 지구 중심에서 20킬로미터가 더 가깝기 때문에 중력의 당기는 힘이 더 크게 느껴집니다.

게다가 적도에 서 있으면 원심력 때문에 바깥쪽으로 던져지게 됩니다.

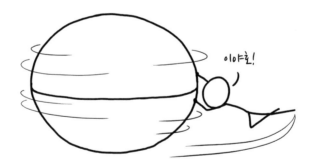

이 2가지 현상 때문에 극지방과 열대지방 사이를 이동하면 체중의 0.5퍼센트까지 줄어들거나 늘 수 있습니다.

제가 이렇게 무게에 집착하는 이유는, DNA가 사라질 경우 여러분이 가장 먼저 알아채게 될 변화는 물리적인 DNA의 상실이 아니기 때문입니다. 뭔가를 느낄 수도 있겠지만(모든 세포가 살짝 줄어들면서 생기는 아주 작은 단일 형태의 충격파) 아무것도 못 느낄 수도 있습니다.

DNA를 상실할 때 서 있는 상태라면 조금 움찔할 수도 있습니다. 우리가 서 있을 때 근육들은 똑바른 자세를 유지하기 위해 끊임없이 일하고 있는데요. 이렇게 근섬유들이 발휘하는 힘이 바뀌지는 않겠지만 근섬유들이 잡아당기는 질량(즉, 팔다리)은 바뀌니까요. 'F=ma'이므로, 신체 여러 부분의 속도가 아주 약간 빨라질 겁니다.

그러고 나면 모든 게 아주 정상적으로 느껴질 겁니다.

당분간은 말이에요.

죽음의 천사

지금까지 DNA를 모두 상실했던 사람은 아무도 없기 때문에(인용할 근거는 없습니다만, 그런 일이 있다면 우리가 분명 들어봤겠지요) 정확히 어떤 순서로 의학적인 변화가 일어날지는 단정하기 어렵습니다. 광대버섯Amanita bisporigera은 북아메리카 동부에서 발견되는 버섯의 한 종류입니다. 광대버섯은 아메리카와 유럽에서 발견되는 몇몇 관련 종과 함께, 흔히 '죽음의 천사destroying angel'라는 이름으로 알려져 있습니다.

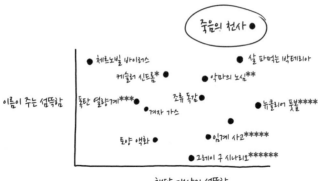

이름이 주는 섬뜩함

해당 대상의 섬뜩함

'죽음의 천사'는 전혀 위험할 것 같지 않아 보이는 순백의 작은 버섯입니다. 여러분도 저처럼 숲에서 찾은 버섯은 먹지 말라는 얘기를 들어 보았을 텐데요, 바로 이 광대버섯 때문에 하는 이야기입니다. '죽음의 천사'라고 불리는 광대버섯 속屬에는 여러 종류가 있습니다. '죽음의 모자death cap'와 함께 '죽음의 천사'는 독버섯 중독으로 인한 사망 사고의 대부분을 차지합니다.

'죽음의 천사'를 먹었다면 종일 아무렇지도 않을 거예요. 하지만 그날 밤, 혹은 다음날 아침 콜레라와 비슷한 증상이 나타날 겁니다. 구토를 하고, 복부 통증에, 심각한 설사를 하게 되지요. 그러고 나면 또 괜찮아진 것처럼 느껴질 겁니다.

하지만 괜찮다고 느낄 때쯤 손상은 이미 되돌릴 수 없는 상태일 거예요. 광대

---

*지구 주변에 우주 쓰레기가 계속 늘어나 앞으로는 인공위성조차 이용할 수 없게 된다는 시나리오
**1945년, 1946년 로스앨러모스 실험실에서 과학자 2명이 사망한 사고의 원인인 플루토늄 덩어리의 별명
***물질의 열량을 측정하는 기계
****미국 대통령이 사용하는, 핵무기 암호가 들어 있는 가방
*****원자력 발전소에서 일어날 수 있는 사고로, 영어로 'critical incident'라고 해서 이름부터 심각하게 느껴진다.
******나노 기계의 자기 복제로 세계가 멸망한다는 시나리오

버섯에는 아마톡신amatoxin이라는 성분이 들어 있는데, 이 성분이 DNA에서 정보를 읽는 데 사용되는 효소에 들러붙습니다. 효소의 두 발을 묶어 세포들이 DNA의 지시를 제대로 따를 수 없게 방해하는 거지요.

아마톡신은 영향을 주는 모든 세포에 회복 불능의 손상을 유발합니다. 신체 대부분이 세포로 이루어진(여러분이 잘 때 여러분의 친구를 시켜 현미경으로 확인한 사항입니다. 확실합니다.) 우리에게는 나쁜 소식이지요. 사망 원인은 보통 간부전 혹은 신부전인데, 독소가 가장 먼저 축적되는 예민한 기관들이기 때문입니다. 때로는 집중 치료 내지는 간 이식 등을 통해 환자를 살리기도 하지만, 광대버섯을 먹은 사람들의 상당수가 결국은 죽게 됩니다.

광대버섯이 더욱 무서운 이유는 '걸어 다니는 유령' 단계 때문입니다. 괜찮거나 나아지고 있어 보일 때, 실은 세포에 되돌릴 수 없는 치명적 손상이 쌓여가니까요.

이게 바로 DNA 손상의 경우에 나타나는 전형적인 패턴입니다. 그러니 DNA를 상실한 사람도 아마 비슷한 현상을 보일 거예요.

이런 영향을 더 생생하게 알 수 있는 것이 또 다른 DNA 손상 사례인 화학 치료와 방사선 노출입니다.

화학 치료와 방사선 노출

화학 치료에 쓰이는 약들은 무지막지한 측면이 있습니다. 좀 더 정확히 표적에 작용하는 약들도 있지만, 많은 약들이 단순히 전반적인 세포의 분열을 방해합니다. 그런데도 이 방법이 환자와 암에게 똑같이 나쁜 영향을 주지 않고 암 세포를 죽일 수 있는 이유는, 대부분의 정상 세포는 가끔씩만 분열을 하는 반면, 암세포는 항상 분열하기 때문입니다.

인간의 세포 중에는 끊임없이 분열하는 것들도 있습니다. 혈액을 생산하는 공장인 골수에서 발견되는 세포들이 대부분 빠르게 분열하죠.

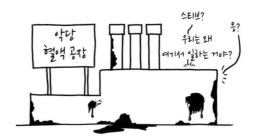

또한 골수는 인간의 면역 중추입니다. 골수가 없으면 우리는 백혈구를 생산할 능력을 잃게 됩니다. 그러면 면역 체계가 무너지죠. 화학 치료를 받으면 면역 체계가 손상되어 감염에 취약해집니다. (요즘은 페그필그라스팀pegfilgrastim(뉴라스타Neulasta) 같은 면역 증강제 덕분에, 자주 화학 치료를 받아도 전보다는 더 안전하게 되었습니다. 면역 증강제들은 신체가 다량의 대장균에 감염되었다고 오해하게 만들어 백혈구 생산을 자극합니다.)

빠르게 분열하는 세포는 또 있습니다. 모낭과 위장 내벽의 세포 역시 끊임없이 분열하죠. 화학 치료를 받으면 메스껍고 머리칼이 빠지는 것은 이 때문이죠.

가장 흔히 쓰이는 강력한 화학 치료제 독소루비신Doxorubicin은 DNA 조각들을 아무렇게나 서로 연결해 엉키게 만들어서 효과를 냅니다. 마치 실타래 위에 강력 접착제를 떨어뜨리는 것처럼 DNA를 아무짝에도 쓸모없는 실뭉치로 만들어버리는 거죠(약간 다르긴 합니다. 면사綿絲 위에 강력 접착제를 떨어뜨리면 불이 붙거든요). 독소루비신 치료 후 며칠 뒤에 처음으로 나타나는 부작용은 메스꺼움, 구토, 설사 등인데요. 이 약이 소화관에 있는 세포를 죽인다는 점을 생각하면 당연한 결과지요.

DNA를 상실한다면 이와 마찬가지로 세포가 죽게 되고 비슷한 증상이 나타날 겁니다.

방사선 노출

감마선에 다량 노출되어도 역시 DNA가 손상됩니다. 아마도 방사선 중독이 우리의 시나리오와 제일 비슷한 실질적 손상일 겁니다. 방사선에 가장 민감한 세포들은 화학 치료와 마찬가지로 골수에 있는 세포와 소화관의 세포들입니다. 극도로 많은 양의 방사선에 노출되면 금세 죽을 수 있지만, 이 경우는 DNA 손상이 아니라 물리적으로 혈액-뇌 장벽이 분해되어 뇌출혈로 급사하게 됩니다.

방사선 중독은 '죽음의 천사' 버섯이 갖는 독성과 마찬가지로 '걸어 다니는 유령' 시기, 즉 잠복기가 있습니다. 신체가 아직 기능은 하지만, 새로운 단백질은 전혀 합성될 수 없고 면역 체계가 무너지는 시기죠.

중증 방사선 중독의 경우 면역 체계 붕괴가 사망의 제1원인이 됩니다. 백혈구가 공급되지 않기 때문에 신체가 감염과 싸울 수 없어 평범한 박테리아까지 신체에 침투해 마구 휘젓고 다니게 됩니다.

최종 결과

DNA를 잃으면 복부 통증, 메스꺼움, 어지러움, 급속한 면역 체계 붕괴를 겪다가 급성 전신 감염이나 전신 장기 부전으로 몇 시간 또는 며칠 내에 사망할 확률이 가장 높습니다.

하지만 희망이 전혀 없는 것은 아닙니다. 결국 우리가 디스토피아의 미래를 맞게 될 경우, 조지 오웰식 정부들이 우리의 유전자 정보를 수집해 우리를 추적하고 통제

나는 내 장기들이 좋은데!

하는 데 이용한다면…

침입 현장에서 피부 샘플을 찾았습니다.
그런데 DNA 테스트 결과
부정적으로 나왔습니다.

아, 일치하지 않던가요?

아뇨. DNA가 아예 없었어요.

투명 인간이 되고 싶을 테니까요.

다른 행성에 비행기를 띄우면

Q 지구의 평범한 비행기로 태양계의 다른 천체 위를 날려고 하면 무슨 일이 벌어 질까요? - 글렌 차이어키에리Glen Chiacchieri

A 일단 비행기는 다음과 같이 생겼다고 가정할 게요. 세스너 172 스카이호크Cessna 172 Skyhawk라 고, 아마 세상에서 제일 흔한 비행기일 거예요.

우리는 전기 모터를 사용해야 할 거예요. 가스 엔진은 근처에 녹색 식물이 있 어야만 가동되니까요. 식물이 없는 곳에서는 산소가 대기 중에 머물지 않고 다 른 원소와 결합해서 이산화탄소를 만들거나 녹이 되거나 하거든요. 식물은 산소 를 다시 분리해 원래 상태로 돌려놓음으로써 대기 중에 산 소를 공급하지요. 대기 중에 산소가 있어야 엔진이 가동 되고요. 그러고 보면 휘발유도 고대의 식물이 만들어 준 것이지요.

우리의 조종사가 오는군요.

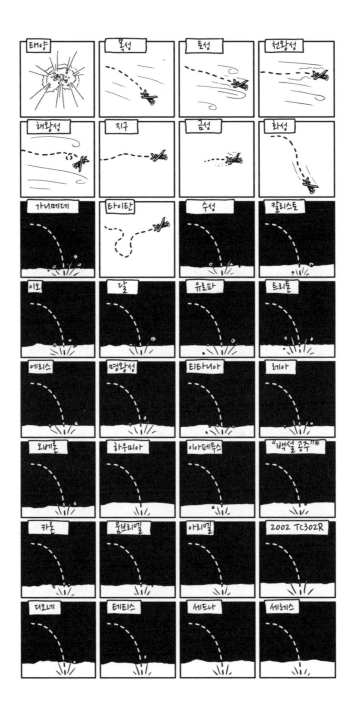

태양계에서 가장 큰 것부터 서른두 번째까지의 천체들 위로 우리의 비행기를 띄웠을 때 벌어질 일은 앞의 그림과 같습니다.

대부분은 대기가 없기 때문에 그대로 땅에 고꾸라지지요. 비행기를 상공 1킬로미터 이하 높이에서 떨어뜨린다면 충돌 속도가 그리 빠르지 않으니 조종사가 살 수도 있을 겁니다. 그래봤자 생명 유지 장치는 무사하지 못하겠지만요.

태양계 내의 천체들 중에서 의미 있는 정도의 대기를 가진 것은 9개입니다. 지구(당연하겠죠), 화성, 금성, 거대 가스행성(목성형 행성) 4개, 토성의 위성인 타이탄, 그리고 태양입니다. 그러면 이들 천체에 비행기를 띄웠을 때 어떻게 되는지 좀 더 자세히 알아볼까요?

태양 : 아마 상상이 가실 겁니다. 태양의 대기를 느낄 수 있을 만큼 태양 가까이서 비행기를 날린다면 1초도 지나지 않아 증발하고 말겠지요.

화성 : 화성에 비행기를 띄우면 어떻게 될지 알아보려면 엑스플레인X-Plane이 필요하네요. 엑스플레인은 세계에서 가장 발달된 비행 모의실험 장치인데요. 항공학 열성 마니아들과 지지자 그룹이 20년간의 끈질긴 연구 끝에 만들어 낸 장치랍니다. 엑스플레인은 비행기가 날 때 기체의 전 부분에서 공기 흐름이 어떻게 되는지를 시뮬레이션해서 보여 주는데요. 획기적인 디자인의 비행기라든가 새로운 환경에서 어떤 일이 벌어질지 정확하게 시뮬레이션해 볼 수 있기 때문에 귀중한 연구 수단으로 이용되고 있습니다.

이 엑스플레인의 컨피그config 파일을 조정해서 중력을 줄이고 공기를 희박하게 만든 다음 행성의 반지름을 줄인다면 화성에서의 비행도 시뮬레이션해 볼 수가 있어요.

---

*아직 이름이 붙여지지 않은 왜소행성 '2007 OR10'의 별칭

엑스플레인에 따르면 화성에서의 비행은 어려운 일이지만 불가능한 일은 아니라고 하네요. NASA도 이런 사실을 알고 비행기로 화성을 조사하는 것까지 고려했었죠. 다만 까다로운 부분은 대기가 너무 희박하기 때문에 조금이라도 양력揚力*을 받으려면 '아주' 빠르게 날아야 한다는 거예요. 이륙하는 데만도 마하1에 근접한 속도가 필요하니까요. 또 일단 움직이기 시작하면 관성이 너무 커서 방향을 바꾸기가 어렵습니다. 기수를 돌렸다가는 비행기가 뱅글뱅글 회전하면서 가던 방향으로 그대로 갈 겁니다. 엑스플레인을 만든 사람은, 화성에서 비행기를 조종하는 것은 '원양 여객선을 초음속으로 날리는 것'과 같다고 했습니다.

우리의 세스너 172로는 역부족일 겁니다. 1킬로미터 상공에서 세스너 172를 띄운다면 충분한 속도까지 올라가기도 전에 곤두박질쳐서 초속 60미터 속도로 땅바닥에 처박히고 말겠죠. 혹시 4, 5킬로미터 상공에서 떨어뜨린다면 아마 처박히기 전에 속도를 높여 활공할 수 있을 거예요. 음속의 절반이 넘는 속도로 말이죠. 하지만 착륙할 때는 비행기가 남아나지 않을 겁니다.

금성 : 안타깝게도 금성의 지면 부근은 너무나 열악한 환경이라 엑스플레인으로도 시뮬레이션이 안 됩니다. 하지만 물리학적 계산을 동원해 보면 대략 어떤 비행이 될지는 알 수 있죠. 결론은 이렇습니다. 비행기는 상당히 잘 날아갈 겁니다. 내내 불이 붙은 채로 말이죠. 그러다가 날기를 그쳤을 때는 이제 더 이상 비행기가 아닐 겁니다.

금성의 대기는 지구보다 60배나 밀도가 높습니다. 대기의 밀도가 너무 높기 때문에 사람의 조깅 속도 정도만 되어도 세스너 172는 날아오를 겁니다. 다만 아쉬운 점은 높은 밀도의 대기가 너무 뜨거워서 납까지 녹일 정도라는 거죠. 단 몇

---

*비행기가 위로 뜨게 해주는 힘

초만에 비행기 페인트는 녹아서 사라지기 시작하고 부품들까지 순식간에 고장 날 겁니다. 비행기는 열 스트레스 때문에 부서지고 부드럽게 지면에 내려앉겠죠.

이보다 훨씬 나은 방법은 구름 위로 나는 거예요. 금성의 지면은 매우 열악하지만, 상층의 대기는 놀랄 만큼 지구와 비슷하거든요. 55킬로미터 상공에서는, 산소 마스크와 보호용 고무 수트만 있다면, 사람도 견딜 수 있을 정도입니다. 기온은 실온 정도에, 기압은 지구의 산악과 비슷한 수준이거든요. 그렇지만 황산으로부터 몸을 보호하려면 고무 수트는 필수입니다(역시나 시도해 볼 생각은 안 드나요?).

황산이 우습게 볼 물질은 아니지만, 금성의 구름 바로 위 지대는 비행기가 날기에 아주 좋은 환경입니다. 비행기의 노출된 부분에 황산에 부식될 금속만 없다면 말이에요. 아, 그리고 최고 등급의 허리케인 정도로 끊임없이 부는 바람 속을 날아다닐 수만 있다면 말이죠. 이 얘기를 미리 한다는 것을 깜박했네요.

금성은 끔찍한 곳이에요.

목성 : 우리의 세스너 비행기는 목성 상공을 날 수는 없을 거예요. 중력이 너무 세거든요. 목성의 중력을 견디면서 수평 비행을 유지하려면 지구보다 3배는 큰 동력이 필요합니다. 비행기는 처음에는 지구 해수면 수준의 친근한 기압에서 시작하겠죠. 하지만 정신없이 부는 바람 속에서 점점 더 빨라져 결국에는 초속 275미터의 속도로 아래를 향해 거침없이 활강하고 있을 겁니다. 그렇게 암모니아 얼음과 수증기 얼음층 속으로 점점 더 깊이 빨려 들어가다가 결국에는 비행기도, 우리도 짜부라지고 말겠지요. 부딪힐 지면은 없습니다. 목성은 가라앉을수록 가스에서 액체로 서서히 바뀌는 행성이거든요.

토성 : 목성보다는 조금 더 친근한 그림이 그려지겠네요. 중력도 좀 더 약하고

(실은 지구와 비슷한 정도랍니다) 대기 밀도도 약간 더 높으니(그래도 여전히 희박하죠) 목성보다는 조금 더 버틸 시간이 있을 거예요. 하지만 결국에는 추위나 강풍 중 하나 때문에 목성에서와 같은 운명을 맞게 될 겁니다.

천왕성: 천왕성은 유니폼에 흔히 쓰는 바로 그 파란색을 띤 신비로운 구체입니다. 바람도 세고 어마어마하게 추운 행성이지요. 가스 행성들 중에서는 그나마 가장 우호적인 환경을 가졌기 때문에 우리의 비행기도 아마 잠깐 정도는 날 수 있을 겁니다. 하지만 아무 특색도 없는 이 행성 위를 군이 왜 날고 싶을까요?

해왕성: 얼음 행성들 중 한곳에서 날고 싶다면 천왕성보다는 해왕성을 추천하고 싶네요('아주 약간' 더 파란 행성이랍니다). 적어도 구경할 구름이라도 좀 있으니까요. 그러다가 곧 얼어 죽거나 난기류를 만나서 산산조각 나겠지요.

타이탄: 가장 좋은 건 가장 뒤에 남겨 두었답니다. 오로지 비행만 생각한다면 타이탄은 아마 지구보다도 좋은 환경일 거예요. 대기 밀도는 높지만 중력이 약해서 표면 기압은 지구보다 50퍼센트밖에 높지 않은 데 반해, 공기 밀도는 4배나 높거든요. 중력이 달보다도 작다는 것은 날기 쉽다는 뜻이지요. 우리의 세스너 비행기는 자전거 페달을 밟는 정도의 힘만 있어도 하늘을 훨훨 날 겁니다.

실제로 타이탄에서는 사람도 근육의 힘만 가지고도 날 수 있습니다. 행글라이더를 장착하면 편안히 이륙할 수 있을 테고, 대형 오리발만 신어도 이리저리 돌아다닐 수 있을 거예요. 심지어 인조 날개만 달아도 퍼덕거리다가 날아오를 수 있고요. 필요한 동력이 정말 얼마 안 되기 때문에 걷는 정도의 힘만 들여도 충분할 겁니다.

반면에 단점(뭐든 단점은 있으니까요)이라면 추위예요. 타이탄의 기온은 72켈빈인데요. 이 정도면 거의 액체 질소의 온도예요. 경비행기의 난방 요건에 관한 몇몇 수치들을 가지고 추정해 보니 세스너의 객실 온도는 약 1분에 2도씩은 내려갈 것 같네요.

잠시 동안은 배터리가 자체 온도를 유지하겠지만 결국에는 열기를 잃고 추락할 겁니다. 거의 다 닳아 없어진 배터리를 달고 타이탄의 지면으로 내려갔던 하위헌스Huygens* 무인 탐사선은 떨어지는 동안 아주 근사한 사진들을 찍었지만 지면에 닿은 지 채 몇 시간도 지나지 않아 추위에 무릎을 꿇었습니다. 그래도 착륙 후에 사진 한 장을 보내 올 시간은 있었는데, 우리가 화성을 제외한 다른 천체의 표면에서 수신한 사진은 이게 유일하답니다.

인간이 인공 날개를 달고 하늘을 난다면 우리는 타이탄 버전 이카루스**의 주인공이 될지도 모릅니다. 날개가 얼어서 산산이 부서지면 데굴데굴 추락해 죽는 거지요.

하지만 저는 1번도 이카루스의 이야기가 인간의 한계에 대한 교훈이라고 생

각해 본 적이 없답니다. 저는 그 이야기가 밀랍 내지는 접착제의 한계에 대한 교훈이라고 생각해요. 타이탄의 추위는 공학적인 문제일 뿐입니다. 잘 개조하고, 좋은 열원을 찾을 수만 있다면, 세스너 172 그리고 우리는 타이탄 위를 날 수 있을 겁니다.

---

*타이탄을 최초로 발견한 네덜란드 천문학자의 이름을 딴 것이다.
**밀랍으로 붙인 날개를 달고 하늘을 날다가, 태양에 너무 가까이 가서 밀랍이 녹아 바다에 추락해 죽었다는 신화 속 인물

이상하고 걱정스러운 질문들 6

Q 평균적인 인간의 총 영양가(칼로리, 지방, 비타민, 미네랄 등)는 얼마나 되나요? - 저스

틴 라이즈너Justin Risner

금요일까지 알아야 해요.

쉬잇! 녀석이 저기 오네요.

Q 전기톱의 온도가 몇 도나 되어야 톱에 잘린 상처가 즉시 소작燒灼*될까요? - 실비

아 갤러거Sylvia Gallagher

금요일까지 좀 알려 주세요.

---

*출혈이나 감염을 막기 위해 상처를 지지는 의술

〈스타워즈〉 요다의 파워

Q 요다Yoda*가 발휘하는 포스Force의 출력은 얼마나 될까요? - 라이언 피니Ryan

Finnie

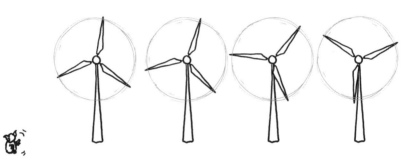

A 프리퀄은 무시할게요(당연하겠죠?).

오리지널 3부작에서 요다의 원초적 힘이 가장 많이 드러나는 장면은 늪에 빠진 루크의 전투기 '엑스윙X-wing'을 들어 올릴 때입니다. 이 장면은 물리적으로 물체를 이동시키는 것에 관한 한, 3부작에 나오는 모든 캐릭터를 통틀어 가장 큰 에너지의 포스가 발휘되는 장면일 거예요.

---

*영화 〈스타워즈〉에 나오는 제다이 기사 중 하나로, 주인공 루크의 스승

일정 높이까지 물건을 들어 올리는 데 드는 에너지는, '물체의 질량×중력가속도×들어 올린 높이'입니다. 따라서 이 장면을 이용하면 요다의 최대 출력이 최소 얼마 이상인지는 알 수 있겠죠.

그럼 먼저 이 전투기의 무게부터 알아볼까요? 엑스윙의 질량은 정식으로 알려져 있지 않습니다. 대신에 길이가 알려져 있죠. 12.5미터입니다. 19미터 길이의 F-22 전투기가 19.7톤이니까 길이에 비례해 무게가 줄어든다고 생각하면 엑스윙의 무게는 대략 5톤이라는 계산이 나옵니다.

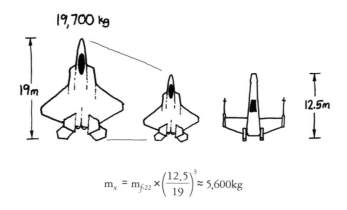

$$m_x = m_{f\text{-}22} \times \left(\frac{12.5}{19}\right)^3 \approx 5{,}600\text{kg}$$

그다음에는 얼마나 빠른 속도로 엑스윙을 들어 올렸는지 알아야 합니다. 제가 영화 장면을 돌려 보면서 엑스윙이 물 밖으로 올라오는 속도를 재어 봤는데요.

앞쪽 착륙 지지대가 물 밖으로 나오는 데 걸린 시간이 약 3.5초였고, 제가 계산한 지지대의 길이가 1.4미터니까, 엑스 윙의 상승 속도는 초속 0.39미터인 셈입니다.

마지막으로 필요한 것이 대고바Dagobah 행성의 중력입니다. 그런데 여기서 막히더군요. SF 팬들의 집착이 아무리 대단하다고 한들, 〈스타워즈〉에 나오는 모든 행성의 시시콜콜한 물리적 특성까지 전부 다 표로 정리해 두지는 않을 테니까요. 아닌가요?

아니네요. 제가 스타워즈 팬들의 팬심을 과소평가했네요. 우키피디아Wookieepeedia에 가 보니 정말로 표가 있더라고요. 이 표에 따르면 대고바의 표면 중력은 0.9g입니다. 여기에 엑스윙의 질량과 상승 속도를 적용하면 최대 출력은 다음과 같습니다.

$$\frac{5{,}600\text{kg} \times 0.9\text{g} \times 1.4\text{미터}}{3.6\text{초}} = 19.2\text{kW}$$

이 정도면 교외 주택가 한 블럭에 전기를 공급할 수 있을 정도입니다. 또 25마력에 해당하니까 전기로 가는 스마트카의 모터 출력과 맞먹습니다.

요즘 전기 요금 단가로 따진다면 요다는 시간당 2달러 정도의 가치가 있는 거네요.

하지만 염력은 포스가 발휘하는 여러 가지 힘 가운데 1가지에 불과합니다. 그렇다면 황제가 루크를 제압할 때 사용한 라이트닝lightning은 어떨까요? 라이트닝의 물리적 속성에 관해서는 명확히 알려진 바가 없지만, 비슷한 효과를 내는 테슬라 코일Tesla coil*이 대략 10킬로와트 정도를 소모한다는 점을 감안하면, 황제는 얼추 요다와 비슷한 힘을 가졌다고 할 수 있습니다. 테슬라 코일은 보통 아주 짧은 펄스를 이용합니다. 만약 황제가 아크 용접기에서처럼 번쩍이는 불빛을 연속적으로 내는 거라면, 출력은 거뜬히 메가와트급이 될 수도 있습니다.

그럼 이번에는 루크의 힘을 한번 살펴볼까요? 루크가 눈밭에서 포스를 이용해 자신의 광선 검을 끌어당기는 장면이 있습니다. 이 장면은 여러 수치를 계산하기가 한결 더 어려워서 영상을 프레임 단위로 쪼개가며 살펴봐야 했는데요, 그 결과 루크의 최고 출력은 대략 400와트 정도라는 추정치가 나왔습니다. 요다의 19킬로와트에 비하면 극히 작은 힘이고, 그나마 채 1초도 유지되지 못했지요.

역시나 가장 유망한 에너지원은 아무래도 요다일 것 같네요. 그런데 문제가 하나 있습니다. 전 세계 전력 소비량이 2테라와트에 육박한다는 점을 감안하면, 우리에게는 수억 명의 요다가 필요하다는 점이지요. 이렇게 볼 때 굳이 다른 전력원을 모두 버리고 요다로 갈아탈 필요는 없어 보입니다. 물론 요다가 확실히 '친환경적'이기는 하겠지만요.

---

*고압 전류를 발생시키는 장치

비행기가 가장 많이 지나치는 주

Q 실제로 미국에서 비행기가 가장 많이 지나치는 주는 어디인가요? - 제시 루더먼
Jesse Ruderman

A 영어에서 '지나치는 주flyover state'라고 하면, 보통 서부에 네모반듯하게
있는 큼직큼직한 주들을 가리킵니다. 뉴욕이나 로스앤젤레스, 시카고
사이를 오갈 때 흔히 지나치지만, 실제로 내리지는 않는 주들이지요.

그런데 '실제로' 가장 많은 비행기가 지나치는 주는 어디일까요? 많은 비행편
들이 동부 해안을 오르락내리락한다는 점을 감안하면, 와이오밍 주보다는 뉴욕
주 위를 날아가는 사람이 더 많을 거라는 점은 쉽게 상상이 갈 겁니다.

실제로 가장 많은 비행기가 지나치는 주를 알아내려고 저는 1만 개가 넘는 항
공 노선을 들여다보며 어느 항공편이 어느 주를 지나치는지 살펴보았습니다.

놀랍게도 가장 많은 비행기가 지나치는 주는, 그러니까 이륙도, 착륙도 없이
지나치기만 하는 주는…

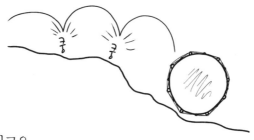

버지니아더라고요.

저는 이 결과에 깜짝 놀라고 말았습니다. 제가 바로 버지니아에서 자랐지만 1번도 그곳을 '지나치는 주'라고 생각해 본 적이 없었거든요.

또한 버지니아에는 대형 공항 시설도 여러 개 있습니다. 워싱턴 D. C. 사람들이 이용하는 공항 2개가 실제로는 버지니아에 있으니까요(레이건 공항DCA과 덜레스 공항IAD). 이렇게 되면 워싱턴 D. C.로 가는 항공편의 대부분은 버지니아 상공을 지나치는 비행기에 포함되지 않는다는 뜻입니다. 버지니아에 '착륙'하는 비행기잖아요.

다음의 그림은 미국 지도에서 주별로 매일 지나치는 항공편의 수를 색상으로 나타내 본 것입니다.

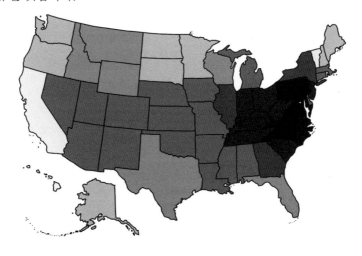

버지니아 다음으로 많은 비행기가 지나치는 주는 메릴랜드, 노스캐롤라이나, 펜실베이니아이고, 매일 이들 주에는 다른 주보다 훨씬 더 많은 항공편이 지나치고 있습니다.

그렇다면 왜 하필 버지니아일까요?

여러 요인이 있지만 가장 큰 원인은 애틀랜타 국제공항ATL이더군요.

애틀랜타 공항은 전 세계에서 가장 북적대는 공항입니다. 도쿄나 런던, 베이징, 시카고, 로스앤젤레스보다도 이용객이 더 많지요. 최근까지만 해도 세계 최대 항공사였던 델타 항공Delta Air Lines의 허브 공항인 까닭에, 델타 항공을 이용하는 승객들은 애틀랜타에서 비행기를 갈아타는 경우가 상당히 많습니다.

애틀랜타에서 미국 북동부로 가는 항공편이 워낙 많기 때문에 애틀랜타 공항 전체 항공편의 20퍼센트가 버지니아를 지나고, 25퍼센트는 노스캐롤라이나를 지나면서 이들 주를 지나치는 비행편의 아주 큰 비중을 차지한답니다.

그러나 버지니아를 지나치는 항공편 수에 가장 크게 기여하고 있는 공항은 애틀랜타 공항이 아니더군요. 어느 공항인지 알고는 저도 깜짝 놀랐는데요.

정답은 **토론토 피어슨 국제공항YYZ**입니다. 설마 그럴 리가 있겠냐 싶겠지만 캐나다에서 가장 큰 공항인 토론토 피어슨 국제공항을 이용하는 항공편의 수는 뉴욕의 JFK 공항과 라구아디아LaGuardia 공항 이용 항공편을 '합친 것' 보다도 더 많습니다.

토론토가 이렇게 큰 비중을 차지하는 이유 중의 하나는 카리브해나 남아메리카로 가는 직항편이 많기 때문입니다. 이들 항공편이 목적지까지 가려면 미국 영공을 지나야 하니까요. 미국과 달리 캐나다에서는 쿠바로 가는 항공편도 많이 운항됩니다. 또한 토론토는 버지니아 외에도 웨스트버지니아, 펜실베이니아, 뉴욕의 상공을 지나는 항공편 중에서도 큰 비중을 차지합니다.

아래 지도는 주별로 어느 공항을 이용하는 항공편이 가장 많이 지나는지를 표시해 본 겁니다.

비율로 따진 지나치는 주

지나치는 주를 또 다르게 해석하면 그곳을 목적지로 하는 항공편보다 그곳을 지나치는 항공편의 '비율'이 가장 높은 주라고 볼 수도 있습니다. 이렇게 따지면 지나치는 주는 대부분 그냥 인구 밀도가 낮은 주가 됩니다. 상위 10개 주에는 당연히 와이오밍, 알래스카, 몬태나, 아이다호, 노스다코타, 사우스다코타 등이 포함 됩니다.

그러나 지나치는 비행편의 비율이 '가장' 높은 주는 뜻밖에도 **델라웨어**입니다.

좀 자세히 들여다봤더니 분명한 이유가 있더군요. 델라웨어에는 공항이 없는 겁니다.

하지만 이게 정확한 표현은 아닙니다. 델라웨어에도 비행장은 여러 개 있으니까요. 도버 공군기지DOV도 있고 뉴캐슬 공항ILG도 있고 말이죠. 하지만 우리가 말하는 일반 공항이라고 부를 수 있는 것은 뉴캐슬 공항뿐인데 2008년 스카이버스 항공Skybus Airlines이 문을 닫은 후로는 이 공항을 이용하는 항공편이 없습니다 (2013년에 변동사항이 생겼습니다. 프런티어 항공이 뉴캐슬 공항과 포트 마이어스 간을 운행하는 항공편을 개설했거든요. 제 데이터에는 이 내용이 포함되어 있지 않습니다. 프런티어 항공 덕분에 델라웨어는 순위가 쑥 내려갔을 수도 있습니다).

지나치는 항공편이 가장 적은 주

하와이입니다. 그럴 만도 하죠. 하와이는 전 세계에서 가장 큰 바다 한가운데 떠 있는 아주 작은 섬이니까요. 이곳을 일부러 지나치려면 꽤나 노력을 해야 합니다.

섬이 아닌 49개의 주(그러면 안 될 것 같긴 하지만, 로드아일랜드는 포함시킬게요) 중에서 지나치는 항공편이 가장 적은 주는 캘리포니아입니다. 저는 이 부분이 좀 놀랍더라고요. 캘리포니아는 생긴 것이 길쭉해서 태평양으로 가는 많은 항공편들이 이 주를 지나칠 줄 알았거든요.

하지만 9·11사태 때 연료를 잔뜩 실은 비행기가 무기로 쓰이는 일이 벌어지자 미국연방항공국은 이후로 쓸데없이 연료를 가득 실은 비행기가 미국을 지나가는 일을 줄이려고 노력했습니다. 그래서 대부분의 국제 여행객들은 캘리포니아 상공을 지나는 대신, 캘리포니아에 있는 공항들 중 한군데에서 환승을 합니다.

아래로 지나치는 주

마지막으로 약간 뜻밖의 질문을 한번 해볼까요? '아래로 지나치는flown-under' 비행기가 가장 많은 주는 어디일까요? 다시 말해, 땅 밑 지구 정반대편에서 가장 많은 비행기가 지나치는 주는?

하와이입니다.

이렇게 작은 주가 정답이라니 신기하죠? 그 이유는 미국 대부분의 주는 정반대편이 인도양이기 때문입니다. 인도양 위를 날아가는 비행편은 아주 적고요. 반면에 하와이의 정반대편은 아프리카 중부에 위치한 보츠와나Botswana입니다. 아프리카는 다른 대륙들에 비하면 비행편이 많지 않지만, 그래도 하와이를 1등으로 만들어 주기에는 충분했네요.

불쌍한 버지니아 주

버지니아에서 자란 사람으로서, 가장 많은 비행기가 지나치는 주가 버지니아라는 사실은 받아들이기가 쉽지 않네요. 그렇지만 고향에 가면 잊지 않고 가끔씩 하늘을 보며 손을 흔들어 줄 생각입니다. 그리고 혹시라도 여러분이 남아공의 요하네스버그에서 매일 아침 9시 35분에 출발하는, 나이지리아 라고스행 아리크 항공Arik Air 104편을 타게 되신다면, 아래를 내려다보며 '알로하!'라고 말하는 것 잊지 마세요.

헬륨 가스통을 들고 뛰어내린다면

Q 헬륨 가스통 2개와 아직 바람을 넣지 않은 아주 큰 풍선을 들고 비행기에서 뛰어내린다면 어떻게 될까요? 떨어지는 동안 헬륨 가스통으로 풍선에 바람을 넣는 거예요. 풍선이 충분히 부풀어서 안전하게 착륙하려면 낙하 시간이 얼마나 길어야 할까요? - 콜린 로Colin Rowe

A 말도 안 되는 얘기처럼 들리지만, 나름 그럴듯한 이야기랍니다.

아주 높은 데에서 떨어지는 것은 위험한 일이지요. 그럴 때 풍선이 있다면 실제로 도움이 될 수 있고요. 물론, 놀이동산에서 파는 평범한 헬륨 풍선 갖고는 어림도 없습니다.

풍선이 충분히 크다면 헬륨이 필요 없습니다. 풍선이 낙하산처럼 작용해서 죽지 않을 만큼 속도를 늦춰 줄 테니까요.

생존을 위한 핵심 조건은 착륙 속도가 너무 빠르지 않아야 한다는 겁니다. 어느 의학 논문에 나와 있는 것처럼 말이죠.

당연하게도, 떨어지는 속도 혹은 높이 자체가 부상을 유발하는 것은 아니다. [⋯] 하지만 급격한 속도 변화, 예컨대 10층 건물에서 콘크리트로 떨어지는 것은 또 다른 문제다.

걱정 마.
괜찮을 거야.

장황하게 써 놓았지만, 핵심은 옛날부터 있던 얘기입
니다. "떨어졌기 때문에 죽는 것이 아니라, 갑자기 멈췄
기 때문에 죽는다."

낙하산 노릇을 하려면 (헬륨이라기보다) 공기가 든 풍선의 폭
이 10~20미터는 되어야 합니다. 휴대용 가스통으로 채우기에는 역부족이
죠. 강력한 팬을 사용해 주위의 공기를 불어넣는 방법도 있겠지만, 그럴 거면
그냥 낙하산을 챙기는 편이 낫지 않을까요?

헬륨

헬륨이 있으면 한결 수월하겠죠.

헬륨 풍선은 그리 많지 않은 개수로도 사람 1명을 거뜬히 들어 올릴 수 있습니
다. 1982년 래리 월터스Larry Walters는 로스앤젤레스에서 정원용 의자에 앉아 기상
관측 기구로 해발 몇 킬로미터 지점까지 올라갔으니까요. 그는 로스앤젤레스 국
제공항 상공을 통과한 후 풍선을 공기총으로 몇 개 쏴서 지상으로 내려왔습니다.

월터스는 착륙과 동시에 체포되었는데요. 죄목을 뭐라고 해야 할지 당국도
난감했습니다. 당시 미국연방항공국 안전 감독관은 〈뉴욕타임스〉와의 인터뷰에
서 이렇게 말했어요. "월터스가 연방항공법 일부를 위반한 것만은 확실합니다.
그 일부가 어느 부분인지 확인되는 즉시, 어떤 식으로든 기소를 할 겁니다."

헬륨 풍선이라면 상대적으로 작은(낙하산보다는 분명히 작습니다) 크기더라도
속도를 충분히 늦춰 줄 수 있을 겁니다. 물론 장난감 풍선에 비하면 여전히 엄청
난 크기여야 하지만요. 일반 대여용 헬륨 가스통은 제일 큰 용량이 250세제곱피

트(약 7세제곱미터) 정도인데요, 여러분의 체중을 버티려면 못해도 10통은 써야 할 겁니다.

그리고 공기를 빨리 채워 넣어야 해요. 압축 헬륨 실린더는 매끄럽고 무겁게 생긴 경우가 많은데, 이는 종단 속도가 빠르다는 뜻이죠. 겨우 몇 분 안에 실린더를 몽땅 비워야 할 겁니다. 하나씩 비우고 나서 떨어뜨리면 되겠죠.

더 높은 곳에서 출발한다고 이 문제가 해결되지는 않습니다. 스테이크 사례에서 본 것처럼 대기의 상층은 공기가 아주 희박하기 때문이죠. 성층권 내지는 더 높은 곳에서 물체를 떨어뜨릴 경우, 물체는 아주 빠른 속도까지 가속되었다가 저층에 이르면 다시 천천히 떨어질 겁니다. 이것은 작은 별똥별에서부터 펠릭스 바움가르트너에 이르기까지 모두 해당되는 얘기예요. 이 문제를 풀려고 충돌 속도를 조사하다가 스트레이트 도프Straight Dope 게시판에서 '살아남을 수 있는 낙하 높이'에 관한 토론 내용을 발견했습니다. 누군가가 높은 곳에서 떨어지는 것을 버스에 치이는 것에 비유했더군요. 그러자 자신을 검시관이라고 밝힌 한 사람이 그건 좋은 비유가 아니라면서 이렇게 답변을 달았습니다. "차에 치이면 거의 대부분 위쪽이 아닌 아래쪽을 다칩니다. 무릎 아래쪽 다리가 부러지면서 공중으로 날아가죠. 보통은 후드에 떨어지지만, 후두부로 앞 유리를 강타하는 경우도 많습니다. 이 경우 앞 유리는 '별모양'으로 금이 가면서 머리카락 몇 가닥이 유리에 남기도 합니다. 그러고 나면 차를 넘어가는데요. 이 시점까지는 비록 다리가 부러지긴 했어도 아직 살아는 있습니다. 앞 유리에 부딪힌 것이 머리에 통증을 줄 수는 있어도 치명적이지는 않으니까요. 차에 치인 사람이 죽는 것은 땅에 떨어질 때입니다. 두부 외상으로 죽습니다." 그러니 검시관들을 우습게 보지 마세요. 상당한 하드코어들 같으니까요.

아무튼 여러 가스통을 서로 연결하거나 해서 풍선을 빠르게 부풀린다면 추락 속도를 늦출 수 있을 겁니다. 단, 헬륨을 너무 많이 사용하지는 마세요. 자칫하면 래리 월터스처럼 1만 6,000피트 상공에서 떠다니는 수가 있으니까요.

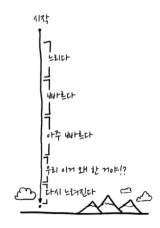

이 질문을 해결하려고 풍선에 관한 미분 방정식을 풀다가 매스매티카Mathematica* 프로그램이 몇 번 멈춰 서는 일이 발생했습니다. 덕분에 제 IP는 울프럼 알파Wolfram|Alpha**에서 이용금지를 당했고요. 저더러 요구 사항이 너무 많다더군요. 이용금지 해제를 요청하려고 했더니 신청 양식에 왜 그렇게 많은 질문이 필요했는지, 무슨 과제를 수행 중이었는지 묻는 항목이 있었습니다. 저는 이렇게 썼지요. "제트기에서 떨어질 때 풍선을 부풀려 낙하산처럼 속도를 늦추려면 대여용 헬륨 가스통을 몇 개나 갖고 올라가야 하는지 알아보려고."

울프럼, 미안해요.

---

*과학 및 공학 계산에 널리 이용되는 소프트웨어
**슈퍼컴퓨터의 인공 지능을 활용한 일종의 지식 검색 사이트. 매스매티카 프로그램을 기반으로 개발됐다.

다 같이 지구를 떠나려면

Q 지금의 인류 전체를 지구 밖으로 이주시킬 수 있을 만큼 충분한 에너지가 있나
요? - 애덤Adam

A **SF 영화를 보면** 흔히 환경 오염이나 인구 과잉, 핵전쟁 등으로 인류가 지
구를 버리고 떠나곤 합니다.

그렇지만 사람들을 우주 공간으로 들어 올린다는 것은 결코 쉬운 일이 아니
죠. 인구가 급격히 줄지 않는다고 했을 때, 인류 전체를 우주로 보내는 것이 물리
적으로 가능할까요? '어디로 갈 것인가' 하는 문제까지는 건드리지 않기로 합시
다. 우리는 그저, 새 터전을 찾을 필요는 없지만 지구에 계속 머물 수는 없다고
가정하는 거예요.

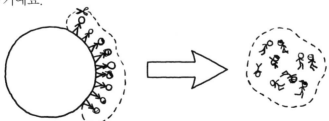

가능성을 검토하기 위해 우선 필요한 에너지의 절대적 하한선을 잡아 놓고 시작하기로 합시다. 1인당 4기가줄이라고 말이죠. 방법이 뭐가 되었든, 즉 로켓을 타고 가든, 대포나 우주 엘리베이터, 사다리 등을 이용하든, 65킬로그램인 사람 1명(또는 같은 무게의 무엇이 되었든)을 지구 중력 밖으로 옮기려면 최소한 이 정도 에너지는 필요합니다.

그러면 4기가줄은 어느 정도의 에너지일까요? 4기가줄은 약 1메가와트시인데, 미국의 평범한 가정이 1, 2달 정도 쓰는 전기에 해당합니다. 저장된 에너지로 따지자면 휘발유 90킬로그램 혹은 소형 승합차 1대에 AA배터리를 가득 채운 것과 비슷하죠.

4기가줄에 70억 명을 곱하면 2.8×10^{18}줄 내지는 8페타와트시가 되니까, 전 세계 연간 에너지 소비량의 5퍼센트 정도에 해당합니다. 큰 에너지이기는 하지만 물리적으로 불가능하지는 않죠.

그런데 4기가줄은 최소한에 불과합니다. 실제로 모든 것은 운송 수단을 뭘로 하느냐에 달려 있죠. 예컨대 로켓을 사용한다면, 그보다 훨씬 더 큰 에너지가 필요합니다. 로켓이 가진 근본적인 문제점, 즉 '연료 자체의 무게도 들어 올려야 한다는 점' 때문이죠.

그러면 다시 휘발유 90킬로그램으로 돌아가 봅시다. 우주여행의 핵심적 문제를 이해하는 데 도움이 될 것 같으니까요.

65킬로그램짜리 우주선을 발사하려면 90킬로그램의 연료에 해당하는 에너지가 필요합니다. 그 연료를 우주선에 실으면 우주선은 이제 155킬로그램이 되죠. 155킬로그램의 우주선에는 215킬로그램의 연료가 필요합니다. 그러면 우리는 다시 215킬로그램의 연료를 싣고….

다행히도 (1킬로그램마다 1.3킬로그램을 추가하는) 이 과정을 무한 반복하지는 않아도 됩니다. 연료 전체를 우주까지 가져갈 필요는 없기 때문이지요. 우리는 가면서 연료를 태워 점점 가벼워지기 때문에, 연료는 점점 더 적게 듭니다. 하지만 어느 지점까지는 연료도 들어 올려야 해요. 주어진 속도로 움직이기 위해 얼마만큼의 추진 연료를 태워야 하는지 알 수 있는 공식은 치올코프스키 로켓 방정식Tsiolkovsky Rocket equation입니다.

$$\Delta \nu = \nu_{분사} \ln \frac{m_{최초}}{m_{최종}}$$

$m_{최초}$와 $m_{최종}$은 연료를 태우기 전과 후의 우주선과 연료를 합한 총질량이고, $\nu_{분사}$는 연료의 '분사 속도'인데 로켓 연료의 경우는 초속 2.5킬로미터에서 초속 4.5킬로미터 사이입니다.

중요한 것은 우리가 원하는 속도인 $\Delta\nu$와 추진 연료가 로켓을 빠져나가는 속도인 $\nu_{분사}$ 사이의 비율입니다. 지구를 떠나려면 $\Delta\nu$가 초속 13킬로미터 이상이어야 하는데, $\nu_{분사}$는 초속 4.5킬로미터 정도로 한정되어 있으니, 연료 대 우주선의 비율은 최소 $e^{\frac{13}{4.5}} \approx 20$이 되죠. 이 비율을 x라고 하면, 1킬로그램의 우주선을 발사하기 위해서는 e^x킬로그램의 연료가 필요하다는 얘기가 됩니다.

x가 커지면 연료의 양도 아주 커지겠죠.

결론적으로, 전통적인 방식의 로켓 연료를 이용해 지구의 중력을 극복하려면, 우주선 1톤당 20에서 50톤 사이의 연료가 필요합니다. 따라서 인류 전체(총 무게는 대략 4억 톤)를 지구 밖으로 보내려면 수십조 톤의 연료가 필요하겠죠. 많은 양입니다. 우리가 탄화수소 기반의 연료를 사용한다면, 남아 있는 전 세계 석유 매장량의 상당 부분을 써야 할 겁니다. 그리고 이것은 우주선 자체의 무게나 음식, 물, 애완동물은 아직 고려하지도 않은 수치예요. 미국에 있는 애완용 개들만 합쳐도 족히 100만 톤은 될 겁니다. 그리고 이 모든 우주선을 만들고 사람들을 발사 지점까지 이동시키는 데에도 모두 연료가 필요하죠. 완전히 불가능한 것은 아니지만, 실행 가능하다고 하기에는 분명히 무리가 있네요.

하지만 로켓만이 유일한 방법은 아니죠. 미친 소리처럼 들리겠지만 (1)말 그대로 로프를 타고 우주로 올라가거나, (2)핵무기를 이용해 인류를 지구에서 날려 버리는 편이 더 나을 수도 있습니다. 무모하게 들리겠지만 실은 이들 방법도 진지한 발사 방법의 하나입니다. 두 방법 모두 우주 시대가 열린 이래 계속해서 논의되고 있으니까요.

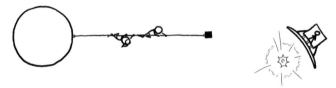

첫 번째 방법은 '우주 엘리베이터'라는 개념인데요. SF 작가들이 아주 좋아하는 소재입니다. 원심력만으로도 밧줄이 팽팽히 당겨질 만큼 멀리서 지구 주변을 돌고 있는 인공위성에 로프를 묶는다는 아이디어입니다. 그러고 나서 태양열이나 원자력, 기타 뭐든 가장 적합한 전력원을 사용해 평범한 전기나 모터 수단으로 사람들을 로프 위로 올려 보내는 거지요. 여기서 제일 큰 기술적 난관은 로프인데요. 지금 우리가 만들 수 있는 로프보다는 몇 배나 튼튼한 로프가 필요합니다. 그래도 희망은 있어요. 탄소나노튜브 기반의 소재라면 필요한 강도를 얻을 수도 있을 것 같으니까요. '나노'만 갖다 붙이면 해결될 수 있는 기술적 문제가 또 하나 늘어나는 거지요.

222

두 번째 방법은 '핵 펄스 추진Nuclear pulse propulsion'이라는 방법입니다. 어마어마한 양의 물체를 기가 막히게 빠르게 옮기는 데는 아주 그럴 듯한 방법이에요. 기본적인 아이디어는 핵폭탄을 발밑에 던져 넣어 그 충격파를 타고 올라가는 것인데요. 우주선이 증발해 버리지나 않을까 생각되겠지만, 보호막을 잘만 설계하면 산산조각 나지 않고 날아갈 수도 있습니다. 충분한 신뢰성을 갖출 수 있다면 이론상 이 방법은 도시 하나를 통째로 궤도로 쏘아 올릴 수도 있어요. 그렇다면 우리 목표도 달성할 가능성이 있겠죠.

공학적으로 얼마나 근거가 탄탄하다고 생각했던지 1960년대 미국 정부는 프리먼 다이슨Freeman Dyson의 지휘 아래 실제로 이런 방식의 우주선을 건설하려고 했습니다. '오리온 프로젝트Project Orion'라는 이 프로젝트에 관해서는 프리먼 다이슨의 아들인 조지 다이슨George Dyson이 쓴 동명의 훌륭한 책에 자세히 나와 있습니다. 핵 펄스 추진법을 지지하는 사람들은 오리온 프로젝트가 프로토타입 하나 만들어 보지 못하고 취소된 사실을 아직까지도 아쉬워한답니다. 반면에 다른 사람들은 저들이 뭘 하려고 했는지(거대한 핵무기를 상자에 넣어 대기권 높이 던져 놓고 연속적으로 폭발시키려고 한 것) 한번 생각해 보라면서, 거기까지 진행된 것만도 끔찍한 일이라고 주장합니다.

이렇게 해서 결론이 나오네요. 한 사람을 우주로 보내기는 쉬워도, 우리 모두를 우주로 보내는 일은 자원을 극단적으로 소모하고 지구 전체를 파괴할 수도 있는 일입니다. 한 사람에게는 작은 한 걸음이 인류에게는 거대한 비약이 되어 버릴 수 있는 거죠.*

---

*닐 암스트롱이 달에 첫 발을 내디디며 '한 사람에게 작은 한 걸음이 인류에게는 거대한 도약'이라고 말했던 것을 전혀 다른 뜻으로 패로디한 것

이상하고 걱정스러운 질문들 7

Q 영화 〈토르〉를 보면 주인공이 어느 순간 해머를 정신없이 빠르게 돌려서 강력한

토네이도를 만들어 내던데요, 실제로도 이게 가능한가요? - 다보르Davor

아니요.

Q 평생 동안 키스를 하지 않고 모아 두었다가 1번의 키스에 모두 쏟아 붓는다면,

그 흡입력의 크기는 얼마나 될까요? - 요나탄 린드스트룀Jonatan Lindström

Q 미국을 초토화하려면 핵미사일을 몇 개나 발사해야 하나요? - 익명

인간이 자가수정을 한다면

Q 연구진들이 골수 줄기세포로 정자를 만들어 내려고 한다는 기사를 읽었는데요. 여성이 자신의 줄기세포로 만든 정자로 임신을 한다면, 자신의 딸과는 어떤 관계가 되나요? - R 스콧 라모트R Scott LaMorte

A 인간이 만들어지려면 2세트의 DNA가 합쳐져야 합니다.

인간의 경우, 이들 DNA 세트는 정자와 난자 속에 들어 있습니다. 정자와 난자에는 각각 부모들의 DNA 샘플이 무작위로 들어 있지요. (어떻게 이런 무작위 조합이 이뤄지는지에 관해서는 조금 뒤에 얘기할게요.) 사람의 경우 정자나 난자는 두 사람에게서 만들어지지만, 반드시 그래야 하는 것은 아닙니다. 줄기세포는 어떤 종류의 조직이든 만들 수 있기 때문에 원칙적으로 정자(혹은 난자)를 만드

는 데도 사용할 수 있습니다.

아직까지 그 누구도 줄기세포에서 완전한 정자를 만들어 내지는 못했습니다. 2007년에 한 연구진이 골수 줄기세포를 정조 줄기세포로 바꾸는 데 성공했는데요. 정조 줄기세포는 정자의 전 단계 같은 것입니다. 해당 연구진은 정조 줄기세포를 완전한 정자로 성장시키지는 못했지만, 그래도 진일보한 사건이었지요. 2009년에 해당 연구진은 최종 단계까지 가서 제 기능을 할 수 있는 정자 세포를 만들어 냈다고 주장하는 듯한 논문을 발표합니다.

그렇지만 두 부분에서 문제가 있었는데요.

첫째, 연구진은 실제로 정자 세포를 만들었다고 '말하지'는 않았다는 겁니다. 연구진은 '유사 정자 세포sperm-like cell'를 만들었다고 했는데, 언론에서는 보통 이 부분을 대충 얼버무리고 넘어갔지요. 둘째, 이 논문이 발표된 학술지가 해당 논문의 게재 사실을 철회했다는 사실입니다. 논문 작성자들이 논문의 두 단락을 다른 논문에서 표절한 것으로 드러났거든요.

이런 문제들이 있기는 하지만, 어찌되었든 이들의 기본적인 아이디어가 아주 허무맹랑한 것은 아닙니다. 그래서 이 질문에 대한 답은 다소 난감해질 것 같네요.

유전자 정보의 흐름을 추적하는 일은 상당히 까다로울 수 있습니다. 이 과정을 쉽게 이해할 수 있도록 아주 단순화한 모형 하나를 살펴보기로 합시다. 롤플레잉 게임을 좋아하시는 분들이라면 아마 익숙할 겁니다.

염색체 : 던전 앤 드래건 에디션

인간의 DNA는 염색체라고 부르는 23개의 부분으로 되어 있습니다. 모든 사람은 각 염색체의 2가지 버전을 갖고 있지요. 하나는 어머니에게서, 다른 하나는 아버지에게서 받은 것입니다.

단순화한 우리의 모형에서는 23개의 염색체가 아니라 7개의 염색체만 있다고 가정하기로 합시다. 인간의 각 염색체는 어마어마한 양의 유전자 코드를 포함하고 있지만, 우리 모형에서는 각 염색체가 오직 1가지 사항만 관장한다고 생각합시다.

우리가 사용할 모형은 캐릭터 능력치에 관한 던전 앤 드래건 d20 시스템의 한 버전인데요. 여기에서 각 DNA에는 7개의 염색체가 들어 있습니다.

1. 힘
2. 건강
3. 민첩
4. 카리스마
5. 지혜
6. 지능
7. 성별

이 중 6가지는 롤플레잉 게임의 전형적인 능력치들입니다. 마지막 것은 성별 결정 염색체고요.

DNA '가닥' 하나를 예로 들어 보면 아래와 같습니다.

1. 힘	15
2. 건강	2X
3. 민첩	13
4. 카리스마	12

5. 지혜	0.5X
6. 지능	14
7. 성별	X

우리 모형에서 각 염색체에는 하나의 정보만 들어 있습니다. 이 정보는 수치(보통은 1에서 18 사이)이거나 혹은 승수(곱하는 수)입니다. 마지막 '성별'은 성별을 결정하는 염색체로서 진짜 인간의 유전자처럼 X나 Y입니다.

현실에서처럼 모든 사람은 2세트의 염색체를 갖고 있습니다. 하나는 어머니에게서, 다른 하나는 아버지에게서 받은 것이지요. 여러분의 유전자가 다음과 같다고 상상해 보세요.

	엄마의 DNA	아빠의 DNA
1. 힘	15	5
2. 건강	2X	12
3. 민첩	13	14
4. 카리스마	12	1.5X
5. 지혜	0.5X	14
6. 지능	14	15
7. 성별	X	X

이렇게 2세트의 능력치가 조합되어 한 사람의 특성을 결정합니다. 우리 모형에서는 능력치가 조합될 때 다음과 같은 간단한 규칙이 있다고 생각하기로 합시다.

양쪽 염색체 모두에 수치가 있으면 더 큰 수치가 자신의 능력치가 됩니다. 한쪽 염색체에는 수치, 다른 쪽 염색체에는 승수가 있으면 능력치는 해당 수치 곱하기 해당 승수가 됩니다. 양쪽 모두에 승수가 있으면 1이라는 능력치를 갖습니다(1이 곱셈의 항등원*이므로).

이렇게 되면 우리의 캐릭터는 다음과 같은 능력치를 갖게 됩니다.

	엄마의 DNA	아빠의 DNA	최종 결과
1. 힘	15	5	15
2. 건강	2X	12	24
3. 민첩	13	14	14
4. 카리스마	12	1.5X	18
5. 지혜	0.5X	14	7
6. 지능	14	15	15
7. 성별	X	X	여성

한쪽 부모가 승수를, 다른 쪽 부모가 숫자를 제공하면 결과가 아주 좋습니다! 이 캐릭터의 건강은 24니까 거의 초인 수준이네요. 지혜가 낮다는 것만 빼면, 이 캐릭터는 전체적으로 훌륭한 능력치를 갖고 있습니다.

그러면 이제 이 캐릭터('앨리스'라고 칩시다)가 다른 누군가('밥')를 만난다고 해 봅시다.

밥 역시 근사한 능력치를 갖고 있군요.

_____

*연산 결과가 바뀌지 않는 수

밥	엄마의 DNA	아빠의 DNA	최종 결과
1. 힘	13	7	13
2. 건강	5	18	18
3. 민첩	15	11	15
4. 카리스마	10	2X	20
5. 지혜	16	14	16
6. 지능	2X	8	16
7. 성별	X	Y	남성

두 사람이 아이를 가진다면 각각 하나의 DNA 가닥을 제공하겠지요. 하지만 이들이 제공하는 DNA 가닥은 어머니와 아버지의 DNA 가닥이 무작위로 조합된 형태가 됩니다. 모든 정자는(그리고 모든 난자는) 각 DNA 가닥의 염색체가 무작위로 조합되어 있는 것이지요. 그러면 밥과 앨리스가 다음과 같은 정자 및 난자를 만든다고 가정해 봅시다.

앨리스	엄마의 DNA	아빠의 DNA	밥	엄마의 DNA	아빠의 DNA
1. 힘	(15)	5	1. 힘	13	(7)
2. 건강	(2X)	12	2. 건강	(5)	18
3. 민첩	13	(14)	3. 민첩	15	(11)
4. 카리스마	12	(1.5X)	4. 카리스마	(10)	2X
5. 지혜	0.5X	(14)	5. 지혜	(16)	14
6. 지능	(14)	15	6. 지능	(2X)	8
7. 성별	(X)	X	7. 성별	(X)	Y

난자 (앨리스로부터)		정자 (밥으로부터)	
1. 힘	15	1. 힘	7
2. 건강	2X	2. 건강	5
3. 민첩	14	3. 민첩	11
4. 카리스마	1.5X	4. 카리스마	10
5. 지혜	14	5. 지혜	16
6. 지능	14	6. 지능	2X
7. 성별	X	7. 성별	X

이 정자와 난자가 결합한다면 아이의 능력치는 다음과 같습니다.

	난자	정자	아이의 능력치
1. 힘	15	7	15
2. 건강	2X	5	10
3. 민첩	14	11	14
4. 카리스마	1.5X	10	15
5. 지혜	14	16	16
6. 지능	14	2X	28
7. 성별	X	X	여성

아이는 엄마의 힘과 아버지의 지혜를 가졌습니다. 또 앨리스가 14를 주고 밥이 승수를 준 덕분에 초인적 지능을 갖게 되었네요. 반면에 건강은 양쪽 부모들보다도 훨씬 약합니다. 어머니로부터 2배라는 승수를 받았지만 아버지로부터는

5밖에 받지 못했기 때문이에요.

앨리스와 밥은 둘 다 부모의 카리스마 염색체에 승수를 가지고 있었습니다. 승수 2개가 모이면 결과치가 1이 되기 때문에 만약에 앨리스와 밥이 둘 다 승수를 제공했다면 아이의 카리스마는 최저치가 나왔을 겁니다. 하지만 다행히도 이런 일이 벌어질 확률은 4분의 1밖에 되지 않지요.

만약에 아이가 양쪽 DNA 가닥에 승수를 가졌다면 능력치는 1로 줄어듭니다. 다행히도 승수는 비교적 드물기 때문에 임의의 두 사람이 모두 승수를 가질 확률은 낮습니다.

자, 이제 그러면 앨리스가 혼자서 아이를 가질 경우 무슨 일이 벌어지는지 살펴봅시다.

앨리스의 난자	엄마의 DNA	아빠의 DNA	앨리스의 정자	엄마의 DNA	아빠의 DNA
1. 힘	(15)	5	1. 힘	15	(5)
2. 건강	(2X)	12	2. 건강	(2X)	12
3. 민첩	13	(14)	3. 민첩	13	(14)
4. 카리스마	12	(1.5X)	4. 카리스마	(12)	1.5X
5. 지혜	(0.5X)	14	5. 지혜	0.5X	(14)
6. 지능	(14)	15	6. 지능	(14)	15
7. 성별	(X)	X	7. 성별	X	(X)

이렇게 선택된 DNA 가닥이 아이에게 갈 겁니다.

앨리스 2세	난자	정자	아이의 능력치
1. 힘	15	5	15
2. 건강	2X	2X	1
3. 민첩	14	14	14
4. 카리스마	1.5X	12	18
5. 지혜	0.5X	14	7
6. 지능	14	14	14
7. 성별	X	X	X

아이는 무조건 여성입니다. Y 염색체를 제공할 사람이 없으니까요.

또한 아이에게는 문제가 하나 있습니다. 7가지 능력치 중에서 3가지(지능, 민첩, 건강)는 양쪽에서 같은 염색체를 물려받았다는 점이지요. '지능'과 '민첩'에서는 이 점이 문제가 되지 않습니다. 앨리스는 2가지 모두 점수가 높으니까요. 하지만 '건강'에서는 양쪽 모두에서 승수를 물려받는 바람에 능력치가 '1'이 되고 말았습니다.

만약에 사람이 혼자서 아이를 만들게 된다면 아이가 양쪽에서 같은 염색체를 물려받을 확률이 엄청나게 높아지고, 이에 따라 중복 승수가 될 확률도 덩달아 높아집니다. 앨리스의 아이가 중복 승수를 가질 확률은 58퍼센트입니다. 밥과 함께 아이를 가질 때 25퍼센트인 것에 비하면 대조적이지요.

일반적으로 혼자서 아이를 갖게 되면 염색체의 50퍼센트는 양쪽에 같은 능력치를 갖게 됩니다. 그 능력치가 1이거나 승수라면, 부모 본인에게는 문제가 아니었다고 하더라도 아이는 무척 곤란해질 겁니다. 이런 조건, 즉 염색체 양쪽에 동일한 유전자 코드를 갖는 것을 '동형접합성同型接合性'이라고 합니다.

인간

인간의 경우 근친 교배에서 나타나는 가장 흔한 유전 질병은 아마 척수성근위축 SMA일 겁니다. 척수성근위축은 척수에 있는 세포들을 죽게 하는 병으로, 죽게 되거나 심각한 장애를 갖는 경우가 많습니다.

척수성근위축은 염색체 5번의 비정상 유전자 때문에 일어납니다. 대략 50명 중 1명 정도가 이런 이상을 갖고 있는데요, 이 말은 곧 100명 중 1명은 자식에게 해당 유전자를 건네 준다는 뜻입니다. 그렇기 때문에 양쪽 부모 모두에게서 결함이 있는 유전자를 물려받는 사람은 1만 명(100명 곱하기 100명) 중의 1명이 됩니다(실제로 일부 유형의 척수성근위축은 '2개'의 유전자에 결함이 있어 유발되기 때문에 사실 통계적으로 전체 그림은 좀 더 복잡합니다).

그러나 부모가 혼자서 아이를 갖게 된다면 척수성근위축을 가질 확률은 400분의 1로 높아집니다. 본인이 결함 있는 유전자를 가진 경우가 100분의 1인데, 그중 4분의 1의 경우는 그것이 아이의 '유일한' 유전자가 되기 때문이지요.

400분의 1이라고 하면 대수롭지 않게 들릴지 몰라도, 척수성근위축은 겨우 시작에 불과합니다.

DNA는 복잡하다

DNA는 우리에게 알려진, 세상에서 가장 복잡한 기계의 소스 코드입니다. 각 염색체는 어마어마한 양의 정보를 담고 있죠. DNA와 그 주변 세포 조직은 복잡하게 얽힌 피드백 고리를 통해 수없이 많은 것들을 주고받으며 믿기지 않을 만큼 복잡하게 상호 작용을 합니다. DNA를 '소스 코드'라고 부르는 것부터가 실은 아주 단순화한 표현이랍니다. DNA에 비한다면 인간이 만든 프로그램은 아무리 복잡한 것도 휴대용 계산기 수준에 지나지 않으니까요.

인간의 경우, 각 염색체는 다양한 변화와 변형을 통해 많은 것에 영향을 미칩니다. 이런 변형들 중의 일부, 예컨대 척수성근위축을 일으키는 변형 같은 것은 부정적 영향만 주는 것으로 보여요. 그 변형으로 인한 이득은 하나도 없으니까요. 우리가 사용했던 던전 앤 드래건 시스템으로 치자면, 힘이 1인 염색체인 셈이지요. 다른 염색체가 정상이면 정상적 캐릭터 능력치를 갖게 되면서 드러나지 않는 '보유자'가 되니까요.

하지만 다른 변형들, 예컨대 염색체 2번에 있는 겸상적혈구 유전자 같은 것은 좋은 점과 나쁜 점을 동시에 가집니다. 양쪽 염색체 모두에 겸상적혈구 유전자를 가진 사람은 겸상적혈구성 빈혈을 앓게 되지만, 한쪽 염색체에만 이 유전자가 있으면 놀랄 만한 혜택이 있거든요. 바로 말라리아에 대한 저항력이 아주 커지는 겁니다.

던전 앤 드래건 시스템으로 치면 '2X' 승수 같은 거지요. 한쪽에만 이 유전자가 있으면 더 강해지지만, 양쪽 다 있으면(중복 승수) 심각한 질병이 되니까요.

이 두 질병은 유전적 다양성이 왜 중요한지를 잘 보여 줍니다. 유전자 변형은 어디서나 일어나지만 불필요한 염색체가 그런 효과를 약화시켜 주는 거지요. 개체군은 근친 교배를 피함으로써, 드물지만 해로운 돌연변이들이 염색체 양쪽에 동시에 나타날 확률을 줄입니다.

근친교배 계수

생물학자들은 한 사람의 염색체가 똑같아지는 확률을 수치화하려고 '근친교배 계수'라는 것을 사용합니다. 서로 친척 관계가 없는 부모 사이에서 태어난 아이의 근친교배 계수는 0이고, 완전히 똑같은 염색체 세트를 가진 아이의 근친교배 계수는 1입니다.

근친교배 계수를 이용하면 우리가 찾으려 했던 답을 구할 수 있습니다. 자가 수정을 한 부모에게서 태어난 아이는 유전적으로 심각한 손상을 받은, 해당 부모의 클론(복제 생물)과 같다고 보면 됩니다. 아이가 가진 모든 유전자는 부모에게 있는 것이지만, 부모의 모든 유전자를 아이가 갖고 있지는 않은 거죠. 아이의 염색체 중에 절반은 '파트너' 염색체 자리에 자신의 복제본이 자리하고 있을 겁니다.

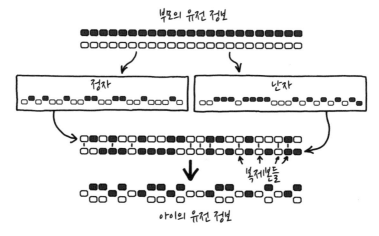

이 말은 곧 아이의 근친교배 계수가 0.50이라는 얘기입니다. 매우 높은 수치이죠. 이 정도 수치는 3대에 걸쳐 계속 형제자매 간에 결혼을 했을 경우에나 나올 법합니다. D. S. 팰코너D. S. Falconer가 쓴《양적 유전학 입문Introduction to Quantitative

Genetics》에 따를 때 근친교배 계수가 0.50이면 평균적으로 10살이 되었을 때 IQ는 22퍼센트 낮고, 키는 10센티미터 작습니다. 또한 태아가 살아서 태어나지 못할 확률도 아주 높아요.

이런 종류의 근친교배 결과를 보여 주는 유명한 사례가 바로 '순수' 혈통을 유지하려고 했던 왕가들의 경우입니다. 중세 유럽의 통치자 가문인 합스부르크 가문에서는 사촌들끼리 결혼하는 사례가 빈번했습니다. 이런 전통은 스페인의 카를로스 2세가 태어나면서 막을 내리게 됐죠.

카를로스 2세의 근친교배 계수는 0.254였으니 두 형제 사이에서 태어난 아이(0.250)보다도 조금 더 높았습니다. 그는 광범위한 육체적·정서적 장애를 앓았고, 이상한 (그리고 대체로 무능한) 왕이었습니다. 한번은 죽은 친척들을 보고 싶다고 무덤을 파헤치게 했다고도 전해집니다. 그는 아이를 낳지 못했고, 결국 왕가의 혈통은 끊어졌습니다.

자가수정은 위험한 전략입니다. 그렇기 때문에 복합적 대형 유기체들 사이에서는 섹스가 흔합니다(뭐, 그게 유일한 이유는 아니지만요). 가끔 복합적 동물들도 무성 생식을 하는 경우가 있지만 상당히 드물지요(트렘블레이 도롱뇽Tremblay's Salamander은 자가수정만을 통해 생식하는 잡종 도롱뇽입니다. 이들 도롱뇽은 암컷만 있는 종인데 신기하게도 2개가 아니라 3개의 게놈을 갖고 있습니다. 새끼를 낳을 때는 연관된 종의 수놈 도롱뇽과 구애 의식을 치르고 나서 자가수정된 알을 낳습니다. 이 경우 수컷 도롱뇽은 얻는 게 아무것도 없이 그냥 산란을 자극하는 데 이용될 뿐입니다). 보통 그런 일은 자원이 희소하거나 개체군이 고립되는 등, 유성 생식이 힘든 환경에서 일어납니다.

생명은 길을 찾게 마련이지요.

아니면 테마파크 운영자가 지나치게 자신만만했거나요.

가장 높이 던질 수 있는 높이

Q 사람은 물건을 어느 높이까지 던질 수 있나요? - 맨 섬the Isle of Man에 사는 아일랜드인 데이브Dave

A **인간은 물건 던지기에 능하지요.** 실은 아주 소질이 있습니다. 우리처럼 물건을 던질 수 있는 동물은 없으니까요. 침팬지가 배설물을 내던지는 것은 사실이지만(드물게 돌을 던지기도 합니다), 정교함이나 정확성에 있어서 인간과 비교가 되지 않지요. 개미귀신도 모래를 던지지만 무언가를 향해서 던지는 것은 아닙니다. 물총고기는 물방울을 던져서 곤충을 사냥하지만 팔이 아니라 특화된 입을 사용합니다. 뿔도마뱀은 1.3미터 밖에서도 눈에서 피를 뿜어내는데요, '왜' 이런 행동을 하는지는 저는 모릅니다. 왜냐하면 저는 항상 거기까지 읽고 나면 읽기를 멈추고 글자를 열심히 노려보다가 결국 자리에 드러눕게 되거든요.

으아아아아아아아!!!

그러니 뭔가를 발사할 수 있는 동물은 있지만, 아무거나 집어서 그런대로 목표물을 제대로 맞히는 것은 인간뿐이라고 할 수 있습니다. 실제로 우리가 던지기를 워낙 잘하다 보니, 현대적인 인간의 뇌가 진화하는 데 돌 던지기가 중심적인 역할을 했다고 얘기하는 연구자들도 있습니다.

물건을 던지는 것은 쉬운 일이 아닙니다(제 어린이 야구단 시절만 떠올려 보아도 그래요). 야구공을 타자에게 던지려면 투수는 투구 과정에서 정확한 시점에 공을 놓아야 합니다. 0.5밀리초만 빨리 놓거나 늦게 놓아도 공은 스트라이크존을 훌쩍 벗어납니다. 이것을 좀 더 넓은 시각으로 살펴볼까요? 가장 빠른 신경 자극이 팔 길이를 따라 이동하는 데 걸리는 시간은 약 5밀리초 정도입니다. 그렇다면 정확한 위치를 향해 팔이 아직 돌아가고 있을 때 공을 놓으라는 신호가 벌써 손목까지 와 있다는 뜻이죠. 타이밍으로 따지면, 드러머가 10층 높이에서 드럼 스틱을 떨어뜨려 땅에 놓인 드럼을 '정확한 박자에' 때리는 것과 같은 일이에요.

우리는 물건을 위로 던지는 것보다는 앞으로 던지는 데 훨씬 더 능한 것 같습니다(제 어린이 야구단 시절을 생각하면 아닌 것 같기도 하고요). 우리가 알고 싶은 것은 최대 높이니까 우리는 도구를 사용해서 앞으로 던져도 방향을 틀어 위로 올라가게끔 만들 수 있습니다. 제가 어릴 때 갖고 있던 에어로비 오비터Aerobie Orbiter*는 항상 제일 높은 나무 꼭대기에 가서 걸리곤 했습니다. 거기서 영영 내려오지 못했죠. 하지만 다음과 같은 장치를 이용하면 이런 문제를 모두 피해갈 수 있을 겁니다.

야구공을 던지면 4초 후에 자신의 머리 위에 떨어지는 장치

그렇지 않으면 스프링보드라든가, 기름칠을 한 미끄럼틀, 공중에 매달아 놓은 투석기 등, 속도를 더하거나 줄이지 않고 물체의 방향을 위로 바꿔주는 거라면 아무거나 이용할 수 있습니다. 물론 이런 방법도 있고요.

*부메랑처럼 던지고 노는 삼각형 모양 장난감

다양한 속도로 던져진 야구공을 가지고 기본적인 기체 역학 계산을 한번 해봤는데요. 그 높이를 기린을 이용해서 나타내면 다음과 같습니다.

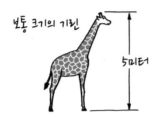

보통 사람이라면 적어도 기린 3마리의 높이 정도까지는 야구공을 던질 수 있습니다.

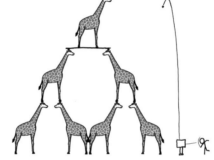

팔 힘이 상당히 좋은 사람이라면 5마리 높이까지도 가능할 거예요.

시속 80마일(약 130킬로미터)을 던지는 투수라면 10마리 높이도 가능합니다.

투구속도 세계 기록 보유자인 아롤디스 채프먼Aroldis Chapman이라면 이론상 기린 14마리 높이까지도 야구공을 던져 올릴 수 있습니다.

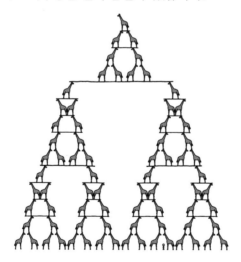

하지만 야구공이 아닌 다른 물건이라면 어떨까요? 투석기, 석궁石弓 또는 하

이알라이jai alai*에서 쓰는 굽어진 라켓 모양의 도구 등을 이용한다면, 그보다 훨씬 빠르게 던질 수도 있습니다. 하지만 우리의 질문에서는 맨손으로 던지는 것만 생각하기로 해요.

야구공이 꼭 최적의 물건은 아니지만, 다른 물건들은 던지는 속도에 관한 데이터를 구하기가 쉽지 않네요. 다행히도 로알드 브래드스톡Roald Bradstock이라는 영국의 투창 선수가 '마구잡이 던지기 대회'를 연 적이 있는데요, 여기서 그는 죽은 생선에서부터 진짜 싱크대에 이르기까지 별의별 물건을 다 던졌습니다. 이 사례가 우리에게 아주 유용한 데이터(그리고 유용하지 않은 많은 데이터들까지)를 제공해 주네요. 특히 골프공이 던지기에 아주 좋은 물건이라고 해요.

골프공을 던진 기록을 보유한 프로 운동선수는 거의 없습니다. 다행히도 브래드스톡이 기록을 갖고 있는데, 스스로 170야드(약 155미터)를 던졌다고 주장하네요. 그의 경우 도움닫기를 했지만, 그렇다 해도 골프공이 야구공보다 나을 거라는 사실은 바뀌지 않습니다. 물리학적 관점에서 보면 충분히 이해할 수가 있는데요. 야구공을 던질 때는 팔꿈치의 회전력이 제한 요소가 되는데 반해, 골프공은 더 가벼우니까 투수의 팔이 아주 약간 더 빠르게 움직일 수 있겠죠.

야구공 대신 골프공을 던진다고 해서 속도가 크게 개선되지는 않겠지만, 전문 투수가 시간을 갖고 약간의 연습을 한다면 골프공을 야구공보다 빠르게 던질 수 있을 걸로 보입니다.

그렇다면 기체 역학을 바탕으로 계산해 볼 때 아롤디스 채프먼은 아마 기린 16마리 높이까지 골프공을 던질 수 있었을 겁니다.

---

*스쿼시와 비슷한 구기 운동

가장 높이 던질 수 있는 물건의 높이는 아마 이 정도일 겁니다.

이들 기록을 쉽게 경신해 버릴, 세상의 모든 5살짜리들이 가진 '그 기술'을 고려하지 않는다면 말이에요.

초신성과 중성미자

Q 초신성에 얼마나 가까이 가야, 중성미자로부터 치사량의 방사선을 쬐게 되나요? - 도널드 스펙터Donald Spector 박사

A '치사량의 중성미자 방사선'은 좀 어색한 말입니다. 저도 이 말을 듣고 나서 몇 번을 갸우뚱했으니까요.

물리학 전공자가 아니면 모를 수도 있으니, 이게 왜 놀라운 생각인지 설명을 잠깐 하고 갈게요.

중성미자는 유령 같은 입자입니다. 세상과는 거의 소통하지 않아요. 여러분의 손을 한번 보세요. 매초 태양에서 날아온 수조 개의 중성미자가 손을 통과하고 있습니다.

됐습니다. 이제 손은 그만 봐도 돼요.

246

여러분이 중성미자의 흐름을 눈치채지 못하는 이유는 중성미자가 평범한 물질은 대부분 무시해 버리기 때문입니다. 평균적으로 말해 엄청난 양의 중성미자 중 몇 년에 하나 정도만이 여러분의 신체에 있는 원자를 '맞힙니다'(아이의 경우는 확률이 더 낮겠죠. 원자 수가 더 적으니까요. 통계적으로 말해 중성미자와 첫 교류가 생기려면 아마 10살 전후는 되어야 할 겁니다).

사실 중성미자는 물질과 상호 작용을 거의 하지 않기 때문에 지구 전체를 그냥 통과합니다. 태양에서 나온 중성미자는 거의 전부가 아무런 영향도 받지 않고 지구를 그냥 통과합니다. 우리가 중성미자를 감지하려면 어마어마한 크기의 통에 수백 톤의 표적 물질을 가득 채우고 태양의 중성미자 1개의 충격이라도 기록되기를 바라야 할 정도예요.

이 말은 곧 입자 가속기가 지구 상 어딘가에 있는 감지기에 중성미자 빔을 보내고 싶다면, 그냥 감지기 쪽을 향해서 빔을 조준하기만 하면 된다는 뜻입니다. 서로 지구 반대편에 있더라도 말이지요.

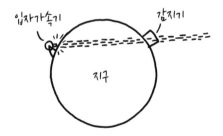

그렇기 때문에 '치사량의 중성미자 방사선'이라는 표현이 이상하게 들리는 겁니다. 서로 어울리지 않는 단위들을 섞어서 쓰고 있으니까요. 이를테면 '깃털로 나를 넘어뜨렸다'거나 '꼭대기까지 개미가 들어찬 축구경기장'과 비슷한 표현인 거지요(그래 봤자 전 세계에 있는 개미의 1퍼센트도 안 됩니다). 수학적 배경 지식이 있다면 $\ln(x)^e$와 비슷하다고 보면 돼요. 글자 그대로 보면 말이 안 되는 것은 아니지만, 그런 게 적용될 수 있는 상황을 도저히 상상할 수 없는 거지요(미적분학 1학년생을 골려 주고 싶다면 $\ln(x)^e$을 미분해 보라고 하세요. 답이 '1'이나 뭐 그쯤 되어야 할 것처럼 보이지만, 절대 그렇지 않답니다).

마찬가지로 그중 '단 하나'라도 물질과 상호 작용할 수 있을 만큼의 중성미자를 만들어 내는 것조차 쉬운 일이 아닙니다. 하물며 우리가 다칠 만큼의 중성미자라니, 상상하기 힘든 시나리오인 거지요.

그런데 그런 시나리오를 제공해 줄 수 있는 것이 바로 초신성입니다. 이 질문을 올려 주신 호바트 앤드 윌리엄 스미스 칼리지Hobart and William Smith Colleges의 물리학자 스펙터 박사님이 초신성과 관련된 수치를 쉽게 추측할 수 있게 예를 들어 말씀해 주시더군요. '초신성은 당신이 아무리 크다고 상상한들, 그것보다 더 크다.'

여러분이 감을 잡을 수 있게 이렇게 한번 물어볼게요. 여러분의 망막에 도달하는 에너지의 양을 기준으로 했을 때, 다음 중 어느 것이 더 밝을까요?

지구에서 태양까지의 거리만큼 멀리 떨어져 있는 초신성일까요, 아니면 여러분 눈 바로 앞에서 폭발하는 수소 폭탄일까요?

얼른 이것 좀 치워 주실래요? 무거워요.

스펙터 박사의 말씀대로라면 초신성이 더 밝다는 얘기가 됩니다. 그리고 실제로도 10^9배가 더 밝아요.

그래서 이 질문이 근사한 겁니다. 초신성은 상상이 안 될 만큼 크고, 중성미자는 상상이 안 될 만큼 미미하니까요. 대체 어느 지점이면 이 상상 안 되는 2가지가 서로 상쇄 효과를 내서 인간에게 영향을 줄까요?

방사선 전문가 앤드루 카람Andrew Karam의 논문이 그 답을 주네요. 그에 따르면 일부 초신성은 별의 핵 부분이 붕괴되어 중성자별이 될 때 10^{57}개의 중성미자를 방출할 수도 있다고 합니다(붕괴되어 중성자가 되는 양성자 하나당 1개의 중성미자를 방출).

카람의 계산에 따르면, 1파섹(3.262광년 혹은 지구에서 센타우루스 자리 알파별까지의 거리보다 조금 짧은 거리) 거리에서 중성미자 방사선량은 0.5나노시버트 정도 된다고 합니다. 바나나를 먹을 때의 방사선량의 500분의 1정도 되는 양이지요(http://xkcd.com/radiation의 'Radiation Dose Chart' 참조).

치사량의 방사선은 약 4시버트입니다. 역제곱 법칙을 이용해서 방사선량을 계산해 보면 다음과 같네요.

$$0.5\text{나노시버트} \times \left(\frac{1\text{파섹}}{x}\right)^2 = 5\text{시버트}$$

$$x = 0.00001118\text{파섹} = 2.3\text{AU}$$

이 정도면 태양에서 화성까지의 거리보다 약간 더 머네요.

핵이 붕괴되어 초신성이 되는 일은 거성에서 일어납니다. 그러니 이 거리에서 초신성을 관찰했다면 초신성을 만드는 별의 바깥층 속에 들어가 있어야 합니다.

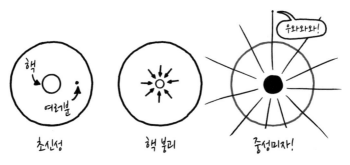

GRB 080319B는 지금까지 관찰된 것 중에서 가장 격렬한 천체 폭발이었습니다.
특히나 바로 그 옆에서 서핑을 즐기고 있던 사람들에게는 말이죠.

피해를 줄 정도의 중성미자 방사선이라는 아이디어는, 초신성이 얼마나 큰지를 다시금 깨닫게 해줍니다. 1AU* 밖에서 초신성을 보면(그러면서도 어떻게든 여러분이 소각되거나, 증발하거나, 이상한 플라스마의 일종으로 바뀌지 않는다면) 유령 같은 중성미자도 여러분을 죽이기에 충분할 만큼 빽빽하게 흘러나올 겁니다.

중성미자의 속도가 충분히 빠르다면 '정말로' 깃털로도 여러분을 넘어뜨릴 수 있을 거예요.

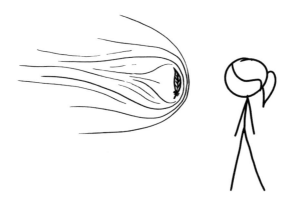

*1AU는 태양과 지구 사이의 평균 거리로, 1억 4,960만 킬로미터

이상하고 걱정스러운 질문들 8

Q 신장의 재흡수는 막으면서 여과 능력에는 영향을 주지 않는 독약이 있다면, 이 독약은 단기적으로 어떤 영향을 줄까요? - 메리Mary

선생님, 환자가 의식을 잃어 가고 있습니다!
결정을 내려야 해요!

기다려요! 인터넷 웹툰 작가랑
의논 좀 해 보고요.

Q 파리지옥풀이 사람을 잡아먹을 수 있다면, 사람을 완전히 소화해 흡수하는 데 얼마나 걸릴까요? - 조너선 왕Jonathan Wang

기간, 그 사람이 껌을 씹고 있다면.

그건 도시 괴담이잖아.

그리고 내가 장담하는데 살락*이
보바 펫**을 잡아먹었을 때
보바 펫도 껌을 씹고 있었을 거야!
앞뒤가 딱딱 들어맞는다고!

너 같은 인간한테도
과학 학위를 주는 대학이 있었다니.

---

*〈스타워즈〉에 나오는 외계 생명체
**역시 〈스타워즈〉에 나오는 등장인물 중 하나. 현상금 사냥꾼으로 나온다.

과속방지턱을 그냥 달리면

Q 과속방지턱에 부딪혀서 살아남을 수 있는 최고 속도는 얼마인가요? - 밀린 바

버Myrlin Barber

A 아주 높을 거예요.

　　먼저, 밝혀둘 것이 있습니다. 이 글을 읽은 후 고속으로 과속방지턱을 넘어 보겠다고 시도하지는 마세요. 이유는 다음과 같습니다.

- 다른 사람을 치어 죽일 수 있습니다.
- 타이어와 서스펜션이 망가지고 자동차 전체가 부서질 수도 있습니다.
- 혹시 이 책에 나와 있는 다른 글들을 아직 못 보셨나요?

이걸로도 충분하지 않다면, 의학 전문지에 나오는 과속방지턱으로 인한 척추

손상에 관한 글을 좀 읽어 드릴게요.

'흉요추 엑스레이 검사와 컴퓨터 단층촬영 결과, 환자 4명에게서 압박골절이 나타났다. 〔…〕 후방 고정술을 시행했다. 〔…〕 경추 골절 환자를 제외한 환자들은 잘 회복되었다.'

'가장 자주 골절되는 척추뼈는 L1이다(23/52, 44.2퍼센트).'

'엉덩이에 실제 속성을 포함시키자 첫 번째 수직 고유 주파수가 12에서 5.5헤르츠로 감소해 문헌과 일치했다.'

(마지막 것은 과속방지턱으로 인한 부상과 직접 연관이 있는 것은 아니지만, 그냥 꼭 포함시키고 싶었어요.)

보통의 조그만 과속방지턱이라면 죽지는 않을 겁니다

과속방지턱은 운전자들이 속도를 늦추게끔 설계되어 있습니다. 흔히 보는 과속방지턱을 시속 5마일(약 시속 8킬로미터) 속도로 타고 넘을 경우 아주 약간만 튀어 오르지만(물리학 전공자로서 저도 당연히 계산을 할 때는 국제 표준 단위를 사용합니다. 하지만 이 문제에 시속 몇 마일이 아니라 시속 몇 킬로미터로 답하려다 보니 과속 딱지를 너무 많이 떼는 바람에 머리가 어떻게 되어 버렸나 봅니다. 미안해요!) 시속 20마일(32킬로미터)로 부딪히면 깜짝 놀랄 만큼 덜컹이게 됩니다. 그러니 시속 60마일(97킬로미터)로 과속방지턱에 부딪히면 그만큼 더 크게 덜컹거릴 거라고 생각하는 게 자연스럽겠죠. 하지만 아마 그렇지 않을 겁니다.

위에 인용한 의학 전문지에 나오는 것처럼, 때로 과속방지턱 때문에 사람들이 부상을 입는 것은 사실입니다. 하지만 그렇게 부상을 당하는 것은 대부분 아주 특별한 경우입니다. 상태가 안 좋은 도로를 달리는 동안 버스 뒷좌석의 딱딱한 의자에 앉아 있던 사람들 말이죠.

자동차를 운전할 때 울퉁불퉁한 도로에서 우리를 보호해 주는 것은 주로 타이어와 서스펜션입니다. 아무리 빠른 속도로 과속방지턱에 부딪힌다고 해도, 방지턱이 자동차 본체를 칠 만큼 크지 않은 이상, 이 2가지 시스템이 충격을 흡수하기 때문에 다치는 일은 없을 겁니다.

충격을 흡수하는 것이 이들 시스템에 반드시 '좋은' 일은 아닙니다. 타이어의 경우 터지는 방식으로 충격을 흡수할 수도 있거든요(구글에서 '60마일로 갓돌을 치면hit a curb at 60'이라고 한번 검색해 보세요). 방지턱이 바퀴의 테두리를 칠 정도로 크다면 자동차 곳곳에 영구적 손상을 남길 수도 있습니다.

보통 과속방지턱의 높이는 7에서 10센티미터 사이입니다. 이것은 보통의 타이어 쿠션 높이(바퀴 테두리와 지면 사이의 거리)와도 같습니다(자동차는 어딜 가든 있으니, 자를 들고 나가서 한번 재 보세요). 이 말은 곧 자동차가 작은 과속 방지턱을 치면 바퀴 테두리는 실제로 턱에 닿지 않는다는 얘기지요. 그냥 타이어가 압축될 뿐입니다.

보통의 세단이라면 최고 속도는 시속 120마일(193킬로미터)쯤 됩니다. 이 속도로 과속방지턱에 부딪힌다면 자동차는 아마 균형을 잃고 박살이 날 겁니다. 속도가 높으면 턱이 없어도 쉽게 균형을 잃을 수 있어요. 조이 허니컷Joey Huneycutt이 시속 220마일(354킬로미터)로 충돌했을 때 그의 쉐보레 카마로Camaro는 전소되어 뼈대만 앙상히 남았죠. 하지만 아마도 그 '덜컹거림' 자체로 죽지는 않을 거예요.

더 큰 과속방지턱에 부딪힌다면 자동차는 아마 무사하지 못할 겁니다.

확실히 죽으려면 얼마나 빨리 달려야 할까요

그렇다면 자동차가 최고 속도보다 더 빨리 달린다면 무슨 일이 벌어질지 한번 생각해 봅시다. 요즘 평범한 차량의 최고 속도는 시속120마일(193킬로미터) 전후 정도이고, 가장 빠른 차가 시속 200마일(322킬로미터) 정도입니다.

대부분의 승용차는 엔진 컴퓨터에 인위적인 속도 제한이 걸려 있지만, 궁극적으로 자동차의 최고 속도를 물리적으로 제한하는 것은 공기 저항입니다. 이런 종류의 항력은 속도의 제곱에 비례해서 증가하고, 어느 시점이 되면 자동차는 더 이상 엔진의 힘만으로는 공기를 뚫고 더 빨리 나아갈 수 없습니다.

만약 여러분이 '실제로' 자동차를 최고 속도보다 더 빠르게 만들었다면(아마 광속 야구에서 쓰였던 마법의 가속기를 다시 사용했겠죠) 과속방지턱 따위가 문제가 아닙니다.

자동차는 양력을 만들어 냅니다. 자동차 주위로 흐르는 공기는 자동차에 온갖 종류의 힘을 발휘하는데요.

이 모든 화살표는 대체 어디서 온 걸까요?

평범한 고속도로 주행 속도에서 양력은 상대적으로 작은 힘에 불과하지만, 속도가 더 높아지면 막강한 힘이 됩니다.

날개를 갖춘 포뮬러 원Formula One급의 경주용 자동차라면, 양력은 아래쪽으로 작용해 자동차를 트랙 쪽으로 밀어붙입니다. 그러나 일반 세단이라면 위로 들어 올리죠.

미국개조자동차경주대회NASCAR 팬들은 자동차가 질주하기 시작하면 시속 200마일의 '이륙 속도'가 난다는 얘기를 자주 합니다. 다른 자동차 경주대회에서는 기체 역학이 계획대로 작용하지 않아 자동차가 뒤집어지는 사고도 일어나지요.

요약하자면, 시속 150마일(241킬로미터)에서 300마일(482킬로미터) 사이의 속도에서 보통의 세단은 땅에서 붕 떴다가 충돌할 거라는 얘기입니다. 과속 방지턱을 칠 겨를도 없이 말이에요.

속보! 자전거 바구니에 담긴 정체불명의 동물과 어린아이, 차에 치여 사망

자동차가 날아가지 않게 한다 해도, 속도에서 만들어지는 바람의 힘에 후드와 사이드 패널, 창문까지 모두 뜯겨 나갈 겁니다. 속도를 더 높이면 자동차 자체가 분해되겠지요. 그리고 어쩌면 대기권에 재진입하는 우주선처럼 타 버릴지도 모릅니다.

최종 한계는 어디일까요

펜실베이니아 주에서는 운전자가 과속을 할 경우, 제한 속도를 1마일 초과할 때마다 2달러씩 벌금을 더 내야 합니다.

따라서 필라델피아에서 과속방지턱을 빛의 90퍼센트 속도로 넘는다면 도시 전체를 파괴하는 것 외에도…

11억 4,000만 달러짜리 과속 딱지를 끊게 될 수 있습니다.

영원히 죽지 않는 두 사람이 만나려면

Q 지구와 비슷하지만 사람이 살지 않는 행성에서, 영원히 죽지 않는 두 사람이 서로 반대편에 놓여 있다면 서로를 찾는 데 얼마나 걸릴까요? 10만 년? 100만 년? 1,000억 년? - 에단 레이크Ethan Lake

A **물리학자들이 쉽게 쓰는 방식**(진공 상태에서 구체의 죽지 않는 인간을 가정하는 방식)에서부터 시작해 봅시다. 이 경우, 답은 3,000년입니다.

그 정도 시간이면 서로를 찾을 수 있을 거예요. 두 사람이 하루에 12시간씩 무작위로 지구 위를 돌아다니고, 최소 1킬로미터 이내로 접근해야 서로를 볼 수 있다고 가정한다면 말이지요.

그런데 이 모형에는 금세 몇 가지 문제점이 드러납니다. (예컨대, 나머지 사람들은 다 어떻게 된 걸까요? 괜찮은 걸까요?) 먼저 제일 간단한 문제점은, 누군가가 1킬로미터 이내에 접근하면 언제나 그 사람을 볼 수 있느냐 하는 부분입니다. 이런 가정은 최적의 상황일 때만 가능하죠. 산등성이를 걸어가고 있는 사람이라면 1킬로미터 밖에서도 보이겠지만, 폭풍우 치는 날 울창한 숲 속이라면 불과 몇 미터 옆을 지나치면서도 서로를 못 볼 수 있습니다.

전 세계의 가시거리 평균을 계산해 볼 수도 있죠. 하지만 그러자니 다른 의문이 드네요. '서로를 찾으려는 두 사람이 왜 울창한 숲 속에서 시간을 보낼까?' 두 사람 다 서로 잘 보이고 잘 볼 수 있는, 탁 트인 평지에 있는 것이 좀 더 말이 될 겁니다. (가시거리를 계산해 보는 게 재미있을 것 같긴 하네요. 다음 주 토요일에 뭘 해야 할지 알겠어요!)

일단 우리가 두 사람의 심리를 고려하기 시작하면 '진공 상태에서 구체의 죽지 않는 인간'이라는 모형은 곤란에 빠집니다(보통 이런 건 고려하지 않으려고 하는 게 다 이런 이유 때문이죠). 애초에 두 사람이 대체 왜 무작위로 돌아다닌다고 가정해야 할까요? 최적의 전략은 그와는 완전히 다른 방식일지도 모르는데요.

그렇다면 우리의 길 잃은 영생永生들에게 가장 합리적인 전략은 뭘까요?

두 사람에게 미리 계획을 세울 시간이 있다면 답은 간단합니다. 북극이나 남극, 혹은 두 곳이 도달하기 어렵다면 지상에서 가장 높은 곳, 혹은 제일 긴 강 어귀에서 만나기로 약속을 하면 되지요. 그래도 정확하지가 않다면 이런 지점들만 계속 무작위로 돌아다니면 됩니다. 시간은 많으니까요.

미리 의사소통을 할 기회가 없다면 상황은 좀 더 어려워집니다. 상대방의 전략을 모르는데 어떻게 내 전략을 세울 수 있을까요?

휴대 전화라는 것이 생기기 전에, 오래된 수수께끼가 하나 있었습니다.

미국 어느 마을에서 친구와 만나기로 했는데 둘 다 처음 방문하는 마을이다. 어디서 만날지 사전에 정해 두지 못했다면, 어디로 가야 할까?

이 수수께끼를 만든 사람은 그 해답이 마을 중앙 우체국에 가서 외부 소포들이 도착하는 수신 창구에서 기다리는 거라고 했습니다. 그 사람의 논리는, 그곳이 미국의 모든 마을에서 단 하나뿐인 장소고, 누구나 찾을 수 있는 장소라는 거예요.

하지만 제가 보기에 그다지 설득력 있는 얘기 같지는 않습니다. 그리고 더 중요한 것은, 실제로 실험을 해 보면 그렇지가 않다는 겁니다. 제가 이 질문을 정말 여러 사람에게 해 봤는데요. 우체국에 간다는 사람은 1명도 없었거든요. 아마 수수께끼를 만든 사람은 우체국에서 혼자 기다리고 있을 거예요.

그래도 편지는
실컷 머물 수 있겠네.

우리의 길 잃은 영생들은 이 행성의 지리에 관해 아는 것이 없으니 더욱 힘들 겁니다.

해안선을 따라가는 것은 합리적인 전략처럼 보입니다. 대부분의 사람들은 물 근처에 살고 있고, 평면보다는 한 줄의 선을 따라 수색하는 편이 훨씬 더 빠르니까요. 그리고 이런 추측이 틀린 것으로 드러난다고 하더라도, 내륙부터 뒤지는 것에 비하면 그다지 많은 시간을 낭비하는 것은 아닐 겁니다.

대륙을 돌아다니려면 평균 5년 정도가 걸립니다. 지구 땅덩어리의 전형적인 해안선 폭과 길이 비율을 적용해 보면 말이죠. 물론 일부 지역은 돌아다니기가 어려울 겁니다. 루이지애나의 늪 지대, 카리브 해의 맹그로브 숲, 노르웨이의 피오르해안 지역은 모두 전형적인 해변들보다는 걷는 데 시간이 더 걸리겠죠.

여러분이 상대방과 같은 대륙에 있다고 한번 생각해 봅시다. 두 사람 모두 반시계 방향으로 걷는다면 원을 그리면서 서로 영원히 만나지 못할 수도 있습니다. 그러니 이 전략은 안되겠죠.

또 다른 접근법은 반시계 방향으로 완전히 1바퀴를 돈 다음, 동전을 던지는 겁니다. 그래서 앞면이 나오면 다시 반시계 방향으로 돌고, 뒷면이 나오면 시계 방향으로 도는 거지요. 두 사람 모두 같은 알고리즘을 사용한다면 몇 바퀴 내에 만날 가능성이 상당히 높습니다.

두 사람이 같은 알고리즘을 사용한다고 가정하는 건 다소 낙천적인 생각이겠지요. 하지만 다행히 더 나은 방법이 있습니다. '개미'가 되는 거예요.

저라면 이런 알고리즘을 사용할 겁니다. 혹시라도 저와 함께 어느 행성에서 길을 잃게 된다면 아래 내용을 꼭 기억해 주세요!

아무런 정보가 없다면 무작위로 걷습니다. 그러면서 돌멩이로 흔적을 남기는 거예요. 각 돌멩이가 다음 돌멩이를 가리키게끔 말이죠. 하루를 걷고 나면 사흘을 쉽니다. 주기적으로 돌무더기 옆에 날짜를 표시하세요. 어떤 식으로 하느냐는 중요하지 않습니다. 일관성만 있으면 돼요. 돌 위에다가 날짜를 새겨도 되고, 여러 개의 돌로 숫자를 만들어도 됩니다.

여러분이 전에 보지 못한 새로운 흔적을 만난다면 최대한 빨리 그 흔적을 따라

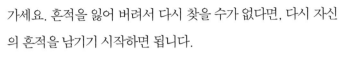

가세요. 흔적을 잃어 버려서 다시 찾을 수가 없다면, 다시 자신의 흔적을 남기기 시작하면 됩니다.

상대방의 현재 위치와 만나야 할 필요는 없습니다. 그냥 상대방이 '있었던' 위치만 찾으면 됩니다. 여전히 원을 그리면서 서로를 쫓을 수도 있지만, 내 흔적을 남길 때보다 상대방의 흔적을 쫓을 때 더 빠르게 움직이기만 한다면 몇 년, 혹은 몇십 년 내에는 서로를 찾게 될 겁니다.

그리고 만약에 상대방이 협조를 안 한다면(그냥 시작된 곳에 가만히 앉아서 여러분을 기다리고 있다면) 아주 멋진 것을 보게 되겠죠.

궤도에 도달하기 어려운 이유

Q 우주선이 대기권에 재진입할 때 화성 탐사 때 사용한 스카이크레인 같은 보조 추진 장치를 이용해 속도를 시속 몇 마일만 늦추면 어떻게 되나요? 그러면 열 차폐 장치가 불필요해질까요? - 브라이언Brian

Q 우주선 대기권 재진입을 조정해 대기 압축을 피하게 만들어서 외벽에 값비싼 (그리고 비교적 잘 고장 나는) 열 차폐 장치가 없어도 되도록 할 수 있나요? - 크리스 토퍼 맬로Christopher Mallow

Q (장비를 탑재해 작은) 로켓을 대기권 높은 지점까지 들어 올린 후 거기서부터 작은 로켓만으로도 탈출 속도에 도달하게 만들 수는 없나요? - 케니 반 데 멜레 Kenny Van de Maele

A **이 질문들은 모두 똑같은 아이디어를 품고 있습니다.** 다른 질문을 다룰 때도 몇 번 언급한 적이 있긴 하지만, 이번에는 이 문제 자체에 초점을 맞춰 이야기해 볼게요.

궤도에 도달하기 어려운 이유는 우주가 높아서가 아닙니다.

궤도에 도달하기 어려운 이유는 아주 '빨리' 올라가야 하기 때문입니다.
우주는 이렇게 생기지 않았거든요.

실제 크기 아님

우주는 이렇게 생겼습니다.

맞아요. 실제 크기 맞다니까요.

우주는 100킬로미터 정도 떨어져 있습니다. 먼 거리지요. 저라면 사다리를 타고 우주까지 갈 생각은 안 할 겁니다. 하지만 또 우주는 '그렇게까지' 멀지는 않습니다. 여러분이 만약 새크라멘토나 시애틀, 캔버라, 콜카타, 하이데라바드, 프놈펜, 카이로, 베이징, 일본 중부, 스리랑카 중부, 포틀랜드에 있다면 우주가 바다보다 가깝습니다.

우주에 닿는 것은 어려운 일이 아닙니다. 특히나 국제우주정거장이 있고 우주왕복선이 다니는 지구 저궤도까지는 말이에요. 물론 차를 타고 갈 수 있는 곳은 아니지만, 그렇다고 대단히 어려운 일도 아닙니다. 전봇대 크기의 로켓만 있으면 사람 1명쯤은 우주로 보낼 수 있어요. X-15 비행기는 그저 빠르게 날다가 기수를 위로 돌려서(위로 돌리는 것 잊지 마세요. 아래로 돌렸다가는 크게 후회할 일이 생길 겁니다.) 우주에 닿았습니다(X-15는 100킬로미터 상공에 2번 도달했습니다. 2번 모두 조종사는 조 워커Joe Walker였고요).

당장이라도 우주에 갈 수 있지만, 금세 돌아오게 될 겁니다.

하지만 문제는 우주에 '닿는 것'이 쉽다는 점입니다. 우주에 '머무는 것'은 어렵거든요.

지구 저궤도의 중력은 지표의 중력과 거의 맞먹습니다. 우주정거장은 지구의 중력을 1번도 벗어난 적이 없고, 지표에서 우리가 느끼는 인력의 90퍼센트 정도를 그대로 받고 있습니다.

다시 대기권으로 떨어지지 않으려면 '정말, 정말 빠르게' 옆으로 움직여야 합니다.

궤도에 머무는 데 필요한 속도는 초속 8킬로미터 정도입니다. 지구 저궤도의 높은 지대에 있다면 이보다 약간 낮아도 됩니다. 로켓의 에너지 중에서 대기권 밖으로 들어 올리기 위해 쓰이는 에너지는 극히 일부에 불과하고, 대부분의 에너지는 (옆으로의) 궤도 속도를 확보하는 데 사용됩니다.

여기서 바로 궤도 도달과 관련한 핵심 문제가 생깁니다. '궤도 속도에 도달하는 것이 궤도 높이에 도달하는 것보다 훨씬 더 많은 연료가 든다'라는 점이죠. 우주선을 초속 8킬로미터에 이르게 하려면 보조 추진 장치가 '아주 많이' 필요합니다. 궤도 속도에 도달하는 것만도 예삿일이 아닌데, 속도를 늦추기 위한 연료까지 충분히 싣고 궤도 속도에 도달하는 것은 아예 불가능하다고 할 수 있어요. 기하급수적인 연료 증가는 로켓 공학의 핵심 문제입니다. 속도를 1킬로미터 증가시키기 위해 필요한 연료는 전체 무게를 1.4배 정도 늘립니다. 궤도에 도달하려면 속도를 초속 8킬로미터까지 높여야 하니까 정말 많은 연료가 필요하겠죠. 1.4 × 1.4 × 1.4 × 1.4 × 1.4 × 1.4 × 1.4 × 1.4 ≈ 15배니까, 원래 우주선 무게의 거의 15배가 필요해요. 로켓을 이용해 속도를 늦추는 것 역시 같은 문제가 있습니다. 속도를 1킬로미터 줄이려면 마찬가지로 초기 질량이 1.4배 늘어납니다. 속도를 '0'까지 낮추려면, 그래서 대기권에 부드럽게 떨어지려면, 또다시 우주선 무게를 15배로 늘려야 하는 거죠.

이런 엄청난 연료 소모 때문에 대기권에 진입하는 우주선들은 로켓이 아니라 열 차폐 장치를 이용해 속도를 줄이는 겁니다. 대기에 '꽝' 하고 부딪히는 것이 속도를 늦추는 가장 실용적인 방법인 거죠. (브라이언의 질문에 답을 하자면, 큐리오서티 화성 탐사 로봇도 예외는 아니었습니다. 지표 근처에 갔을 때 속도를 늦추려고 작은 로켓들을 사용하기는 했지만, 처음에는 대부분의 속도를 떨어뜨리는 데 에어 브

레이크를 사용했습니다.)

그런데 대체 초속 8킬로미터는 어느 정도 속도일까요

제 생각에는 이 문제와 관련해 많은 분들이 혼란을 느끼는 이유가 우주 조종사들이 궤도에 나갔을 때 별로 빠르게 움직이는 것처럼 보이지 않아서인 것 같습니다. 그냥 푸른색 대리석 위를 둥둥 떠다니는 것처럼 보이니까 말이에요.

하지만 초속 8킬로미터는 말도 못하게 빠른 속도입니다. 해질녘 하늘을 보면 가끔 국제우주정거장이 지나가는 것을 볼 수가 있는데요, 그러고 나서 90분이 지나면 또 지나갑니다(국제우주정거장이나 다른 근사한 인공위성들을 목격할 수 있게 도와 주는 앱이나 온라인 툴들이 나와 있습니다). 90분 동안 지구를 1바퀴 돈 거예요.

국제우주정거장이 얼마나 빠르게 움직이냐 하면, 여러분이 축구 경기장이나 미식축구 경기장 한쪽 끝에서 총을 '빵' 하고 쐈을 때 총알이 10야드(약 9미터)도 가기 전에 국제우주정거장은 경기장 끝까지 가 있을 겁니다(호주 축구에서는 이런 플레이도 허용됩니다).

그러면 이번에는 여러분이 초속 8킬로미터의 속도로 지구 표면을 걷는다고 한번 상상해 볼까요?

어느 정도의 속도로 움직이고 있는지 알기 쉽게 시간의 흐름을 노래 비트를 따라 표시해 볼게요. 노래를 이용해 시간을 재는 방법은 심폐소생술에도 활용되는데요, 이때는 〈스테잉 얼라이브Stayin' Alive(살아 있어)〉를 사용하지요. 1988년 나온 노래, 프로클레이머스The Proclaimers의 〈아임 고너 비(500마일)I'm Gonna Be (500 Miles)〉를 연주하기 시작했다고 칩시다. 이 노래는 1분에 131.9비트 정도가 되는데요, 이 비트마다 2마일 이상씩 가는 거예요.

코러스 첫 줄을 노래하는 동안 자유의 여신상에서 브롱크스까지 걸어갈 수 있을 겁니다.

1초에 전철역 15개를 걷는 거지요.

코러스 두 줄이면(16비트) 런던과 프랑스 사이의 영국해협을 지날 겁니다.

이 노래의 길이 또한 묘한 우연의 일치가 있는데요. 노래 길이가 3분 30초이고, 국제우주정거장은 초속 7.66킬로미터로 움직이고 있잖아요.

이는 곧 국제우주정거장에 있는 우주 조종사가 〈아임 고너 비〉를 듣고 있으면 노래가 시작해서 끝날 때까지,

'정확히' 1,000마일을 이동해 있다는 말이랍니다.

인터넷보다 빠른 페덱스

Q 인터넷의 대용량 데이터 전송 속도는 언제쯤 페덱스FedEx를 능가할까요? - 요
한 외브링크Johan Öbrink

*자기 테이프를 가득 싣고 고속도로를 질주하는 스테이션 왜건의 능력을 과소
평가하지 마라.* – 앤드루 타넨바움*Andrew Tanenbaum* *(컴퓨터 과학자), 1981년*

A 몇백 기가바이트의 데이터를 옮기고 싶다면 보통 인터넷으로 파일을 전
송하는 것보다 페덱스로 하드디스크 드라이브를 보내는 편이 더 빠릅니
다. 이는 별로 새로울 것도 없는데, 이런 방법을 흔히 '스니커넷SneakerNet'이라고
부릅니다. 심지어 구글도 내부적으로 대용량의 데이터를 이동할 때는 이 방법을
사용하지요.

그렇지만 언제나 이 방법이 더 빠를까요?

시스코Cisco사의 추정치에 따르면 전체 인터넷 트래픽은 현재 초당 평균 167테
라바이트라고 합니다. 한편 654대의 비행기를 보유한 페덱스의 수송 능력은 일
간 2,650만 파운드이고요. 노트북 컴퓨터 드라이브는 무게가 약 78그램에, 최대
1테라바이트까지 데이터를 담을 수 있습니다.

그렇다면 페덱스는 하루에 150엑사바이트, 또는 초당 14페타바이트의 데이터를 옮길 수 있다는 얘기가 되겠죠. 이것은 현재 인터넷 처리량의 거의 100배에 해당합니다.

비용을 고려하지 않는다면, 다음과 같이 채운 10킬로그램짜리 신발 상자 하나에 상당량의 인터넷을 저장할 수 있습니다.

가장 비싼 노트북 컴퓨터 드라이브 : 136개
저장 용량 : 136테라바이트
비용 : 13만 달러
(신발 비용 40달러 별도)

마이크로 SD 카드를 사용하면 데이터 밀도를 더욱 높일 수 있죠.

마이크로 SD 카드 : 2만 5,000개
저장 용량 : 1.6페타바이트
소비자가 : 120만 달러

이렇게 엄지손톱만 한 크기의 물건이지만 저장 밀도는 최대 1킬로그램당 160테라바이트까지 됩니다. 이 말은 곧 페덱스 군단에 마이크로 SD 카드를 싣는다면, 1초에 177페타비트, 혹은 하루에 2제타바이트를 옮길 수 있다는 얘기죠. 현재 인터넷 트래픽 수준보다 1,000배나 큰 양입니다. 인프라 구성이 상당히 재미있어질 겁니다. 구글은 막대한 카드 처리 작업을 위해 어마어마한 크기의 창고를 지어야 하겠죠.

시스코는 인터넷 트래픽이 매년 29퍼센트씩 증가할 것이라고 추정합니다. 이런 속도라면 우리는 2040년에는 페덱스를 넘어설 수 있습니다. 물론 그때쯤이면 우리가 드라이브에 넣을 수 있는 데이터의 양도 늘어나겠지만요. 정말로 페덱스를 능가하려면, 전송 속도가 저장 용량의 증가 속도보다 훨씬 빠르게 성장하는 수밖에 없을 겁니다. 하지만 직관적으로 생각해 봤을 때 이것은 가능할 것 같지가 않네요. 저장 용량과 전송 능력은 기본적으로 연관되어 있으니까요. 그 많은 데이터가 다 어딘가에서 와서 어딘가로 가야 하지 않겠습니까? 그렇지만 사용 패턴을 확실히 예측할 방법은 없네요.

페덱스는 실제로 향후 수십 년간 이용해도 될 만큼 큰 이동 매체이지만, 기술적으로 우리가 페덱스를 능가하는 대역폭을 만들어 내지 못할 이유는 없습니다. 초당 1페타비트 이상을 처리할 수 있는 광섬유 클러스터가 실험 단계에 있으니까요. 그런 것 200개면 페덱스도 이길 수 있겠죠.

만약 우리가 미국의 화물업계를 총동원해 SD 카드를 옮긴다면, 처리량은 대략 초당 500엑사비트, 즉 초당 0.5제타비트에 이를 겁니다. 이런 전송 속도를 디지털로 따라잡으려면 페타바이트 케이블이 50만 개는 있어야 하겠죠.

이렇게 해서 결론을 얘기하자면, 페덱스의 순전한 처리력만 따진다면 아마 인터넷은 절대로 스니커넷을 이기지 못할 겁니다. 하지만 사실상 무한정의 용량을 지닌 페덱스 기반의 인터넷은 그 대신 네트워크 응답 시간이 8,000만 밀리초에 이르겠죠.

가장 오래 뛰어내릴 수 있는 곳

Q 지구 상에서, 뛰어내렸을 때 가장 오랫동안 자유 낙하를 할 수 있는 장소는 어디인가요? 윙슈트를 입는다면요? - 다시 슈리밧사Dhash Shrivathsa

A **순전히 수직으로 떨어지는 것으로만 치면** 캐나다의 토르 산이 지구 상에서 가장 크게 추락하는 곳입니다. 다음과 같이 생겼죠.

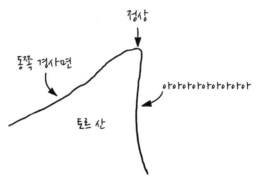

아아아아아아아아아아아아아아아아아아아아아아아아아아아아아

너무 섬뜩하면 곤란하니까 절벽 아래에 뭔가 폭신한 것(예컨대 솜사탕 같은 것)이 채워진 구덩이가 하나 있다고 칩시다. 안전하게 떨어질 수 있게 말이죠.

그런데 우리 1킬로미터짜리 절벽에서 떨어지는 것부터 먼저 해야 되지 않아?

왜? 그게 훨씬 재미날 거 같아? 여기서 노닥거리며 솜사탕 먹는 것보다?

솜사탕 구덩이가 효과가 있을까요? 2권이 나오기 전까지는 알 수가 없겠네요.

사람이 팔다리를 쫙 펴고 떨어진다면 종단 속도는 초속 55미터 가량입니다. 몇백 미터 떨어진 후에야 속도가 제대로 나니까, 다 떨어지는 데 26초 정도 걸리겠네요.

26초 동안 우리가 뭘 할 수 있을까요?

우선, 오리지널 슈퍼마리오 월드 1-1을 완파할 수 있는 시간이네요. 타이밍을 잘 맞추고 파이프를 이용해 질러간다면 말이죠.

또한 걸려 온 전화를 놓칠 수도 있는 시간입니다. 스프린트Sprint사의 링 사이클은 23초까지 울리고 나면 보이스메일로 넘어가게 되어 있으니까요(이 말은 곧 바그너Wagner의 링 사이클*이 스

미안, 전화를 못 받았네. 토르 산 기슭에서 기다리고 있어. 내가 금방 다시 전화 걸게.

---

*바그너의 오페라 〈니벨룽겐의 반지〉는 공연 시간이 15시간에 달한다.

프린트보다 2,350배는 길다는 얘기죠).

누군가가 여러분에게 전화를 걸었는데 여러분이 점프하는 순간 벨이 울리기 시작했다면 바닥에 도착하기 3초 전에 보이스메일로 넘어갈 겁니다.

반면에, 아일랜드에 있는 210미터짜리 절벽에서 뛰어내린다면 겨우 8초 정도밖에 떨어지지 않을 거예요. 혹시 상승 기류가 강하다면 조금 더 걸릴 수도 있지만요. 뭐 그리 긴 시간은 아니지만, 리버 탬River Tam*에 따르면 적절한 흡입 시스템이 있을 경우 신체에 있는 피를 모두 빼낼 수도 있는 시간이랍니다.

여기까지는 수직으로 떨어진다고 가정했습니다. 하지만 꼭 그래야 하는 것은 아니죠.

숙련된 스카이다이버라면 특별한 장비가 없어도 최고 속도에 이른 후에는 거의 45도 각도로 활공할 수 있습니다. 절벽에서 먼 쪽으로 활공한다면 낙하 시간을 상당히 늘릴 수도 있을 걸로 생각됩니다.

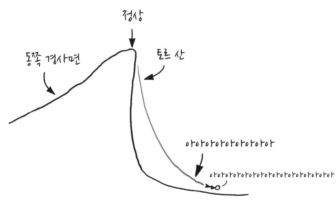

아아아아아아아아아아아아아아아아아아아아 헉헉
아아아아아아아아아아아아아아아아아아아아아아아아아아아

---

*미국 TV시리즈 〈파이어플라이Firefly〉에 나오는 캐릭터. 비상한 지적 능력을 갖고 있다.

얼마나 멀리 떨어져야 하는지는 정확히 말하기 어렵습니다. 위 지역의 지형에 따라서도 다를 테고, 어떤 옷을 입느냐도 크게 영향을 줄 겁니다. 베이스 점핑 BASE jumping* 기록에 관해서는 위키피디아에 아래와 같은 언급이 있네요.

윙슈트 없이 가장 오랫동안 떨어진 기록은 찾기가 어렵다. 보다 발전된 〔…〕 복장이 소개됨에 따라 청바지와 윙슈트 사이의 경계가 모호해졌기 때문이다.

그렇다면 윙슈트에 관해 좀 알아 봐야겠죠? 패러슈트 팬츠와 패러슈트의 중간쯤 되는 옷이죠.

윙슈트는 하강 속도를 크게 줄여 줍니다. 한 윙슈트 회사가 여러 가지 점프의 추적 데이터를 게시했는데요. 윙슈트를 입고 활공하면 낙하 거리가 초당 18미터까지 줄어듭니다. 초당 55미터에 비하면 큰 발전이죠.

수평 이동 거리는 무시하더라도, 그 정도면 우리의 낙하 시간을 1분 이상으로 늘려 줄 겁니다. 1분이면 체스도 둘 수 있는 시간이죠. 또 넉넉하게 REM의 〈이츠 디 엔드 오브 더 월드 애즈 위 노 잇 It's the End of the World as We Know It〉의 1절이나, 넉넉하진 않아도 스파이스 걸스 Spice Girls의 〈워너 비 Wannabe〉 끝부분 후렴 전체를 부를 수도 있는 시간입니다.

수평 활공이 가능한 다른 높은 절벽들도 고려하면 낙하 시간은 더욱 길어집니다.

---

*높은 절벽이나 고층 건물 등에서 낙하산을 타고 뛰어내리는 스포츠
**스파이스 걸스의 〈워너비〉 가사

윙슈트를 입고 아주 오래 날 수 있는 산들은 많습니다. 파키스탄에 있는 낭가파르바트Nanga Parbat 산만 해도 상당히 가파른 각도로 3킬로미터 이상을 떨어질 수 있습니다. 놀라운 일이지만 윙슈트는 이렇게 공기가 희박한 곳에서도 문제없이 잘 기능합니다. 물론 점프를 하는 사람은 산소가 필요할 테지만요. 그리고 보통 때보다 조금 빨리 활공할 겁니다.

지금까지 윙슈트를 입고 가장 오랜 시간 베이스 점프를 한 기록을 보유한 사람은 딘 포터Dean Potter입니다. 그는 스위스에 있는 아이거Eiger 산에서 뛰어내려 3분 20초 동안 날았습니다.

3분 20초면 뭘 할 수 있을까요?

세계 먹기 대회 우승자들인 조이 체스트넛Joey Chestnut과 다케루 고바야시Takeru Kobayashi를 초대한다고 칩시다.

그들이 윙슈트를 입고 내려오면서 전속력으로 먹을 수 있는 방법도 찾을 수 있겠죠. 그렇게 해서 그들이 아이거 산에서 뛰어내린다면, 이론적으로 두 사람은 땅에 내려오기 전에 핫도그 45개를 먹어치울 수 있을 겁니다.

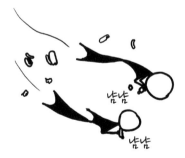

그렇게 된다면, 역사상 가장 괴상한 신기록 하나는 세울 수 있겠네요.

Q 해일이 밀려올 때 육지에 있는 수영장 속으로 잠수하면 살아남을 수 있을까요?

- 크리스 무스카Chris Muska

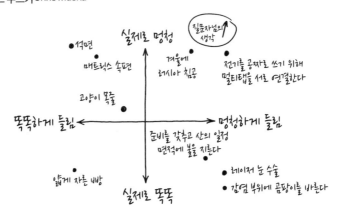

실제로 멍청

● 석면

질문자님의
생각

매트리스 속편

겨울에
러시아 침공

전기를 공짜로 쓰기 위해
멀티탭을 서로 연결한다

● 고양이 목줄

똑똑하게 들림 ◀─────────────▶ 멍청하게 들림

준비를 갖추고 산의 일정
면적에 불을 지른다

얇게 자른 빵

레이저 눈 수술
● 감염 부위에 곰팡이를 바른다

실제로 똑똑

Q 하늘에서 떨어지고 있는데 낙하산이 펴지지 않아요. 그런데 아주 가볍고 장력이 좋은 용수철 장난감을 갖고 있다면, 용수철 한쪽 끝을 잡은 채 위로 던져서 목숨을 건질 수 있을까요? - 바라다라잔 스리니바산Varadarajan Srinivasan

영화 〈300〉처럼 태양 가리기

 Q 영화 〈300〉을 보면 하늘로 화살을 잔뜩 쏴서 해를 완전히 가려 버리는데 이게
실제로 가능한가요? 만약 가능하다면 화살이 몇 개나 필요한가요? - 애나 뉴얼
Anna Newell

A 실제로 그렇게 되기는 상당히 어렵습니다.

첫 번째 시도

긴 활을 쏘는 궁수는 1분에 8개에서 10개의 화살을 쏠 수 있습니다. 물리학적으로
풀어 쓰면, 긴 활 궁수는 주파수가 150밀리헤르츠인 화살 발전기인 셈이죠.

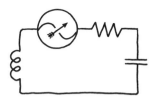

　화살 하나가 공중에 머무는 시간은 겨우 몇 초에 불과합니다. 전쟁터에서 화
살의 평균 체공 시간이 3초라고 하면, 언제든 궁수들이 쏜 화살 중 50퍼센트는

공중을 날고 있게 됩니다.

화살 하나는 40제곱센티미터의 햇빛을 차단할 수 있습니다. 궁수들은 절반의 시간만큼만 화살을 공중에 날리고 있으니, 궁수 1명이 20제곱센티미터의 햇빛을 차단하는 셈이죠.

궁수들을 줄 세운다면, 1미터에 2명씩 들어가고, 한 줄은 1.5미터, 궁수 포대는 20줄(30미터)이니까 폭 1미터마다…

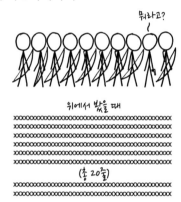

18개의 화살이 공중에 떠 있겠군요.

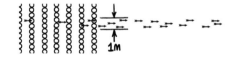

화살 18개면 사격장에 있는 태양의 0.1퍼센트밖에 가리지 못합니다. 더 나은 방법이 필요합니다.

두 번째 시도
먼저 궁수들을 좀 더 촘촘히 세워야 합니다. 콘서트장의 스탠딩석 수준으로 촘

촘히 선다면(대략 1제곱미터에 1명이 있으면 느슨하게 선 것이고, 1제곱미터에 4명이 있으면 스탠딩석 수준입니다) 1제곱피트당 궁수의 수를 3배로 늘릴 수 있습니다. 물론 활을 쏘기에 좀 부자유스러운 자세가 되겠지만, 분명히 쏠 수는 있을 겁니다.

활 쏘는 깊이를 60미터까지 확대해 보죠. 그러면 1미터당 130명의 궁수가 있는 셈입니다.

궁수들은 활을 얼마나 빠르게 쏠 수 있을까요?

영화 〈반지의 제왕-반지 원정대〉 2001년 확장판을 보면, 오크들이 레골라스를 향해 덤벼드는데(엄밀히 말하면 평범한 오크가 아니라 우루크하이Uruk-Hai입니다. 우룩하이가 정확히 어떤 기원을 가진 종족인지는 파악하기가 좀 까다로운데요. 톨킨은 인간과 오크의 이종 교배로 우루크하이가 만들어졌다고 했지만,《잊혀진 설화 모음집The Book of Lost Tales》에 나오는 초안에서는 우루크하이들이 '지열에 진흙이 합쳐져' 태어났다고 말하고 있습니다. 피터 잭슨 감독은 영화를 각색하면서 현명하게도 후자의 버전을 따랐습니다.) 레골라스가 엄청나게 빠른 속도로 활을 연속으로 쏘면서 화살 하나에 1명씩 쓰러뜨리는 장면이 있습니다.

레골라스 역을 맡은 올랜도 블룸Orlando Bloom이 실제로 그렇게 빠르게 활을 쏠 수는 없었습니다. 그래서 실제로 올랜도 블룸은 화살이 없는 빈 활을 쏘았습니다. 그리고 나서 컴퓨터 그래픽으로 화살을 그려 넣은 것이죠. 이 정도 활 쏘는 속도라면 관객들에게는 엄청나게 빠르게 보이지만 물리적으로 불가능한 것은 아닙니다. 그러니 이걸 우리의 발사 속도 상한선으로 잡기로 합시다.

그러면 이제 우리는 궁수들을 레골라스처럼 8초에 7개의 화살을 쏘도록 훈련시킬 수 있다고 합시다.

이렇게 해도 우리의 궁수들은(믿기 힘들겠지만 미터당 339개의 화살을 쏩니다)

자신들을 비추는 햇빛의 1.56퍼센트밖에 가리지 못합니다.

세 번째 시도

이제 활은 다 버리고 궁수들에게 총알 대신 화살이 나가는 개틀링 활*을 나눠 줍시다. 1초에 70개의 화살을 쏠 수 있다고 하면, 전장 100제곱미터당 110제곱미터의 화살을 쏠 수 있겠군요! 완벽하네요.

하지만 문제가 있습니다. 화살들이 100미터의 횡단면을 가진다고 해도, 일부는 서로를 가리게 된다는 점이지요.

일부는 서로 겹치게 되는 수많은 화살이 땅을 덮는 비율을 공식으로 만들면 다음과 같습니다.

$$1 - \left(\frac{\text{화살 면적}}{\text{땅 면적}}\right)^{\text{화살 개수}}$$

110제곱미터의 화살로는 전쟁터의 3분의 2밖에 가리지 못합니다. 우리의 눈은 밝기를 로그 스케일로 판단하기 때문에, 즉 아주 어두울 때는 밝기의 차이를 민감하게 느끼지만 아주 밝아진 후에는 큰 차이를 못 느끼기 때문에, 태양의 밝기를 3분의 1로 줄여 봤자 약간 흐려진 정도로밖에 인식하지 못합니다. 이러면 도저히 '가렸다'라고는 할 수 없겠죠.

발사 속도를 더욱 더 비현실적으로 빠르게 만든다면, 우리가 원하는 효과를 낼 수 있을 겁니다. 개틀링 활이 1초에 300개의 화살을 쏜다면, 전쟁터에 도달하는 햇빛의 99퍼센트를 차단할 수 있을 거예요.

---

*개틀링포Gatling gun는 총신 여러 개가 한데 묶여 있어, 둥글게 회전하면서 연속 사격할 수 있는 기관포다.

하지만 더 쉬운 방법이 있답니다.

네 번째 시도

우리는 그동안 암묵적으로 태양이 바로 우리 머리 위에 있다고 가정했는데요,
영화에는 분명히 그렇게 그려집니다. 하지만 화살이 하늘을 덮었다는 유명한 일
화는 아마 새벽에 공격을 한 경우일 거예요.

태양이 동쪽 지평선에 나지막이 떠 있고 궁수들은 북쪽을 향해 활을 쏜다면
햇빛이 화살의 몸통 전체를 지나쳐 옵니다. 이러면 그림자 효과가 1,000배는 커
질 수 있겠죠.

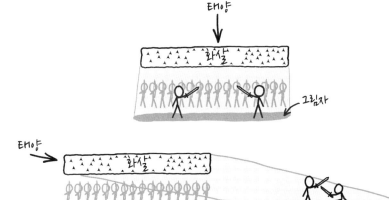

물론 화살은 적군 근처에도 가지 못할 겁니다. 하지만 솔직히 화살로 태양을
가리겠다고 했지, 누구를 '맞추겠다'는 말은 없었잖아요.

그리고 적군에 따라서 그걸로도 충분할지 누가 알겠어요?

우리의 화살에 태양조차 빛을 잃을 것이다!

전장.

바다에 구멍이 난다면 1

Q 가장 깊은 바다인 챌린저 해연 밑바닥에 반지름 10미터의 둥근 출입문이 생겨 우주와 연결된다면, 바닷물이 얼마나 빨리 빠질까요? 바닷물이 빠져 나가면서 지구는 어떻게 바뀔까요? - 테드 M^{Ted M}

A **먼저 하나는 해결해 놓고 가죠.**

제가 대충 계산해 보니 항공 모함 1대가 가라앉아 그 배수구에 끼인다면, 압력 때문에 너끈히 반으로 접혀서 빨려 들어갈 거예요. 우와.

그런데 이 출입문은 얼마나 멀리까지 연결되어 있나요? 만약 지구에 가깝게 연결되어 있다면, 바다는 그냥 다시 대기로 떨어지고 말 거예요. 떨어지면서 열을 받아 증기가 되고, 응결되어 다시 비가 되면 원래 자리로 다시 떨어지겠죠. 대기로 유입되는 에너지 양만 따지더라도 기후는 엉망진창이 될 텐데, 저 높이 거대한 수증기 구름까지 떠 있게 되겠죠.

그러니 바닷물을 내다 버리는 출입문은 아주 멀리, 예컨대 화성에 두기로 해요. (사실 저는 이 출구를 큐리어서티 탐사 로봇 머리 위에 설치했으면 좋겠어요. 그러면 이 로봇이 드디어 화성 표면에서 확실한 액체 상태의 물을 찾을 수 있을 텐데요.)

지구에는 무슨 일이 일어날까요?

별일은 없을 겁니다. 사실 바닷물이 다 빠지려면 수십만 년은 걸리거든요.

심지어 배수구가 농구장만 한 크기이고, 바닷물은 무조건 믿기지 않는 속도로 빠진다고 하더라도, 바다는 정말 '거대'하죠. 처음에는 해수면의 높이가 하루에 1센티미터도 줄지 않을 겁니다.

수면에는 근사한 소용돌이조차 생기지 않겠죠. 배수구는 너무 작고, 바다는 너무 깊으니까요(욕조의 물을 뺄 때 물이 절반 이상 빠져나가기 전에는 소용돌이가 생기지 않는 것과 같은 이유예요).

하지만 우리가 배수구를 더 많이 만들어서(며칠에 1번씩 고래 거름망을 청소하는 것 잊지 마세요), 해수면의 높이가 더 빨리 내려가기 시작했다고 쳐요.

지도가 어떻게 바뀌는지 한번 볼까요?

처음 모습은 이렇습니다.

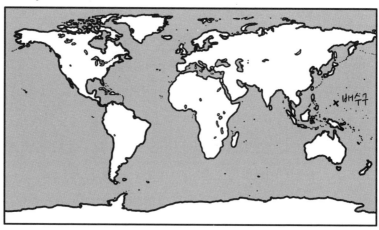

지구 (실제 크기)

이게 바로 정방형 도법입니다. (xkcd.com/977 참조)

286

해수면이 50미터 내려가면 이렇게 되죠.

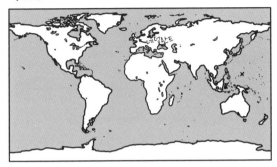

상당히 비슷하지만 작은 변화가 몇 개 생겼습니다. 스리랑카와 뉴기니, 영국 본섬, 자바 섬, 보르네오 섬이 인근 땅과 연결되었어요.

그리고 바닷물을 막아 보려고 2,000년이나 노력했던 네덜란드가 마침내 높고 건조한 땅이 되었네요. 이제는 더 이상 홍수라는 대재앙의 위협을 끊임없이 느끼며 살 필요가 없어졌으니, 영토 확장에 관심을 돌릴 수 있겠네요. 네덜란드인들은 아마 쏜살같이 사방으로 달려 나가, 새로 드러난 땅을 자기네 땅이라고 우길 겁니다.

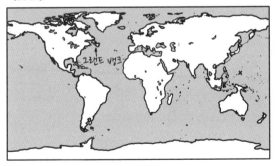

해수면이 마이너스 100미터에 이르면 노바스코샤* 주 앞바다에 거대한 섬이 하나 새로 생길 거예요. 전에는 '그랜드 뱅크the Grand Banks**'라고 불렸던 곳이지요.

이제 뭔가 이상한 점을 느끼는 분도 있을 겁니다. 바다라고 해서 전부 다 줄어드는 것은 아니라는 점이지요. 예컨대 흑해Black Sea는 아주 조금만 줄어들다가 멈춰 버렸습니다.

이들 지역은 더 이상 바다에 연결되어 있지 않기 때문이지요. 해수면이 내려가면서 일부 분지는 태평양에 있는 배수구와 연결이 끊어져 버렸습니다. 해저 모양에 따라 분지의 물살은 더 깊은 해협을 만들면서 계속 빠져나갈 수도 있습니다. 하지만 대부분의 경우에는 결국 육지에 갇혀 더 이상 물이 빠지지 못할 거예요.

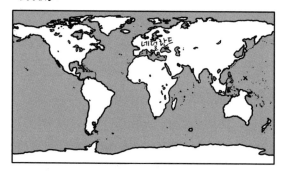

해수면이 200미터 내려가면 이제 지도가 괴상하게 보이기 시작합니다. 새로운 섬들이 출현하고요. 인도네시아는 커다란 덩어리가 되었네요. 이제 네덜란드는 유럽의 대부분을 호령하고 있습니다.

---

*캐나다 남동부에 있는 주
**세계 3대 어장에 속하는 황금 어장

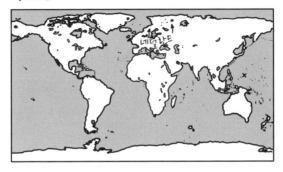

−500미터

일본은 이제 한반도와 러시아를 연결하는 지협이 되었군요. 뉴질랜드는 새로운 섬을 얻었네요. 네덜란드는 북쪽으로 확장해 갑니다.

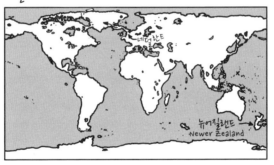

−1킬로미터

뉴질랜드가 급속히 커집니다. 북극해가 잘려 나가고 북극해의 수면은 더 이상 내려가지 않습니다. 네덜란드가 새로 생긴 육교를 지나 북아메리카로 진격하네요.

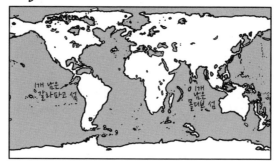

−2킬로미터

1개 넘은
갈라파고 섬

1개
넘은
몰더브 섬

이제 해수면이 2킬로미터나 내려갔습니다. 좌우로 새로운 섬들이 생겨나네요. 카리브해와 멕시코 만은 대서양과의 연결이 끊어졌고요. 뉴질랜드는 대체 뭘 어쩌려는 것인지조차 모르겠네요.

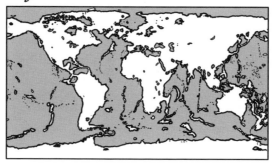

−3킬로미터

해수면 3킬로미터가 내려가면 많은 해령들(전 세계에서 가장 긴 산맥)의 꼭대기가 수면 위로 올라옵니다. 광대한 면적의 울퉁불퉁한 새 땅덩어리들이 나타나는 거죠.

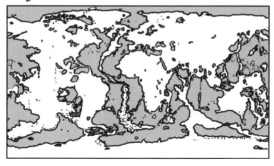

-5킬로미터

이쯤 되면 대부분의 큰 바다들은 서로 연결이 끊어져서 배수가 멈춥니다. 여러 내해內海의 정확한 위치와 크기는 예측하기가 쉽지 않네요. 위 그림은 대략적으로만 추측해 본 거예요.

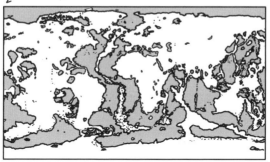

물이 다 빠짐

마침내 물이 다 빠졌을 때의 지도를 그려본 것입니다. 놀랄 만큼 많은 물이 남아 있죠. 대부분은 아주 얕은 바다지만, 깊이 4, 5킬로미터나 되는 해구海溝도 몇 개 있습니다.

바닷물을 절반이나 빼내고 나면 기후와 생태계가 크게 바뀌겠지만 어떤 식일지는 예측하기가 쉽지 않네요. 하지만 생물권이 붕괴되고 여러 차원에서 대량 멸종 사태를 겪을 것만은 거의 확실합니다.

그러나 의외로 인간은 어떻게든 살아남을 수 있을 거예요. 만약에 그랬다면 이런 모습이 되겠지요.

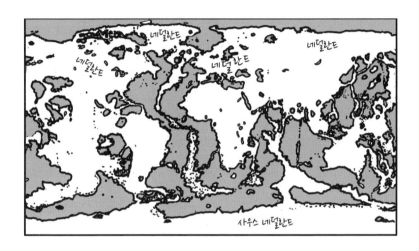

바다에 구멍이 난다면 2

Q '정말로' 바닷물을 빼서 큐리아서티 화성 탐사 로봇 위에다가 버린다면, 화성
은 물이 점점 늘어나면서 어떻게 바뀌나요? - 이언lain

A **앞의 답변에서 우리는** 마리아나 해구 밑바닥에 출입문을 만들어 바닷물
을 빼냈는데요.

그 바닷물을 어디로 빼낼지에 대해서는 별로 신경 쓰지 않았죠. 저는 화성을
골랐습니다. 큐리아서티 탐사 로봇이 물에 대한 증거를 찾느라 저렇게 고생하고
있는 마당에, 우리가 좀 도와줄 수도 있겠다고 생각한 거죠.

큐리아서티 탐사 로봇은 지금 게일Gale 분화구에 자리 잡고 있는데요. 게일 분화구는 화성 표면에 둥글게 푹 들어간 곳으로, 가운데에는 샤프Sharp 산이라는 별명을 가진 봉우리가 있습니다.

화성에는 물이 많습니다. 문제는 얼어 있다는 거죠. 화성에서 액체 상태의 물은 오래 지속될 수가 없습니다. 너무 추운데다, 대기가 아주 적기 때문이지요.

화성에 따뜻한 물 1잔을 내려놓는다면, 그 물은 끓으면서 동시에 얼면서 또한 승화되려고 할 거예요. 화성에서 물은 액체 상태만 '빼고' 뭐든 되려고 하는 것 같네요.

하지만 우리는 많은 양의 물을 아주 빠르게 쏟아 붓고 있기 때문에(전부 섭씨 0도보다 약간 높은 물이죠), 이 물은 얼거나 끓고 승화될 시간이 별로 없을 겁니다. 우리가 만든 출입문이 충분히 크다면, 이 물은 게일 분화구를 호수로 바꾸기 시작할 거예요. 지구와 마찬가지로 말이죠. 미국지질조사소USGS에서 만든 훌륭한 화성 지형도를 이용하면, 물의 진행 경로를 그림으로 그려 볼 수 있어요.

먼저 우리가 실험을 시작할 때 게일 분화구는 아래와 같은 모습입니다.

물이 계속 쏟아져 들어오면 호수가 점점 차오르면서 큐리아서티 탐사 로봇은 수백 미터 물 아래에 잠기겠지요.

결국 샤프 산은 섬이 됩니다. 하지만 꼭대기가 완전히 사라지기 전에 물은 분화구의 북쪽 가장자리로 흘러넘치고 모래 위로 흘러 나가기 시작하죠.

이따금씩 혹서기에는 화성의 토양이 녹아서 액체 상태로 흐른다는 증거가 있는데요. 이럴 때는 물줄기가 금세 바짝 말라 버려서 얼마 이어지지 못하죠. 하지만 우리한테는 쓸 수 있는 바닷물이 아주 많으니까요.

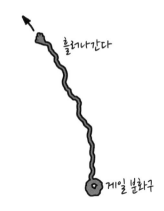

흘러나간 물은 북극 분지에 고입니다.

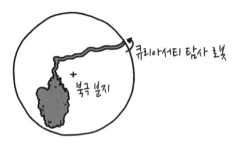

분지에 차츰 물이 차오릅니다.

그러나 화산들이 위치한, 적도 지역이 많이 나온 지도를 살펴본다면, 화성에

는 아직도 물과는 멀리 떨어진 땅들이 많이 있을 겁니다.

메르카르토 도법이어서 극지방은 보여 주지 않네요.

솔직히 저는 이 지도가 뭔가 좀 심심한 것 같아요. 일어나는 일도 별로 없고
요. 그냥 텅 빈 거대한 땅덩어리 하나에 위쪽에 바다가 약간 있을 뿐이잖아요.

다시는 안 살 거예요.

아직도 바닷물이 다 떨어지려면 한참 멀었는데요. 앞 질문의 끝부분에서 지
구 지도에 파란 부분이 많이 남아 있기는 했지만, 남은 바다들은 깊이가 얕았습
니다. 대부분의 바다가 사라진 거죠.

게다가 화성은 지구보다 훨씬 작기 때문에 같은 양의 물이라도 훨씬 깊은 바
다를 만들 수가 있습니다.

이쯤 되면 바닷물은 마리너 계곡Valles Marineris을 채우고 특이한 해안선을 형성

합니다. 이제 지도가 좀 덜 지루하네요. 하지만 대협곡 주위의 지형은 좀 이상한 모양이 되네요.

이제 물은 스피릿Spirit호와 오퍼튜니티Opportunity호까지 집어삼켰네요. 결국 화성에서 가장 낮은 분지를 포함한 헬라스 임팩트 분화구Hellas Impact Crater까지 뚫고 들어갔어요.

제 눈에는 지도의 나머지 부분은 상당히 괜찮게 보이기 시작하네요.

본격적으로 물이 표면에 퍼져 나가기 시작합니다. 지도는 이제 몇 개의 대형 섬(과 무수한 작은 섬)으로 나뉘네요.

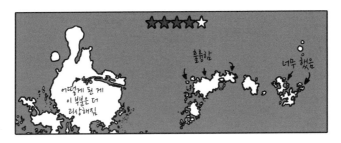

물은 대부분의 고원 지대까지 빠르게 덮어 버리고 몇 개의 섬만 남겨뒀습니다.

그리고 마침내 흐름이 멈춥니다. 지구의 물이 모두 빠진 거죠.

본섬을 좀 더 자세히 살펴볼까요?

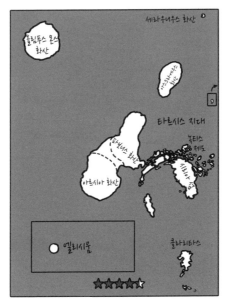

물 위에는 탐사선이 전혀 남아 있지 않습니다.

올림푸스 몬스Olympus Mons 화산을 비롯해 화산 몇 개가 물 위에 남았네요. 놀랍게도 이것들은 아직 전혀 물에 잠길 기색이 없어요. 올림푸스 몬스 화산은 아직도 새로 생긴 해수면보다 족히 10킬로미터는 높이 솟아 있거든요. 화성에는 '거대한' 산들이 몇 개 있답니다.

저 말도 안 되는 섬들은 물이 녹티스 라비린투스Noctis Labyrinthus(밤의 미로)를 채운 결과예요. 아직까지 기원을 알 수 없는 기괴한 협곡들이 모인 지형이지요.

화성의 바다는 오래 지속되지는 않을 겁니다. 일시적으로 온실 효과가 생길 수도 있지만, 화성은 너무 추우니까요. 결국 바다는 얼어붙어서 그 위에 흙이 쌓일 테고, 점차 극지방의 영구 동토층이 되겠지요.

하지만 그러려면 오랜 시간이 걸릴 테고, 그때까지 화성은 지금보다 훨씬 더 흥미로운 곳이 될 거예요.

그래서 두 행성을 오갈 수 있는 출입문 시스템을 생각한다면 결과는 불을 보듯 뻔합니다.

트위터로 할 수 있는 말

Q 서로 다른 영어 트윗은 몇 개까지 만들 수 있나요? 전 세계인이 그걸 크게 소리 내서 읽으려면 시간이 얼마나 걸릴까요? - 뉴저지 주 호팟콩Hopatkong에서 에릭 H Eric H

북쪽 저 멀리 스비트요드Svithjod라고 부르는 땅에 바위가 하나 있습니다. 높이 100마일(160킬로미터), 너비 100마일인 바위이지요. 1,000년에 1번, 작은 새 1마리가 이 바위에 와서 제 부리를 갈고 갑니다. 그렇게 해서 이 바위가 다 닳아 없어지고 나면, '영원'의 하루가 겨우 지난 것이지요.

– 헨드릭 빌렘 반 룬Hendrik Willem Van Loon

A **트윗은 140자 길이입니다.** 영어에는 26개(빈 칸까지 합하면 27개) 글자가 있고요. 이것을 이용하면 총 $27^{140} \approx 10^{200}$개의 문자열을 만들 수 있습니다.

하지만 트위터에서 쓸 수 있는 문자는 여기에 한하지 않죠. 유니코드에서 쓰는 것은 모두 다 쓸 수 있고, 유니코드는 100만 개가 넘는 문자를 포함할 공간을 갖고 있으니까요. 트위터가 유니코드 문자를 세는 방법은 좀 복잡하지만, 문자

열은 최대 10^{800}개까지도 만들 수 있습니다.

물론 이들 문자열 대부분은 수십 개의 언어에서 가져온, 아무 의미 없는 문자 조합이겠지요. 영어의 26개 글자로만 한정해도 이들 문자열 중에는 'ptikobj'처럼 의미 없는 문자 조합이 가득할 겁니다. 반면에, 우리의 질문 내용은 실제로 뭔가를 의미할 수 있는 영어 트윗을 묻고 있죠. 이렇게 친다면 얼마나 많은 트윗을 만들 수 있을까요?

어려운 질문입니다. 제일 먼저 우리는 영어 단어만 허용하고 싶은 충동이 생길 수도 있겠죠. 그다음에는 문법이 맞는 문장만으로 제한을 둘 수도 있고요.

하지만 그렇게 해도 문제는 점점 더 까다로운 길로 빠집니다. 예컨대 "안녕, 나는 Mxyztplk라고 해."라는 문장을 한번 볼까요? 이 문장은 문법적으로 아무 문제가 없습니다. 이름이 'Mxyztplk'이기만 하다면 말이죠. (생각해 보니 이름이 거짓말이라고 해도 문법적으로는 아무 문제가 없네요.) 아무리 봐도 "안녕, 나는 OOO라고 해."라는 문장을 모두 개별 문장으로 취급하는 것은 말이 안 됩니다. 정상적인 영어 이용자에게 "안녕, 나는 Mxyztplk라고 해."라는 문장은 "안녕, 나는 Mxzkqklt라고 해"와 기본적으로 구분이 안 되니까요. 그러니 이것들을 개수에 포함해서는 안 됩니다. 하지만 "안녕, 나는 xPoKeFaNx라고 해."라는 문장은 앞선 2개의 문장과는 확연히 구별되는 것이 분명합니다. 아무리 생각해 봐도 xPoKeFaNx가 영어 단어는 아니겠지만요.

개별성을 판단할 기준이 점점 산으로 가고 있네요. 다행히 더 나은 접근 방법이 있습니다.

문장이 단 2개밖에 없는 언어가 있다고 한번 상상해 봅시다. 모든 트윗은 그 두 문장 중의 하나여야 합니다. 두 문장이 다음과 같다고 해볼게요.

- "다섯 번째 통로에 말이 있어."
- "우리 집은 온통 덫이야."

그렇다면 트위터는 다음과 같은 모습이겠죠.

메시지는 비교적 길지만, 각 문장에 그다지 많은 정보가 들어 있는 것은 아닙니다. 각 트윗은 그저 사용자가 '덫' 메시지를 보내기로 했는지, 아니면 '말' 메시지를 보내기로 했는지를 말해 줄 뿐이죠. 1 아니면 0인 것과 마찬가지예요. 글자 수는 많지만 이 언어의 패턴을 알고 있는 사람에게는 각 트윗이 전달하는 정보량은 문장당 1비트에 불과합니다.

이 예를 통해 우리는 아주 심오한 생각에 대한 단서를 얻을 수가 있는데요. 정보라는 것은 '수신자가 메시지의 내용을 얼마나 짐작하기 힘든가' 하는 점과 '메시지 내용을 미리 예측할 수 있는가' 하는 점에 근본적으로 좌우된다는 사실입니다(물론 이 예시는 다섯 번째 통로에 말이 있다는 아주 단편적인 정보도 알려 줍니다).

거의 혼자서 현대 정보 이론을 발명한 클로드 섀넌Claude Shannon은 언어의 정보

내용을 측정하는 기발한 방법을 갖고 있었습니다. 섀넌은 사람들에게 아주 전형적인 영어 문장을 아무데나 잘라내서 만든 샘플을 보여 주고, 그다음에 올 글자가 무엇인지 맞춰 보게 했는데요.

화산이 우리 동네 음식을 다 먹어치우고 있나 봐요!

정답을 맞춘 비율과 엄밀한 수학적 분석에 기초해서, 섀넌은 전형적인 영어 문장의 정보 내용은 글자당 1.0에서 1.2비트라고 결론을 내렸습니다. 이 말은, 곧 훌륭한 압축 알고리즘을 사용한다면 ASCII 영어 텍스트(글자당 8비트)를 원래의 8분의 1 정도 크기로 압축할 수 있다는 얘기죠. 실제로 괜찮은 파일 압축기를 이용해 TXT 형식의 전자책을 압축해 봐도 비슷한 결과를 볼 수 있습니다.

만약 텍스트 한 조각이 n비트의 정보를 포함한다면, 그것이 전달할 수 있는 메시지는 2^n개라는 얘기가 됩니다. 여기서 (메시지의 길이와 '유니시티 디스턴스 unicity distance'라고 하는 것을 포함해) 약간의 수학적 기교가 필요한데, 결론만 요약하면 의미가 다른 영어 트윗은 대략 $2^{140 \times 1.1} \approx 2 \times 10^{46}$개 정도가 있다는 뜻입니다. 10^{200}개나 10^{800}개가 아니고 말이죠.

자, 그러면 이제 전 세계가 이걸 모두 읽는 데 걸리는 시간은 얼마나 될까요?

1명의 사람이 2×10^{46}개의 트윗을 읽는 데는 10^{47}초 정도가 걸립니다. 트윗의 수가 너무 어마어마하게 크기 때문에, 1명이 읽으나 10억 명이 읽으나 큰 차이가 없습니다. 지구가 끝날 때까지 읽어도 읽었다는 흔적조차 거의 남지 않겠죠.

그러니 우리는 그냥 산꼭대기에 새 1마리가 온다는 얘기로 돌아가 생각해 보기로 하죠. 이 새가 1,000년에 1번씩 와서 산의 돌을 아주 조금 긁어낸 다음, 돌아갈 때는 돌가루 수십 개를 묻혀 간다고 가정하는 겁니다. 보통의 새라면 묻혀 가는 돌가루보다는 산꼭대기에 남겨 놓는 부리 찌꺼기가 더 많겠죠. 하지만 어차피 이 시나리오에서 정상적인 것은 거의 없으니, 그냥 그렇다고 치기로 해요.

그리고 우리는 매일 16시간씩 트윗을 읽는다고 칩시다. 우리 뒤로는 1,000년에 1번씩 새가 날아와, 100마일짜리 산꼭대기에 앉아 부리로 돌가루를 긁어냅니다.

이 산이 완전히 닳아 평지가 되면 '영원'의 첫 날이 지난 것입니다.

산이 다시 나타나 또 다른 영원의 하루 동안 똑같은 일이 반복됩니다. 영원의 하루(하루가 10^{32}년이에요)가 365번 지나면, 영원의 1년이 됩니다.

영원의 1년이 100번이면, 그래서 새가 3만 6,500개의 산을 갈아 없애고 나면, 영원의 1세기입니다.

하지만 영원의 1세기로도 부족합니다. 영원의 1,000년으로도 부족하고요.

저 트윗을 모두 읽으려면 영원의 1만 년이 필요합니다.

ΔΔΔΔΔΔΔΔΔΔ
ΔΔΔΔΔΔΔΔΔΔΔΔΔΔ
ΔΔΔΔΔΔΔΔΔΔΔΔΔΔΔΔ
ΔΔΔΔΔΔΔΔΔΔΔΔΔΔΔΔΔ
ΔΔΔΔΔΔΔΔΔΔΔΔΔΔΔΔΔ
ΔΔΔΔΔΔΔΔΔΔΔΔΔΔΔΔΔΔ
ΔΔΔΔΔΔΔΔΔΔΔΔΔΔΔΔΔΔ
ΔΔΔΔΔΔΔΔΔΔΔΔΔΔΔΔΔΔ
ΔΔΔΔΔΔΔΔΔΔΔΔΔΔΔΔΔΔ
ΔΔΔΔΔΔΔΔΔΔΔΔΔΔΔΔΔΔ
ΔΔΔΔΔΔΔΔΔΔΔΔΔΔΔΔΔΔ
ΔΔΔΔΔΔΔΔΔΔΔΔΔΔΔΔΔΔ
ΔΔΔΔΔΔΔΔΔΔΔΔΔΔΔΔΔΔ
ΔΔΔΔΔΔΔΔΔΔΔΔΔΔΔΔΔΔ
ΔΔΔΔΔΔΔΔΔΔΔΔΔΔΔΔΔΔ
ΔΔΔΔΔΔΔΔΔΔΔΔΔΔΔΔΔΔ

1만 년이면 문자가 발명되고 현대에 이르기까지 인류의 역사 전체를 지켜볼 수 있는 시간입니다. 그 속의 하루는 새가 산을 갈아 없애는 데 걸리는 시간이고요.

140자라고 하면 그리 많지 않아 보일지 몰라도, 그 140자로 우리가 할 수 있는 말은 '정말로' 끝이 없답니다.

레고로 다리를 놓으면

 레고Lego 블록으로 런던에서 뉴욕까지 차가 다닐 수 있게 다리를 건설하려면 레고 블록이 몇 개나 필요할까요? 지금까지 제조된 레고 블록이 그 정도가 되나요? - 제리 피터슨Jerry Petersen

A 목표를 조금만 줄여서 시작해 볼게요.

연결하기

분명 지금까지 만들어진 레고Lego(열성팬들은 레고를 꼭 'LEGO'로 쓰라고 하겠지요) 블록으로도 뉴욕에서 런던까지를 '연결'할 수는 있을 거예요. 레고LEGO(실제로 레고 그룹에서는 'LEGO®'로 써 달라고 합니다) 조각으로 따지자면, 뉴욕과 런던은 레고 블록의 돌기 7억 개만큼 떨어져 있는데요. 그 말은 곧 레고 블록을 아래와 같이 배치한다고 했을 때…

두 도시를 연결하는 데 3억 5,000만 개의 블록이 필요하다는 뜻이에요. 이렇게 만든 다리는 스스로를 지탱하지도 못하겠지요. 레고$^{LEGO®}$(글 쓰는 사람들에게는 트레이드마크까지 표기해야 할 법적 의무는 없어요. 위키피디아 스타일 가이드를 보니 'Lego'로 쓰라고 하네요) 인형 말고는 아무것도 수송하지도 못할 테고요. 하지만 이제 시작이니까요.

지금까지 생산된 레고^{Lego}(위키피디아 스타일 가이드도 비판이 없는 건 아니에요. 이 문제에 대한 대화방에 들어가 보면, 과열된 논쟁이 몇 페이지에 걸쳐 진행되어 있고, 그중에는 얼토당토않은 법적 협박을 해 놓은 것도 있습니다. 이탤릭체에 관해서도 논쟁이 있고요) 조각의 개수는 4,000억 개가 넘습니다. 하지만 그중에서 다리를 만드는 데 도움이 되는 것은 몇 개나 될까요? 한편 카펫 밑으로 사라져버린 손톱만한 헬멧 조각은 몇 개일까요?

우리는 레고^{LeGo}(네, 아무도 이렇게는 안 쓰지요) 조각 중에서 제일 흔한 2×4블록으로 다리를 만들어 보기로 하지요.

레고^{Lego}(그만 합시다) 키트 기록가이자 '피어론닷컴$^{Peeron.com}$'이라는 레고 데이터 사이트를 운영하는 댄 보거$^{Dan\ Boger}$의 데이터를 기반으로 대략 다음과 같은 추산 결과를 얻었는데요. '레고 조각 50개에서 100개 중 하나는 2×4 직사각형 블록이다.' 그렇다면 현존하는 2×4블록은 대략 50억에서 100억 개라는 얘기가 되고요. 이 정도면 한 줄로 우리의 다리를 만들기에 충분합니다.

자동차 지탱하기

물론 실제로 차가 다닐 수 있는 다리를 만들고 싶다면, 다리의 폭이 조금 더 넓어야 하겠죠.

아마도 다리는 물에 뜨도록 만드는 것이 좋겠죠? 대서양은 아주 깊은 바다일 뿐만 아니라, 레고 블록으로 5킬로미터짜리 기둥들을 만들 게 아니라면 말이죠.

이런! 열수구*에
블록 하나를 떨어뜨렸어요.

레고 블록은 서로 연결해도 물이 샐 뿐 아니라(전에 제가 레고로 보트를 만들어서 물에 띄워 보았는데 가라앉더라고요), 레고 재료인 플라스틱은 물보다 밀도가 높아요. 하지만 이 문제는 쉽게 해결할 수 있죠. 표면에 밀폐제를 발라서 물보다 훨씬 밀도가 낮은 블록을 만드는 거예요.

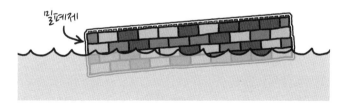

밀폐제

다리는 물 1세제곱미터의 자리를 차지할 때마다 400킬로그램을 수송할 수 있는데요. 보통의 승용차 1대는 2,000킬로그램이 안 되니까 승용차 1대를 지탱하려면 최소한 10세제곱미터의 레고가 필요하네요.

두께 1미터에 폭 5미터의 다리를 만든다면 문제없이 떠 있을 거예요. 물에 좀

---

*해저에서 뜨거운 물이 나오는 구멍

잠기더라도 그 위로 차가 다닐 수 있을 만큼 견고할 테고요.

레고 조각들Legos(이것 때문에 이메일 좀 받겠군요)은 상당히 튼튼합니다. BBC에서 조사한 결과에 따르면 2×2블록은 그 위로 25만 개를 쌓아야 제일 밑바닥의 것이 부서진다고 하네요(아마 뉴스거리가 없는 날이었던가 봐요).

이렇게 했을 때 가장 먼저 생기는 문제점은, 전 세계에 그만한 수의 레고 블록이 없다는 점이죠. 두 번째 문제는 바다고요.

극단의 힘

북대서양에는 폭풍우가 자주 치는데요. 우리가 만든 다리는 해류가 가장 빠르게 흐르는 멕시코 만류 지역은 피하겠지만, 여전히 강력한 바람과 파도와 마주쳐야 할 거예요.

우리는 이 다리를 얼마나 튼튼하게 만들 수 있을까요?

서던퀸즐랜드대학교의 연구원 트리스탄 로스트로Tristan Lostroh 덕분에, 일부 레고 연결부의 인장 강도引張 強度에 대한 데이터가 좀 있네요. 그 결론에 따르면, BBC의 조사 결과와 마찬가지로 레고 블록은 놀랄 만큼 튼튼하다고 해요.

최적의 설계는 다음과 같이 얇고 긴 판을 서로 겹치는 것이고요.

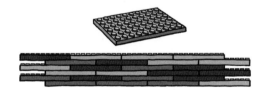

이 설계는 꽤 튼튼하지만(인장 강도가 콘크리트에 맞먹어요) 그것으로는 충분하지 않습니다. 바람과 파도, 그리고 해류가 다리의 중심부를 옆으로 밀어서 다리에 엄청난 장력이 가해질 테니까요.

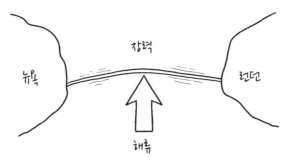

이런 상황에 대처하는 전통적인 해결책은, 다리를 땅에 고정시켜 한쪽으로 너무 멀리 떠내려가지 않게 하는 거지요. 만약 레고 블록 외에 케이블(과 밀폐제)도 사용해도 된다면, 해저에 다음과 같은 거대한 장치를 묶는 생각을 해볼 수 있습니다(만약 레고 조각을 이용하고 싶다면, 조그마한 나일론 로프가 들어 있는 키트를 가져와야겠죠).

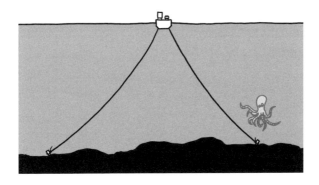

하지만 문제는 여기서 끝이 아닙니다. 잔잔한 웅덩이 위에 5미터짜리 다리가 놓여 있다면 차량을 지탱할 수 있을지 몰라도, 우리의 다리는 파도가 칠 때 물 위에 떠 있을 수 있는 크기가 되어야 하니까요. 외해에서 파도 높이는 보통 수 미터 정도니까 우리가 만들 다리는 물 위에 떠 있는 부분이 적어도 4미터는 되어야겠죠.

공기 주머니와 빈 공간을 늘려서 부력을 키울 수도 있지만 넓이도 늘려야 해요. 그렇지 않으면 다리가 옆으로 넘어져 버릴 테니까요. 그러면 고정시킬 닻도 더 설치해야 하고, 그 닻이 가라앉지 않게 부낭浮囊도 추가해야겠지요. 부낭 때문에 장력이 늘어나면 케이블에 가해지는 스트레스도 증가할 테고, 그러면 우리의 구조물은 아래로 내려갈 테니 구조물에는 더 많은 부낭이 필요하고….

잠깐, 이럴 거면 기둥을 설치하는 거랑 무슨 차이가 있나요?

해저

해저까지 다리를 설치하려고 하면 몇 가지 문제가 생깁니다. 압력 때문에 공기 주머니를 유지할 수 없을 테니 구조물이 스스로의 무게를 지탱해야 한다는 거지요. 해류에서 오는 압력을 처리하려면 구조물을 더 넓게 만들어야 할 겁니다. 결과적으로 우리는 둑길을 만들고 있는 셈이에요.

이렇게 되면 우리의 다리는 북대서양의 해류 순환을 끊어 놓는 부작용을 낳게 됩니다. 기후학자들에 따르면 '아마 좋지 못할' 거예요(저한테 계속 이런 말을 하더라고요. "잠깐만요. 뭘 짓는다고요?" "그런데 대체 여기는 어떻게 들어온 거예요?").

게다가 이 다리는 대서양 중앙 해령을 지나게 됩니다. 대서양의 바닥은 가운데 있는 이음새에서부터 바깥쪽으로, 112일마다 레고 유닛 하나의 속도로 벌어지고 있는데요. 그렇다면 우리는 신축 이음새를 만들거나 112일마다 다리 가운데까지 가서 블록을 잔뜩 추가해야 할 겁니다.

비용

레고 블록은 ABS 플라스틱으로 만드는데요. 이 글을 쓰는 현재 이 플라스틱은 킬로그램당 1달러 정도 합니다. 우리 설계들 중에서 가장 간단한 설계(킬로미터 길이의 철강 밧줄을 사용하는 것)로 다리를 만든다고 해도, 5조 달러 이상이 소요될 거예요.

그러면 한번 생각해 보죠. 런던 부동산 시장의 총 가치가 2.1조원이고 대서양을 건너는 운송료는 1톤당 30달러 정도인데요.

그렇다면 우리가 런던에 있는 모든 부동산을 사들여서 조각조각 내어 배에 싣고 뉴욕으로 가도, 이 다리의 건설 비용만큼은 들지 않는다는 얘기지요. 그러고 나서 뉴욕 항에 있는 새로운 섬에 그 조각들을 조립한 다음, 두 도시를 훨씬 간단한 레고 다리로 이으면 되겠지요.

어쩌면 그러고도 돈이 남아서 근사한 '밀레니엄 팰콘 키트Millennium Falcon kit'*를 살 수 있을지 모른답니다.

---

*〈스타워즈〉에서 한솔로 선장이 조종하는 우주선 팰콘호를 만들 수 있는 레고 세트

가장 오랜 일몰

Q 포장도로를 규정속도로 달린다고 할 때, 가장 오랫동안 일몰을 경험할 수 있는
방법이 뭘까요? - 마이클 버그Michael Berg

A 이 질문에 답을 하려면 우선, '일몰'이 무엇을 뜻하는지부터 정확히 정의하
고 넘어가야 합니다.

다음과 같은 것이 일몰이지요.

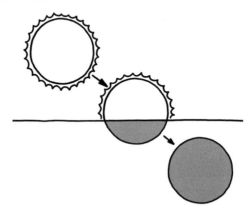

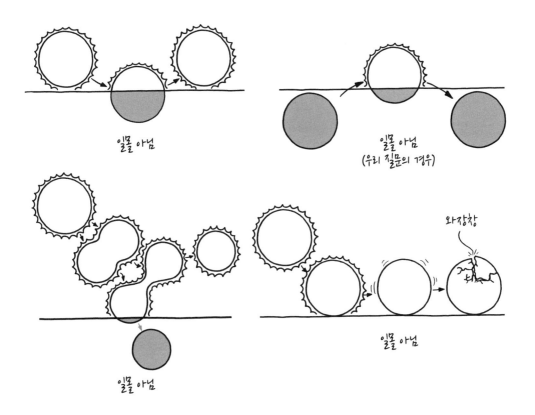

일몰 아님

일몰 아님
(우리 질문의 경우)

와장창

일몰 아님

일몰 아님

　일몰은 태양이 지평선 또는 수평선과 닿는 순간부터 완전히 사라질 때까지를 말합니다. 태양이 지평선 등에 닿았다가 다시 올라온다면 일몰이라고 할 수 없겠죠.

　일몰이라고 하려면, 태양이 제대로 된 지평선 아래로 내려가야 합니다. 근처 언덕에 숨는 것으로는 안 되고요. 그러니까 다음과 같은 경우는 일몰처럼 보이더라도 일몰이 아니에요.

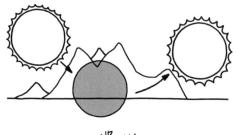

일몰 아님

이것을 일몰로 칠 수 없는 이유는, 바위 뒤에 숨는다든지 하는 식으로 임의의 장애물을 이용해도 된다면, 언제든지 일몰을 유발할 수 있기 때문이지요.

굴절도 생각하지 않을 수 없는데요, 지구의 대기는 빛을 굴절시키기 때문에 태양이 지평선에 있을 때 태양 하나의 폭만큼 더 높이 있는 것처럼 보입니다. 표준 관행은 이 효과를 계산에 모두 포함하는 것이니, 우리도 한번 그렇게 해 보도록 하죠.

3월과 9월, 적도에서 일몰은 2분이 약간 넘게 걸립니다. 극지방에 더 가까운 런던 같은 곳에서는 200에서 300초 정도가 걸릴 수도 있고요. 일몰은 봄가을에 (태양이 적도 위에 있을 때) 가장 짧고, 여름이나 겨울에 가장 깁니다.

3월 초에 남극에 가만히 서 있으면 태양이 온종일 하늘에 있습니다. 지평선 바로 위에서 동그라미를 그리거든요. 3월 21일 즈음에 지평선에 닿을 때가 1년 중 유일한 일몰이 됩니다. 이 일몰은 38시간에서 40시간 정도 걸리는데요. 이 말은, 곧 해가 떨어지는 동안 지평선 근처에서 1바퀴 이상을 돈다는 얘기지요.

하지만 우리 질문은 아주 치밀하게 정의가 되어 있네요. 포장도로에서 가장 오래 경험할 수 있는 일몰이라고 하니까요. 남극에 있는 연구 기지에도 도로가 하나 있지만 포장도로는 아니에요. 눈을 다져서 만든 것이거든요. 남극과 북극 어디에도 포장도로는 없습니다.

포장도로 중에서 양쪽 극지방에 가장 가까운 도로는 아마 롱예르뷔엔에 있는 중심 도로일 겁니다. 노르웨이 스발바르 제도에 있는 것이지요. 롱예르뷔엔의 공항 활주로 끝이 아마 북극에 조금 더 가깝겠지만, 거기로 차를 몰고 갔다가는 곤란한 일이 생길 수도 있습니다.

롱예르뷔엔에서 북극까지 거리는 사실 맥머도기지McMurdo Station에서 남극까지 보다 더 가깝습니다. 북쪽으로 더 올라가면 군사 기지며 연구 기지, 어업 기지 등이 몇 개 더 있지만, 도로라고 할 만한 곳은 없어요. 보통 자갈과 눈으로 만들어진 활주로뿐이지요.

차를 몰고 롱예르뷔엔 시내를 돌아다닌다면('북극곰 통행로' 표지판 앞에서 사진도 1장 찍으시고요), 가장 길게 경험할 수 있는 일몰은 아마 1시간이 조금 못 될 겁니다. 실은 운전을 하느냐는 별로 문제가 되지 않아요. 마을이 너무 작아서 이동해 봤자 큰 차이가 없거든요.

하지만 중앙 도로로 간다면 길이 더 길기 때문에 더 좋은 결과를 얻을 수 있습니다.

열대지방에서 출발해 포장도로로만 달려 북쪽으로 가장 멀리 갈 수 있는 곳은, 노르웨이에 있는 69번 유러피안 도로의 끝까지입니다. 이곳에는 스칸디나비아 북부를 가로지르는 도로가 많으니 여기서 시작하면 되겠네요. 하지만 어느 도로를 타야 할까요?

언뜻 드는 생각으로는 가능한 북쪽에 가까운 도로가 좋아 보입니다. 북극에 가까울수록 태양을 따라가기가 더 쉬우니까요.

하지만 알고 보면 태양을 따라가는 것은 좋은 전략이 아니랍니다. 위도가 높은 노르웨이라고는 해도 태양이 너무 빠르거든요. 69번 유러피안 도로(포장도로를 달리면서 적도에서 가장 멀리 갈 수 있는 곳)의 끝이라고 해도, 태양을 따라잡으려면 음속의 절반 정도 되는 속도로 운전을 해야 합니다. 그리고 69번 유러피안 도로는 동서가 아니라 남북 방향으로 나 있기 때문에 어차피 달리다 보면 바렌츠 해로 뛰어들어야 해요.

다행히 더 나은 방법이 있네요.

태양이 지자마자 떠오르는 날에 노르웨이 북부에 있다면 명암 경계선terminator 이 다음과 같은 패턴으로 움직입니다.

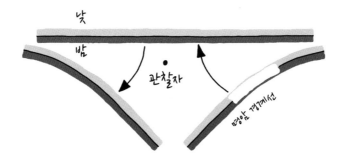

(다른 터미네이터Terminator*와 헷갈리지 마세요. 다른 터미네이터는 아래와 같이 움 직일 테니까요.)

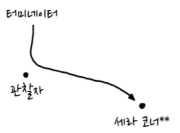

어느 터미네이터에서 먼 쪽으로 달려야 할지 결정을 못 내리겠네요.

---

*영어로 명암 경계선은 영화 〈터미네이터〉와 철자가 동일하다.
**영화 〈터미네이터〉의 여주인공

일몰을 오랫동안 보고 싶다면 방법은 간단합니다. 명암 경계선이 여러분이 있는 곳에 닿을락 말락 해지는 날을 기다립니다. 차에 앉아 있다가 명암 경계선이 접근해 오면, 명암 경계선보다 조금 앞선 위치를 지키면서 최대한 오랫동안 (해당 동네의 도로 모양에 따라 달라지겠죠) 북쪽으로 달리는 겁니다. 그런 다음 유턴을 해서 이번에는 남쪽으로 빠르게 달리는 겁니다. 명암 경계선을 지나 어둠 속으로 안전히 들어갈 수 있게 말이죠(이 전략은 다른 터미네이터에게도 효과가 있습니다).

놀랍게도 북극권 어디에서나 이 전략은 똑같이 효과가 있습니다. 그러니 핀란드와 노르웨이의 많은 도로에서 이 전략을 쓰면 긴 일몰을 경험할 수 있습니다. 제가 파이에펨PyEphem 프로그램*과 노르웨이 고속도로의 GPS 기록을 사용해 긴 일몰을 경험할 수 있는 도로를 조사해 봤습니다. 다양한 도로에서 여러 주행 속도를 적용해 보았더니, 가장 긴 일몰은 일관되게 약 95분 정도더군요. 이 정도면 스발바르 제도의 한 장소에 가만히 앉아 있는 것보다 40분이나 늘어난 셈입니다.

하지만 그냥 계속 스발바르 제도에 있으면서 일몰(혹은 일출)을 조금 더 길게 느끼고 싶다면, 반시계 방향으로 뱅그르르 도는 방법도 있습니다(http://xkcd.com/162/의 '각 운동량Angular Momentum' 참조). 이렇게 한다고 해도 1나노초도 안 되는, 거의 측정이 안 될 만큼 적은 시간밖에 늘어나지 않는 건 사실이에요. 하지만 누구와 함께 있느냐에 따라…

---

*천문학 계산을 수행해 주는 프로그램

그럴 만한 가치가 있을지도 모르잖아요.

무작위로 전화를 걸면

Q 무작위 번호로 전화를 걸어서 "빨리 나으시길God bless you*"이라고 했는데, 전화 받은 사람이 방금 재채기를 했을 확률은 얼마인가요? - 미미Mimi

A 이 문제는 확률을 제대로 구하기가 쉽지 않은데요. 아마 4만분의 1정도 될 겁니다.

---

*누군가가 재채기를 했을 때 옆에 있는 사람이 해 주는 말

수화기를 들기 전에 명심해야 할 점은, 여러분이 전화를 거는 사람이 방금 누군가를 살해했을 확률도 대략 10억분의 1은 된다는 거죠(10만 명 중의 4명이라는 비율을 기초로 한 것입니다. 이는 미국 평균인데 산업화된 국가치고는 높은 축에 속하죠). 그러니 좋은 얘기를 하더라도 좀 조심할 필요가 있을 거예요.

하지만 살인보다는 재채기가 훨씬 흔하다는 점을 고려할 때(여러분도 살아 있잖아요!), 살인자와 통화를 할 확률보다는 재채기를 한 사람과 연결될 확률이 훨씬 더 큽니다. 그러니 다음과 같은 전략은 추천하지 않아요.

저는 이제 사람들이 재채기를 하면 이렇게 말하려고요.

살인율에 비해 재채기율에 대한 학문적 연구는 별로 진행되지 못했는데요. 평균 재채기 횟수에 관해 가장 널리 인용되는 수치는 ABC뉴스에서 한 의사가 인터뷰한 내용입니다. 1인당 1년에 200번이라고 못을 박았었죠.

재채기에 관한 데이터를 얻을 수 있는 몇 안 되는 연구 중에는, 알레르기 반응을 유도한 사람의 재채기를 모니터링한 내용이 있습니다. 평균적인 재채기 비율을 추정하려면, 연구진들이 수집하려고 했던 진짜 의학적인 데이터는 무시하고 대조군만 살펴보면 되겠죠. 이들은 알레르기 유발 물질을 전혀 투여받지 않았고, 혼자서 방 안에 20분씩 176번을(비틀즈의 〈헤이 주드Hey Jude〉를 490번 들을 수 있는 시간이지요) 앉아 있었으니까요.

대조군의 실험 참가자들은 58시간 정도 되는 시간 동안 재채기를 4번 했습니다(58시간 동안 조사해서 얻어 낸 가장 흥미로운 데이터가 재채기 4번이라면, 저는 그냥 〈헤이 주드〉를 490번 들을 것 같아요). 깨어 있을 동안에만 재채기를 한다고 봤을 때, 1인당 1년에 400번 재채기를 한다는 얘기지요.

구글 스칼러Google Scholar에서 검색해 보니 2012년에 '재채기'라는 단어를 포함한 논문은 5,980개가 나오네요. 그중 절반이 미국에서 나온 것이고 평균 4명의 저자가 있다면, 전화를 걸었을 때 그날 재채기에 관한 논문을 발표한 사람이 받을 확률은 1,000만 분의 1 정도입니다.

반면 매년 미국에서는 대략 60명의 사람이 번개에 맞아 죽습니다. 그렇다면 번개 맞아 죽은 사람에게 30초 이내에 전화를 걸 확률은 10,000,000,000,000분의 1에 불과하네요.

마지막으로, 이 책이 출판된 날에 이 책을 읽은 사람 중 5명이 실제로 이 실험을 해 보기로 했다고 칩시다. 이 사람들이 온종일 전화를 건다면, 받는 사람 역시 '빨리 나으시길' 전화를 돌리느라 통화 중일 확률은 3만분의 1 정도 됩니다.

그리고 이들 중 두 사람이 동시에 서로에게 전화를 걸 확률은 10조분의 1 정도 됩니다.

이쯤 되면, 확률이고 뭐고 두 사람 다 번개에 맞을 거예요.

이상하고 걱정스러운 질문들 10

Q 칼에 몸통을 찔렸는데 중요 장기는 하나도 안 다치고 살아남을 확률은 얼마인가
요? - 토머스Thomas

제 친구 대신에 물어 보는 거예요.
제 말은… 친구였던 녀석이요.

Q 오토바이를 타고 곡선 경사로에서 뛰어내리는데 낙하산을 펼쳐 안전하게 착지
하려면 얼마나 빨리 움직여야 하나요? - 익명

Q 만일 매일 누구나 칠면조가 될 확률이 1퍼센트이고, 어느 칠면조이든 사람이 될
확률이 1퍼센트라면 무슨 일이 일어날까요? -케네스Kenneth

지구가 팽창한다면

Q 지구의 평균 반지름이 매초 1센티미터씩 커진다면 사람들이 체중이 늘었다는 것을 깨닫는 데까지 얼마나 걸릴까요? (평균적인 암석 구성은 그대로라고 치고요.) - 데니스 오도넬Dennis O'Donnell

A 지금 지구는 팽창하고 있지 않습니다.

하지만 사람들이 그렇지 않을까 하고 생각한 지는 오래되었죠. 1960년대에 대륙 이동설이 확인되기 전에도(판구조론을 확인하는 확실한 증거가 되었던 것은 해저가 확장 중이라는 사실을 발견한 일이었습니다. 해저가 확장되는 방식과 자기장 역전 현상이 서로 맞아떨어졌던 부분은 과학사에서 제가 아주 좋아하는 부분 중 하나랍니다) 사람들은 대륙들이 서로 맞물리게 생겼다는 점을 알고 있었습니다. 그래서 그 점을 설명하기 위해 다양한 아이디어들이 등장했죠. 그중에는 지구가 팽창하면서 매끈했던 표면이 갈라져 생긴 균열이 해양 분지라는 설도 있었습니다. 널리 퍼진 적은 없는 가설이지만(알고 보니 다소 바보 같은 이론이었어요), 아직도 종종 주기적으로 유튜브를 돌아다니고 있답니다.

땅에 균열이 생기는 문제를 피하기 위해, 지각에서 핵에 이르기까지 지구의 모든 물질이 일관되게 팽창한다고 생각합시다. 또 바닷물이 다시 빠지는 일이 생기지 않도록 해양도 팽창한다고 생각하기로 해요(알고 보니 해양은 실제로 팽창 중이네요. 기후가 점점 따뜻해지기 때문이지요. 현재로서는 해수면이 상승하는 주된 이유는 이것이랍니다). 인간이 세운 모든 구조물은 그대로 있고요.

t = 1초

지구가 팽창하기 시작하면서 약간의 덜컹임을 느끼거나, 잠시 균형을 잃을 수도 있습니다. 아주 잠깐이겠지만요. 초당 1센티미터의 속도로 꾸준히 상승 중이기 때문에 어떤 가속도를 느끼지는 않을 겁니다. 남은 하루 동안은 거의 별다른 점을 느끼지 못할 거예요.

t = 하루

첫날이 지나면 지구는 864미터가 팽창한 상태입니다.

중력이 눈에 띄게 증가하려면 오랜 시간이 걸릴 거예요. 팽창이 시작되었을 때 70킬로그램인 사람이라면, 첫날이 끝날 때는 70.01킬로그램일 겁니다.

도로와 다리는 어떻게 되는 걸까요? 결국에는 부러져야 되겠죠?

하지만 생각하는 것처럼 그런 일이 빨리 벌어지지는 않습니다. 제가 전에 이런 수수께끼를 들은 적이 있는데요.

지구에 단단하게 로프를 묶었다고 상상해 보세요. 로프로 지구 표면을 1바퀴 감았다고요.

이제 로프를 땅에서 1미터 떨어뜨린다고 상상해 보세요.

로프의 길이는 얼마나 더 길어져야 할까요?

로프가 몇 마일은 더 필요하다고 생각할 수도 있지만, 정답은 6.28미터입니다. 원주의 길이는 반지름에 비례하니까 반지름을 1단위로 증가시켰다면 원주는 2π단위만큼 증가하는 것이죠.

4만 킬로미터짜리 줄을 6.28미터 늘려봤자 거의 표도 안 납니다. 하루가 지나도 5.4킬로미터가 추가될 뿐이니까 모든 구조물이 쉽게 견딜 수 있어요. 매일 콘크리트는 그보다 더 많이 팽창하고 수축하거든요.

처음에 1번 덜컹한 이후로, 사람들이 처음 눈치채는 것은 GPS가 더 이상 작동하지 않는다는 점입니다. 인공위성은 거의 같은 궤도를 돌고 있을 텐데 GPS 시스템은 정교한 시간 계산 방식에 기초하고 있는데 이것이 몇 시간 내에 완전히 깨져 버릴 테니까요. GPS의 시간 계산은 믿기지 않을 만큼 정확합니다. 수많은 공학 문제 중에서 공학자들이 특수 상대성과 일반 상대성을 동시에 고려해야만 하는 몇 안 되는 문제 중 하나예요.

그 외 대부분의 시계는 잘 작동하고 있을 겁니다. 하지만 아주 정확한 진자시계라면 약간 이상하다고 느낄 수도 있어요. 첫날이 끝날 때 원래보다 3초 정도 빨라져 있을 테니까요.

t = 1달

1달 후에 지구는 26킬로미터 팽창해 있을 겁니다. 0.4퍼센트가 늘어난 거죠. 질량은 1.2퍼센트가 증가했을 테지만, 표면 중력은 1.2퍼센트가 아니라 0.4퍼센트밖에 증가하지 않았을 겁니다. 표면 중력은 반지름에 비례하기 때문이지요(질량은 반지름의 세제곱에 비례합니다. 중력은 질량에 비례하고 반지름의 제곱에 반비례합니다. 그러니까 반지름^3/반지름^2 = 반지름이 되는 거지요).

저울에 올라갔을 때 체중이 달라진 것을 눈치챘을 수도 있지만, 대수로운 정도는 아닙니다. 중력은 여러 도시들 간에도 이 정도는 차이가 있으니까요. 디지털 저울을 살 거라면 이 점을 염두에 두는 게 좋습니다. 저울이 소수점 이하 두 자리까지 표시될 정도로 정확하다면, 시험 중량을 가지고 눈금을 맞추는 게 필요해요. 저울 공장의 중력이 우리 집 중력과 반드시 같지는 않으니까요.

아직 중력이 증가한 것은 눈치채지 못했더라도, 지구가 팽창한 것은 눈치챘을 겁니다. 1달이 지나면 기다란 콘크리트 구조물에 금이 가서 벌어진 것들을 많이 보게 될 테니까요. 고가 도로나 오래된 다리가 못 쓰게 된 경우도 있을 겁니다. 대부분의 건물은 아마도 문제가 없겠지만, 기반암에 단단히 고정해 둔 건물들은 예상치 못한 움직임을 보이기 시작할지도 모릅니다(여러분이 고층 빌딩을 보며 바라던 바로 그런 일 말이죠).

이쯤 되면 국제우주정거장에 있는 우주 비행사들은 점점 걱정이 되기 시작할 겁니다. 땅이 (그리고 대기가) 자신들을 향해 점점 올라오고 있을 뿐만 아니라, 증가된 중력 때문에 궤도가 천천히 쪼그라들 테니까요. 우주 비행사들은 얼른 대피해야 해요. 몇 달 지나지 않아 기지는 대기권에 재진입하고 궤도를 벗어날 테니까요.

t = 1년

1년이 지나면 중력이 5퍼센트 강해졌을 겁니다. 사람들은 체중이 늘어난 것도 알게 되겠죠. 도로나 다리, 전선, 인공위성, 해저 케이블 등은 분명히 망가진 것을 알게 될 겁니다. 진자시계는 지금쯤 5일을 앞서 가고 있겠지요.

한편, 대기는 어떨까요?

육지나 바다처럼 대기도 함께 커지지 않는다면 기압이 떨어지기 시작할 겁니다. 이것은 여러 요인이 작용된 결과인데요. 중력이 증가하면 공기가 무거워집니다. 하지만 공기가 더 넓은 면적에 걸쳐 퍼져 있기 때문에 전체적인 효과는 기압 '감소'로 나타나는 거죠.

반면에 대기도 함께 팽창하고 있다면, 표면 기압이 상승할 겁니다. 여러 해가 지나고 나면, 에베레스트 산 정상도 더 이상 '죽음의 지대'가 아니겠지요. 반면에, 우리는 더 무거워졌기 때문에 (그리고 산은 더 높아졌기 때문에) 등산은 더욱더 힘든 일이 될 겁니다.

t = 5년

5년이 지나면 중력은 25퍼센트가 더 강해졌을 거예요. 팽창이 시작됐을 때 70킬로그램이었던 사람이 이제는 88킬로그램이 되었겠죠.

대부분의 인프라 시설은 붕괴됐을 겁니다. 하지만 그 원인은 중력 증가가 아니라 시설 밑에 있는 땅이 팽창했기 때문일 거예요. 놀랍게도 대부분의 고층 빌딩은 중력이 훨씬 많이 증가해도 꽤 잘 견딜 겁니다(그래도 저라면 엘리베이터는 안 탈 거예요). 왜냐하면 고층 빌딩 대부분의 한계 요인은 무게가 아닌 바람이기 때문이지요.

t = 10년

10년이 지나면 중력은 50퍼센트가 더 강해졌을 겁니다. 대기가 팽창하지 않는 시나리오의 경우에는, 공기가 너무 희박해져서 해수면 높이에서조차 호흡 곤란을 겪겠죠. 대기도 팽창하는 시나리오라면, 우리도 조금은 더 견딜 수 있을 겁니다.

t = 40년

40년이 지나면 지구의 표면 중력은 3배가 되었을 겁니다. 수십 년 동안 중력은 여러분의 생각보다 약간 더 빠르게 증가했을 거예요. 지구에 있는 물질들이 자체 무게로 인해 압축되기 때문이지요. 지구 내부의 이 압력은 표면적의 제곱과 대략 비례하기 때문에 지구의 핵은 단단하게 눌릴 겁니다(http://cseligman.com/text/planets/internalpressure.htm. 참조). 이쯤 되면 아무리 튼튼한 사람도 걷는 것조차 아주 힘들겠지요. 숨 쉬는 것도 힘들 테고요. 나무들은 쓰러질 테고, 작물들도 자체 무게를 견디지 못할 겁니다. 여러 물질이 더 낮은 정지각靜止角*을 찾으려고 할 테니, 산비탈마다 대규모 산사태가 발생할 겁니다.

지질 활동도 가속화되겠죠. 지구에서 나는 열의 대부분은 지각과 맨틀에 있는 광물들이 방사선 붕괴를 해서 나오는 열인데(우라늄 같은 일부 방사선 물질은 무겁지만 더 낮은 층에서는 꽉꽉 눌립니다. 그 정도 깊이에서는 원자들이 암석 격자와 잘 맞물리지 않기 때문이지요. 자세한 내용은 다음 장을 봐주세요. http://igppweb.ucsd.edu/~guy/sio103/chap3.pdf 그리고 다음 글 참조. http://world-nuclear.org/info/Nuclear-Fuel-Cycle/Uranium-Resources/The-Cosmic-Origins-of-Uranium/#.UlxuGmRDJf4.) 지구가 더 커진다는 것은 열도 더 많아진다는 뜻이죠. 부피가 표면보다 더 빠르게 팽창하기 때문에 1제곱미터당 열 방출량이 전체적으로 상승할 겁니다.

하지만 이 정도로 지구가 많이 따뜻해지지는 않습니다. 지표의 온도에 압도적으로 큰 영향을 주는 것은 대기와 태양이니까요. 하지만 화산이 더 많아지고, 지진도 더 잦아지며, 지반 이동도 더 빨라질 겁니다. 수십억 년 전의 지구 모습과 비슷한데요. 그때는 방사선 물질도 더 많았고, 맨틀도 더 뜨거웠습니다.

어쩌면 좀 더 활동적인 판구조가 생명체에게는 더 좋을 수도 있습니다. 판구조론은 지구의 기후를 안정화시키는 데 핵심적인 역할을 하죠. (화성처럼) 지구보다 작은 행성들은 장기적인 지질학적 활동을 유지할 만큼 충분한 내부 열이 없습니다. 행성이 클수록 더 많은 지질학적 활동이 가능하기 때문에, 일부 과학자들은 지구만 한 외계 행성보다는 지구보다 살짝 큰 외계 행성('슈퍼 지구들super-Earths')이 생명체가 살기에는 더 유리할 수도 있다고 생각합니다.

---

*흘러내리지 않을 수 있는 최대 각도

t = 100년

100년이 지나면 우리는 6g의 중력을 경험하고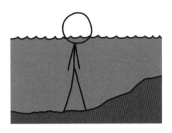
있을 겁니다. 음식을 찾으러 돌아다닐 수도 없을
뿐더러, 우리의 심장으로는 혈액을 뇌까지 펌프
질해 보낼 수가 없을 겁니다. 오직 작은 곤충들
(과 해양 동물들)만이 물리적으로 돌아다닐 수 있겠죠. 어쩌면 인간은 압력을 조
절하도록 특수 제작된 돔에서 살아남을 수도 있을 겁니다. 신체 대부분이 물에
잠긴 채로 돌아다니겠지요.

이런 상황이라면 호흡도 쉽지 않을 겁니다. 물의 무게에 반해서 공기를 빨아
들이기는 쉽지 않죠. 사람의 폐가 수면 가까이에 있을 때만 스노클이 작동하는
것도 바로 이런 이유 때문입니다.

저기압 상태의 돔 밖에서는 다른 이유 때문에 공기로 숨을 쉴 수가 없을 거예
요. 6기압 정도가 되면 평범한 공기에도 독성이 생기거든요. 다른 모든 문제를
극복하고 살아남았다고 하더라도, 100년 후 우리는 산소의 독성 때문에 죽었을
겁니다. 독성 문제를 차치하더라도 밀도가 높은 공기는 호흡하기가 쉽지 않은데
다름 아니라 '무겁기' 때문이죠.

블랙홀?

그렇다면 지구는 언제 결국 블랙홀이 될까요?

답하기가 쉽지 않은 이유는, 이 질문의 전제가 밀도를 그대로 유지하면서 꾸
준히 팽창한다고 가정하고 있기 때문입니다. 반면에 블랙홀에서는 밀도가 증가
하죠.

거대한 암석질인 행성에 대해 분석해 보는 사람은 별로 없습니다. 그런 게 생

길 이유가 없다고 보기 때문이죠. 크기가 이 정도로 커지면 중력도 크기 때문에 행성이 형성될 때 수소와 헬륨을 끌어 모아 가스 행성이 됩니다.

어느 시점이 되면 꾸준히 커지던 지구는 질량이 더 커짐에도 불구하고 팽창하는 것이 아니라 수축하게 될 겁니다. 이 지점 이후에는 붕괴되어 털털거리는 백색왜성이나 중성자별 같은 것이 되겠지요. 그리고 나서도 계속 질량이 커진다면, 결국은 블랙홀이 될 겁니다.

하지만 거기까지 가기 전에…

t = 300년

인간이 이렇게까지 오래 살 수 없다는 점이 아깝네요. 왜냐하면 이쯤 되면 정말 근사한 일이 벌어질 거거든요.

지구가 커짐에 따라 다른 여러 인공위성들과 마찬가지로 달도 점차 안쪽으로 나선형을 그리며 움직일 겁니다. 몇백 년이 지난 후에는 달이 불어난 지구에 너무 가까워져서 지구와 달 사이의 조석력이 달을 하나로 뭉쳐 주는 중력보다도 더 커지겠죠.

달이 이 점('로슈 한계Roche limit'라고 하는데요)을 지나게 되면 서서히 쪼개져서 (달님, 미안해요!) 잠시 동안이기는 하지만 지구에 고리가 생길 거예요.

진작에 로슈 한계 안쪽에 뭔가 있었다면 지구에도 이렇게 예쁜 고리가 있었을 텐데 말이죠.

무중력 상태에서 화살을 쏘면

Q 지구와 똑같은 대기를 갖고 있지만 중력이 0이라면, 활에서 쏜 화살이 공기 마찰에 의해 멈추기까지 시간이 얼마나 걸리나요? 결국은 정지해서 공중에 둥둥 떠 있게 되나요? - 마크 에스타노Mark Estano

A 누구나 1번쯤은 생각해 봤을 겁니다. 거대한 우주정거장 한가운데 서서 활과 화살로 누군가를 맞히려는 것 말이에요.

일반적인 물리학 문제와 달리 이 시나리오는 설정이 거꾸로 되어 있습니다. 보통은 중력을 고려하고, 공기 저항은 무시하죠(그리고 보통 우주 비행사를 활과 화살로 쏘지는 않습니다. 적어도 학부 수준에서는요).

여러분의 짐작대로 화살은 공기 저항에 의해 속도가 느려지다가 결국은 멈출 겁니다. 아주 아주 멀리 날아간 후에 말이죠. 그리고 다행히도 그렇게 날아가는 대부분의 시간 동안 누군가에게 큰 위험은 되지 않을 겁니다.

그러면 이제 무슨 일이 벌어지는지 좀 더 자세히 살펴볼까요?

화살을 초속 85미터 속도로 쏘았다고 칩시다. 이 정도면 메이저리그 패스트볼보다는 2배 정도 빠르고, 초속 100미터 정도인 고성능 콤파운드 활보다는 약간 느린 속도죠.

화살은 금세 느려질 겁니다. 공기 저항은 속도의 제곱에 비례하기 때문에, 활이 빠르게 날아가면 항력도 커집니다.

10초가 지나면 활은 400미터를 날아갔고, 속도는 초속 85미터에서 초속 25미터로 떨어졌을 겁니다. 초속 25미터면 보통 사람이 화살을 '던질' 때 정도의 속도지요.

이 정도 속도면 화살은 훨씬 덜 위험할 겁니다.

사냥꾼들을 보면, 화살의 속도가 조금만 달라도 죽일 수 있는 동물의 크기가 완전히 달라지는 것을 알 수 있습니다. 초속 100미터로 날아가는 25그램 짜리 화살은 엘크(대형 사슴)나 흑곰도 죽일 수 있지만, 초속 70미터면 작은 사슴 1마리도 죽일 수 있을까 싶은 속도니까요. 물론 우

리의 경우에는 우주 사슴이겠죠.

이 범위를 벗어나게 되면 화살은 더 이상 특별히 위험하지 않습니다. 그렇지만 멈추려면 아직도 한참 멀었습니다.

5분이 지나면 화살은 약 1마일(1.6킬로미터) 정도를 날아갔고, 대략 사람의 걷는 속도 정도가 될 겁니다. 이 정도 속도에서는 항력이 아주 적기 때문에, 아주 조금씩만 느려지면서 계속 날아가는 거죠.

이쯤 되면 이 화살은 지구 상의 그 어느 화살이 갈 수 있는 것보다 멀리 날아갔을 겁니다. 고성능 활로 쏜 화살은 평지에서 수백 미터 정도 날아가지만, 손으로 쏜 화살의 세계 기록은 1킬로미터가 약간 넘습니다.

이 기록은 1987년 궁수인 돈 브라운Don Brown이 세운 것인데요, 브라운은 전통적인 활과는 완전히 모양이 다른, 무시무시하게 생긴 장치에서 얇은 금속 봉을 쏘아 이 기록을 세웠습니다.

활을 쏜 지 1시간 이상이 지나 화살이 점점 더 느려지면 기류가 바뀝니다.

공기에는 점성이 거의 없죠. 즉, 끈적거리지 않는다는 얘기입니다. 그렇다면 날아가는 물체가 경험하는 항력은, 헤치고 나아가는 공기의 모멘텀momentum* 때문에 생기는 것입니다. 공기 분자들 사이의 응집력 때문이 아닌 거죠. 다시 말해 꿀이 가득 들어 있는 욕조 속을 손으로 헤집는 것이 아니라, 물이 들어 있는 욕조 속을 손으로 헤집는 것과 같다는 얘기예요.

몇 시간이 지나면 화살은 움직이는 게 잘 보이지도 않을 정도로 속도가 느려질 겁니다. 이쯤 되면, 공기가 비교적 고요하다고 했을 때, 공기는 마치 물이 아니라 꿀처럼 작용하기 시작합니다. 그리고 화살은 아주 서서히 멈추게 됩니다.

정확한 범위는 화살의 자세한 디자인에 따라 크게 좌우됩니다. 속도가 느릴 때는 화살 모양의 작은 차이도 기류의 성질을 크게 바꿔 놓을 수 있습니다. 화살은 최소한 수 킬로미터는 날아갈 테고 5~10킬로미터까지도 생각해 볼 수 있습니다.

하지만 문제는 이거예요. 현재 지구와 비슷한 대기를 갖고 있으면서 중력이 0인 환경은 국제우주정거장밖에 없습니다. 그리고 국제우주정거장에서 가장 큰 모듈인 키보Kibo는 길이가 10미터에 불과합니다.

그렇다면 실제로 이 실험을 진행했을 경우, 화살은 10미터도 못 날아간다는

---

*운동량 혹은 가속도

거죠. 그렇다면 이 화살은 멈추던가 아니면 정말로 누군가를 큰 곤경에 빠뜨릴 지도 모릅니다.

태양이 없다면

Q 태양이 갑자기 꺼진다면 지구에는 무슨 일이 생길까요? - 아주 많은 독자들

A 아마도 이것이 가장 많이 받는 질문일 겁니다.

그럼에도 불구하고 제가 지금까지 답변을 달지 않았던 것은, 이미 다른 사람들이 답을 내놓은 탓도 있습니다. 구글에서 '태양이 꺼진다면'으로 검색해 보면 이 상황을 철저히 분석해 놓은 훌륭한 글들을 아주 많이 볼 수 있으니까요.

하지만 이 질문이 올라오는 빈도가 계속 커지고 있어서, 저도 결국 최선을 다해 답변해 보기로 마음먹었습니다.

태양이 꺼진다면,

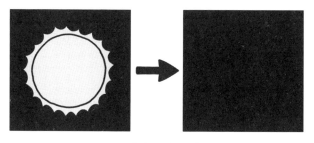

태양이 꺼진다 :(

태양이 정확히 왜 꺼졌느냐 하는 문제는 걱정하지 않겠습니다. 그냥 빨리감기를 해서 태양이 모든 진화 과정을 끝내고 차가운 비활성의 구가 되었다고 가정하는 겁니다. 그렇게 되었을 때 지구에 있는 우리는 어떻게 될까요?

우선 몇 가지 살펴보면

태양 표면 폭발로 인한 위험의 감소 : 1859년 거대한 규모의 태양 표면 폭발과 지자기 폭풍이 지구를 덮쳤습니다. 자기 폭풍은 전선에 전류를 유도합니다. 안타까운 일이지만, 1859년이면 벌써 우리가 설치한 전신줄들이 온 지구를 뒤덮은 때였습니다. 자기 폭풍은 이들 전신줄에 강력한 전류를 일으켜 통신이 두절되었고, 전신 장비에 불이 붙은 경우까지 있었습니다.

1859년 이후 지구에는 훨씬 더 많은 전선이 생겼습니다. 만약 1859년과 같은 자기 폭풍이 오늘날 우리를 덮친다면 경제적 손실은 미국만 해도 수조 달러에 이를 거라고 미국국토안보부는 추정하고 있습니다. 그동안 미국을 덮친 모든 허리케인의 피해를 '합친 것' 보다도 더 큰 규모예요. 하지만 태양이 꺼진다면 이런 위협은 사라지겠죠.

위성 서비스 개선 : 통신 위성이 태양 앞을 지날 때면, 태양이 인공위성의 무선 신호를 무력화시켜 통신 서비스를 방해합니다. 태양을 정지시킨다면 이 문제가 해결되겠죠.

천문학 개선 : 태양이 없다면 지상에 있는 천문 관측소들은 24시간 내내 활동할 수 있을 겁니다. 공기가 더 차가워지면서 대기 잡음도 줄어들어 적응광학 시스템의 부하가 줄어들면서 더 선명한 이미지가 가능해지겠죠.

우주 먼지 안정 : 햇빛이 없으면 포인팅-로버트슨 항력Poynting - Robertson drag도 없기 때문에, 마침내 우주 먼지가 태양 주위로 안정된 궤도를 돌 수 있습니다. 이걸 원하는 사람이 있을지는 모르겠지만, 그래도 혹시 모르잖아요.

인프라 비용 감소 : 미국교통부 추산에 따르면 향후 20년간 미국에 있는 모든 교각을 수리하고 유지 보수하는 데 연간 200억 달러 이상의 비용이 들 거라고 합니다. 대부분의 미국 교각들은 물 위에 놓여 있죠. 태양이 없다면 얼음 위에 놓인 아스팔트로 운전하면 되니까 돈이 절약됩니다.

무역 비용 감소 : 표준시간대가 다르면 무역 비용이 증가합니다. 업무 시간이 서로 전혀 겹치지 않는 지역과 비즈니스를 하기는 더욱더 어렵죠. 태양이 꺼지면 표준시간대가 필요 없어질 테고, 모두들 협정세계시UTC로 바꾸어 글로벌 경제에 활력을 줄 수 있겠죠.

아동 안전 개선 : 노스다코타 보건부에 따르면 생후 6개월 미만의 영아는 직접적인 햇빛 노출을 피해야 한다고 합니다. 햇빛이 없다면 아이들이 더 안전하겠네요.

전투기 조종사 안전 개선 : 밝은 햇빛에 노출되면 재채기를 하는 사람이 많습니다. 이런 반사 작용이 왜 생기는지는 알려져 있지 않지만, 비행 중인 전투기 조종사들에게는 위험한 일입니다. 태양이 어두워지면 이 위험이 줄어들 겁니다.

파스닙 안전 개선 : 야생 파스닙parsnip은 놀랄 만큼 고약한 식물입니다. 파스닙의 잎에는 푸로쿠마린furocoumarin이라는 성분이 있는데, 처음에는 아무런 증상도 없이 인간의 피부에 흡수됩니다. 그런 후에 (며칠 혹은 몇 주 후라도) 피부가 햇빛에 노출되면 푸로쿠마린은 식물광선피부염이라는 끔찍한 화학 화상을 유발합니다. 햇빛이 꺼지면 이런 파스닙의 위협으로부터 안전해지겠죠.

결론적으로 태양이 꺼지면 생활의 많은 부분에서 다양한 혜택이 있을 겁니다.

이 시나리오에 걱정되는 부분은 없을까요?

우리 모두 얼어 죽을 겁니다.

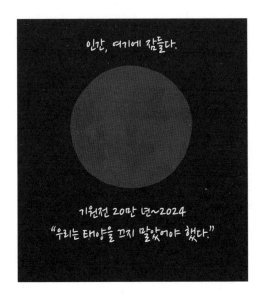

프린트된 위키피디아를 업데이트하려면

Q 위키피디아(영어판이라고 할게요) 전체의 프린트된 버전을 갖고 있다고 했을 때, 실시간 버전에 생기는 수정 사항들을 따라잡으려면 프린터가 몇 대나 필요한가요? - 마레인 셰닝스Marein Könings

A 이 정도요.

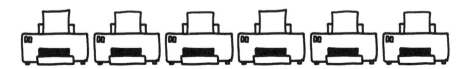

데이트 상대의 집을 방문했는데 그 집 거실에 프린터들이
줄을 지어 작동하고 있다면 여러분은 무슨 생각이 들까요?

놀랍도록 적은 숫자죠! 하지만 실시간으로 업데이트되는 종이 위키피디아를 만들려고 하기 전에, 먼저 이들 프린터가 무슨 일을 하게 될지 그리고 비용은 얼마나 들지 살펴봅시다.

위키피디아 프린트하기

전에도 위키피디아를 프린트하려고 했던 사람들이 있었습니다. 롭 매슈스Rob Matthews라는 한 학생은 위키피디아에서 '특집 항목'들을 모두 프린트해 몇 미터나 되는 책을 만들기도 했죠.

물론 이것은 위키피디아에 나오는 훌륭한 항목들 중 일부에 불과했습니다. 전체 백과사전은 그보다 훨씬 클 테니까요. 위키피디아 사용자인 'Tompw'은 현재 영어판 위키피디아를 프린트하면 어느 정도 분량이 되는지 계산해 주는 툴을 만들었습니다. 아주 많은 책장이 필요할 겁니다.

수정 사항들을 따라잡는 게 쉽지 않겠죠.

따라잡기

영어판 위키피디아는 현재 매일 12만 5,000건에서 15만 건 정도의 수정 사항이 생깁니다. 분당 90에서 100건 정도죠.

평균적인 수정 사항에서 '단어 계수'를 측정할 방법을 정할 수도 있겠죠. 하지만 거의 불가능에 가까울 정도로 어려울 겁니다. 다행히도 우리는 그럴 필요가 없네요. 우리는 그냥 각 수정 사항에 따라 페이지 어딘가를 다시 프린트해야 한다고 추정하면 되니까요. 수정이 많이 생기면 실제로 여러 페이지가 바뀔 수도 있지만, 이전 내용으로 되돌리는 수정도 많습니다. 이 경우에는 이미 프린트한 페이지를 다시 가져다 놓으면 되겠죠(이 작업에 필요한 문서 정리 체계를 세우는 일도 만만치 않을 텐데요. 당장 시작해 보고 싶은 충동과 열심히 싸우는 중입니다). 수정 하나당 1페이지라고 생각하는 게 적절한 타협점일 것 같습니다.

위키피디아에서 흔히 볼 수 있는 사진과 표, 텍스트가 섞인 내용이라면, 괜찮은 잉크젯 프린터를 사용한다고 했을 때 1분에 15페이지 정도를 프린트할 수 있을 겁니다. 그렇다면 수정 속도를 따라잡기 위해서는 1번에 6대의 프린터만 가동되고 있으면 됩니다.

종이가 금세 쌓여갈 겁니다. 롭 매슈스의 책을 시발점으로 저도 현재 영어판 위키피디아의 크기가 얼마나 될지 대충 한번 계산을 해 봤는데요. 특집 항목과 전체 항목의 평균 길이를 기초로 계산해 보니 전체 내용을 순전히 텍스트 형태로 프린트한다고 했을 때 대략 300세제곱미터 정도가 되겠더군요.

반면에 수정 내용을 따라가려고 한다면, '매달' 300세제곱미터를 프린트해야 합니다.

1달이면 50만 달러

프린터 6대면 그리 많은 수는 아니지만, 문제는 이것들이 온종일 가동되고 있다는 겁니다. 그러면 비용이 증가하죠.

프린터를 가동하는 데 들어가는 전기료는 비싸지 않습니다. 하루에 고작 몇 달러 정도일 거예요.

종이는 1장에 1센트 정도일 테니, 하루면 종이 값만 수천 달러겠네요. 프린터를 24시간 내내 하루도 빠짐없이 가동하려면 프린터를 관리해 줄 사람을 고용해야 할 테지만, 이 인건비가 종이 값보다는 덜 나갈 겁니다.

그에 비하면 프린터 자체 가격은 크게 비싸지 않습니다. 물론 교체 주기는 무시무시할 정도로 빠르겠지만요.

하지만 악몽은 잉크 카트리지입니다.

잉크

퀄리티로직QualityLogic사에서 실시한 한 조사에 따르면 전형적인 잉크젯 프린터의 경우, 잉크 비용이 흑백은 페이지당 5센트, 사진은 페이지당 30센트 정도라고 합니다. 이 말은 곧 '하루에' 잉크 카트리지 비용으로만 수천 달러에서 수만 달러를 써야 한다는 얘기입니다.

분명히 레이저 프린터를 사고 싶어질 겁니다. 안 그랬다가는 1, 2달만에 50만 달러는 족히 써 버릴 테니까요.

하지만 이것보다 더 큰 문제가 아직 남았습니다.

2012년 1월 18일 위키피디아는 '인터넷 자유 제한 법안' 제출에 항의해 모든 페이지를 검정색으로 처리했습니다. 만약 앞으로 또 위키피디아가 이런 일을 단행하게 된다면, 아마 여러분도 그 항의에 동참하고 싶어질 겁니다.

매직펜을 박스째로 사다가 직접 모든 페이지를 시커멓게 칠해야 할 테니까요.

저라면 그냥 디지털 버전으로 만족하겠습니다.

죽은 자들의 페이스북

Q 언제쯤이면 페이스북에 살아 있는 사람보다 죽은 사람의 프로필이 더 많아질
까요? - 에밀리 던햄Emily Dunham

"헤드폰 좀 써!"
"쓸 수가 없어. 귀가 다 떨어졌어."

A 2060년대 또는 2130년대 둘 중 하나일 거예요.
　　페이스북에는 죽은 사람이 많지 않죠(이 글을 쓰는 현재는 그렇습니다.
유혈 로봇 혁명이 일어나기 전입니다). 그 주된 이유는 페이스북이 (그리고 이용자
들이) 아직 젊기 때문이죠. 페이스북 이용자의 평균 연령이 지난 몇 년 사이 좀
높아지기는 했지만, 여전히 나이 든 사람들보다는 젊은 사람들이 페이스북을 훨
씬 더 많이 이용합니다.

과거

페이스북의 성장세로 볼 때 그리고 이용자 연령대로 볼 때(페이스북의 '광고 만들기' 툴을 이용하면 연령대별 이용자 수를 알 수 있습니다. 물론 페이스북의 연령 제한 때문에 나이를 속이는 사람들도 있습니다), 페이스북 프로필을 만든 이후에 죽은 사람은 1,000만에서 2,000만 명 정도 됩니다.

현재로서는 이런 사람들이 연령대별로 상당히 고르게 분포되어 있습니다. 6, 70대보다는 젊은 사람들의 사망률이 훨씬 낮지만, 워낙에 젊은 사람들이 페이스북을 많이 사용하다 보니 상당 비율을 차지하는 것이죠.

미래 세대가 '코리 닥터로가 입었겠지.'라고 생각할 만한 옷을 입고 코스프레 중인 나이 든 코리 닥터로 씨의 모습

미래

미국의 페이스북 이용자 중 29만 명 정도가 아마 2013년에 사망했을 겁니다. 전 세계로 따진다면 수백만 명이 되겠죠(이들 수치 일부에서 저는 미국의 연령대별 이용 데이터를 가지고 전체 페이스북 이용자 기반을 추정해 사용했습니다. 미국의 인구 통계 자료와 보험 통계 자료를 찾는 것이 국가별 수치를 수집해 전체 페이스북 이용자를 구성하는 것보다 더 쉬웠기 때문입니다. 미국이 전 세계의 완벽한 모형은 아니지만 기본적인 역학 구조, 즉 인구 성장은 당분간 지속되다가 안정되는 데 반해, 젊은 층의 페이스북 채택 비율이 페이스북의 성패를 가름한다는 점은 대략 비슷할 것입니다. 현재 전체 인구와 젊은 인구가 둘 다 빠르게 성장하고 있는 개발도상국에서 페이스북이 빠르게 포화 상태가 된다고 가정하면, 몇 년 내에 꽤 많은 변화가 있겠지만, 생각보다 전체적인 그림은 크게 바뀌지 않을 겁니다). 겨우 7년 만에 이 사망률은 2배가 될

테고, 다시 7년이 지나면 다시 2배가 될 겁니다.

페이스북이 내일 당장 회원 가입을 중지한다고 해도 연간 사망자수는 앞으로도 오랫동안 계속 증가할 것입니다. 2000년에서 2020년 사이에 대학생이었던 세대가 점점 늙어갈 테니까요.

죽은 자의 숫자가 산 자의 숫자보다 커지는 때가 언제일지는 페이스북이 당분간 늘어나는 사망자들을 웃돌 만큼 살아 있는 새로운 이용자를(젊은 이용자라면 더 좋겠죠) 빠르게 추가할 수 있느냐에 달려 있습니다.

2100년의 페이스북

그렇다면 페이스북의 미래를 묻지 않을 수 없는데요.

우리는 아직 소셜 네트워크에 관한 경험이 부족한 관계로 페이스북이 얼마나 지속될지 확정적으로 말할 수가 없습니다. 대부분의 웹사이트들은 확 불이 붙었다가 천천히 인기가 줄어드는데요. 페이스북도 이런 패턴을 따를 거라고 가정하는 게 합리적일 겁니다(이 경우에 저는 데이터가 전혀 삭제되지 않는다고 가정하고 있는데요. 지금까지로 봐서는 그렇게 보이니까요. 페이스북 프로필을 만들었다면 데이터는 여전히 존재할 테고, 대부분의 사람들은 서비스 이용을 그만둔 후에도 굳이 자신의 프로필을 삭제하지 않습니다. 이런 행태가 바뀌거나 또는 페이스북이 대대적인 보관 데이터 삭제 작업을 실시한다면, 이런 균형은 예측할 수 없는 방향으로 빠르게 바뀔 수도 있습니다).

이 시나리오에 따른다면 페이스북은 2010년대 말에 시장점유율을 잃기 시작해 다시는 회복하지 못할 겁니다. 그렇게 되면 페이스북에서 사망자 수가 생존자 수보다 커지는 날짜는 2065년 근처가 되겠죠.

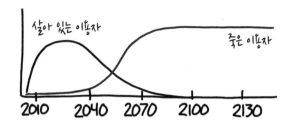

하지만 그렇지 않을 수도 있습니다. 어쩌면 페이스북은 TCP 프로토콜 같은 역할을 하게 되어 다른 것들이 만들어지는 인프라의 일부가 될지도 모릅니다. 그렇게 되면 관성으로 쭉 이용될지도 모르지요.

만약 페이스북이 우리와 함께 몇 세대 동안 이어진다면 역전되는 날짜는 2100년대 정도로 늦어질 수도 있습니다.

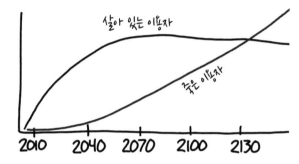

하지만 이런 일이 생길 것 같지는 않습니다. 영원히 지속되는 것은 아무것도 없으니까요. 컴퓨터 기술로 만든 것은 무엇이든지 급격하게 변화한다는 것이 표준이 되어 버렸습니다. 10년 전에는 영원할 것 같았던 웹사이트나 기술의 잔해들이 지금은 여기저기서 굴러다니는 것을 흔히 볼 수 있습니다.

현실은 둘 사이 중간 어디쯤일 수도 있습니다. 물론 페이스북 이용자들의 사망률이 갑작스레 증가하는 일이 생긴다면(예컨대 인류가 모두 죽는다거나) 역전되는 날짜는 내일이 될 수도 있습니다. 기다려 봐야만 알 수 있겠죠.

우리 계정의 운명

페이스북은 우리가 만든 웹페이지들과 데이터를 영구적으로 보관할 수 있습니다. 살아 있는 이용자들은 언제나 죽은 이용자들보다 더 많은 데이터를 생성하겠죠(그러길 바라요). 그리고 실제 이용자들의 계정에 더 쉽게 접근할 수 있어야 할 겁니다. 설사 죽은(혹은 활동하지 않는) 자들의 계정이 이용자의 다수를 차지하게 되더라도 그게 전체 인프라 예산을 크게 증가시키지는 않을 겁니다.

더 중요한 것은 우리가 내리는 결정이에요. 우리는 그 페이지들에 뭘 바라는 걸까요? 우리가 페이스북에 삭제해 달라고 요청하지 않는 이상, 페이스북은 아마 자동적으로 모든 것들을 영원히 보관할 겁니다. 페이스북이 아니더라도 데이터를 마구 사들이는 회사들이 그렇게 하겠죠.

현재는 죽은 사람의 페이스북 프로필을 가까운 친척들이 추모 페이지로 전환할 수 있습니다. 하지만 비밀번호나 접근권 등을 둘러싸고 많은 논란이 있고, 아직 이 부분에 대해서는 충분한 사회적 합의가 도출되지 못했습니다. 계정들은 계속 접근 가능하게 남겨 둬야 할까요? 어떤 항목은 사적으로 둬둬야 할까요? 가까운 친척들이 이메일에 접근할 권리가 있을까요? 추모 페이지도 코멘트를 남길 수 있어야 할까요? 장난이나 악플 등에는 어떻게 대처할까요? 사람들이 사망한 이용자의 계정과 대화를 주고받도록 허용해야 할까요? 어떤 친구들에게 이들 계정이 보여야 할까요?

지금 우리는 시행착오를 통해 이런 문제들을 해결해 가는 과정에 있습니다. 죽음이라는 것은 언제나 까다롭고 많은 감정적 소모가 필요한, 커다란 주제입니다. 이에 대처하는 각 사회의 방식도 서로 다르고요.

인간의 삶을 구성하는 기본적인 부분들은 바뀌지 않습니다. 우리는 언제나 먹고, 배우고, 성장하고, 사랑하고, 싸우고, 죽죠. 똑같은 이들 활동을 두고 장소

· 문화 · 기술적 저변에 따라 우리는 서로 다른 행동 양식을 발전시킵니다.

앞서 갔던 다른 모든 사람들처럼, 우리는 우리만의 경기장에서 이 똑같은 게임을 어떤 식으로 할지 배우고 있는 과정이에요. 우리는 인터넷을 통한 데이트, 논쟁, 학습, 성장에 관해 새로운 사회적 기준을 발달시키고 있고, 그 과정에서 엉망진창의 시행착오를 겪을 때도 있습니다. 조만간 애도하는 방법 역시 찾게 되겠죠?

대영제국에 해가 진 날

Q (혹시 있었다면) 마침내 대영제국에 해가 졌던 날은 언제인가요? - 커트 애먼드슨
Kurt Amundson

A **아직 없습니다.** 디즈니월드보다 작은 면적에 살고 있는 겨우 수십 명의
사람들 때문이랍니다.

세상에서 제일 큰 제국

대영제국은 전 세계로 뻗어나갔죠. 그래서 대영제국에는 해가 지지 않는다는 말
이 생겼습니다. 제국의 어딘가는 언제나 낮이니까요.

 이렇게 오랜 낮이 언제부터 시작되었는지는 정확히 알기 어렵습니다. 애초에
(이미 다른 사람들이 점령하고 있는 땅을) 식민지라고 주장한 모든 과정이 워낙 제
멋대로니까요. 기본적으로 영국은 배를 타고 다니며 아무 해안이나 깃발을 꽂아
대며 제국을 건설했다고 볼 수 있습니다. 그래서 어느 나라의 어느 지역이 '공식
적으로' 언제 대영제국에 속하게 된 것인지는 결정하기가 쉽지 않습니다.

"저쪽에 그늘진 곳은요?"
"거기는 프랑스 땅이야. 조만간 우리가 차지하겠지만."

　　대영제국에 해가 지지 않게 된 정확한 날짜는 아마 1700년대 말에서 1800년대 초 사이의 어디쯤일 겁니다. 그때 처음으로 호주의 일부 영토가 편입되었으니까요.

　　대영제국은 20세기 초에 대체로 해체되었지만, 놀랍게도 대영제국의 해는 아직도 지지 않았습니다.

14개의 영토

영국은 14개의 해외 영토를 갖고 있습니다. 대영제국에서 직접적으로 물려받은 것이죠.

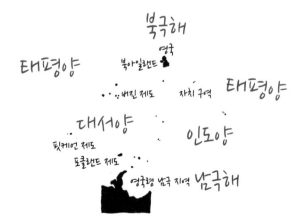

대영제국은 전 세계 모든 육지에 걸쳐 있습니다.

새로이 독립한 영국 식민지들도 다수가 영국 연방에 가입했습니다. 캐나다나 호주처럼 일부는 엘리자베스 여왕이 공식적인 군주지요. 하지만 이들은 우연히 같은 여왕을 섬기는 독립된 국가들일 뿐, 그 어느 제국의 일부도 아닙니다(그렇게들 알고 있어요).

이들 14개 영국 영토에서 동시에 해가 지는 일은 없습니다(영국령 남극 지역을 제외한다고 해도 13개에서 동시에 지는 일도 없어요). 하지만 영국이 아주 작은 영토 하나를 잃게 되면 영국은 200년만에 처음으로 제국의 일몰을 맞게 될 겁니다.

매일 밤 그리니치 표준시 자정쯤에 케이맨 제도Cayman Islands의 해가 지고 나면, 새벽 1시가 되어야 영국령 인도양 지역 위로 해가 떠오릅니다. 그 사이에 영국 영토 중에서 해가 떠 있는 곳은 남태평양에 있는 핏케언 제도Pitcairn Islands라는 조그만 곳뿐이에요.

핏케언 제도의 인구는 '바운티 호의 반란HMS Bounty'* 당시 반란자들의 후손인 수십여 명에 불과합니다. 핏케언 제도는 2004년에 시장을 비롯한 남성 인구의 3분의 1이 아동 성폭력 유죄 판결을 받아 악명을 떨쳤죠.

아무리 끔찍한 지역이라 해도, 핏케언 제도는 대영제국의 일부로 남아 있습니다. 이들을 추방하지 않는 이상 200년간 이어 온 영국의 낮은 계속될 겁니다.

영원히 지속될까

글쎄요, 그럴 수도 있겠죠.

핏케언 제도는 반란자들이 도착한 이래 2432년 4월에 처음으로 개기 일식을 경험할 예정입니다.

---

*1789년 영국 군함에서 발생했던 반란 사건

그런데 대영제국으로서는 다행이게도 이 개기 일식은 태양이 카리브 해의 케이맨 제도 위에 떠 있을 때 일어나죠. 그래서 이들 지역은 개기 일식을 볼 수 없을 테고, 태양은 여전히 런던 위를 비추고 있을 겁니다.

이후로도 수천 년간 낮 시간에 때맞춰 핏케언 제도를 지나가는 개기 일식이 없습니다. 영국이 지금의 영토와 국경을 유지한다면 낮 시간은 아주, 아주 오래 지속될 수 있는 거죠.

하지만 영원하지는 않을 겁니다. 결국 수천 년 후의 미래에는 핏케언 제도에도 일식이 일어날 테니까요. 그때는 대영제국에도 마침내 해가 지겠지요.

차를 정말 빨리 저으면

Q 아무 생각 없이 뜨거운 차를 젓고 있는데 갑자기 이런 생각이 들더라고요. '나는 지금 이 컵에 운동 에너지를 추가하고 있는 게 아닐까?' 차를 저으면 차를 식히는 데 도움이 된다는 것은 아는데요. 만약 더 빠르게 차를 저으면 어떻게 될까요? 컵에 든 물을 저어서 끓게 만들 수도 있나요? - 윌 에번스Will Evans

A 아니요.

기본적인 생각은 말이 됩니다. 온도라는 것도 운동 에너지니까요. 차를 저으면 차에 운동 에너지를 추가하고 있는 것이고, 그 에너지는 어딘가로 갑니다. 차는 공중으로 올라간다거나, 빛을 발산한다거나 하는 극적인 현상은 보이지 않으니까, 그 에너지는 열로 변하는 게 틀림없습니다.

내가 차를 잘못 만든 건가?

다만 그 열을 여러분이 느끼지 못하는 이유는, 추가되는 열이 크지 않기 때문입니다. 물을 데우려면 어마어마한 양의 에너지가 필요하거든요. 부피로 따졌을 때 물은 흔히 볼 수 있는 다른 어느 물질보다도 큰 열용량熱容量을 갖고 있습니다. 질량으로 따지면 수소와 헬륨의 열용량이 더 크지만, 이것들은 가스를 내놓습니다. (흔한 물질들 중에서 질량으로 따졌을 때 열용량이 더 큰 것은 암모니아밖에 없습니다. 하지만 부피로만 본다면 이들 3가지 모두 물에게는 적수가 되지 않지요.)

실온의 물을 2분 내에 끓는점 가까이 데우려면 많은 전기가 필요합니다. 참고로 끓는점에 가까운 물을 끓게 만들려면, 끓는 점 가까이까지 온도를 높일 때 필요했던 에너지 외에 폭발적인 추가 에너지가 필요합니다. '증발 엔탈피enthalpy of vaporization'라는 것이지요.

$$1컵 \times 물의\ 열용량 \times \frac{100℃ - 20℃}{2분} = 700\ 와트$$

이 수식에 따르면 2분 만에 뜨거운 물 1잔을 만들려고 하면, 700와트의 전원이 필요합니다. 보통의 전자레인지가 700에서 1,100와트를 사용하니까, 차를 만들기 위해 물 1잔을 데우려면 2분 정도가 필요합니다. 계획대로 착착 잘 되면 좋은 일이죠! (잘 안 되면 그냥 '비효율'이나 '소용돌이'를 탓하자고요.)

전자레인지로 물 1잔에 2분 동안 7백 와트를 공급하면 물속에 어마어마하게 많은 에너지가 전달됩니다. 나이아가라 폭포 꼭대기에서 물이 떨어지면 운동 에너지가 생기는데 이것은 폭포 밑에서 열로 전환됩니다. 하지만 그렇게 거대한 거리를 떨어져도 물이 데워지는 정도는 겨우 1도도 안 됩니다(나이아가라 폭포 높이 × 중력 가속도 / 물의 비열 = 0.12℃). 물 1잔을 끓이려면 대기권보다도 더 높은 곳에서 떨어뜨려야 하는 거죠.

영국의 펠릭스 바움가르트너

젓는 것과 전자레인지에 돌리는 것을 비교해 보면 어떨까요?

산업용 교반기 기술 보고서에 있는 수치를 기초로 추정해 보면, 1잔의 차를 격렬하게 저었을 때 추가되는 열은 1와트의 1,000만 분의 일 정도입니다. 이 정도면 완전히 무시해도 좋은 정도지요.

실제로 '젓기'의 물리적 효과는 다소 복잡합니다. 액체를 섞는 것이 실제로 액체를 따뜻하게 유지하는 데 도움이 되는 상황도 있을 수 있습니다. 뜨거운 물은 위로 올라가는데, 만약 충분히 많은 양의 물이 잔잔하게 있는 상태라면(바다처럼) 위층에 따뜻한 층이 형성됩니다. 이 따뜻한 층은 차가운 층보다 훨씬 빠르게 열을 발산합니다. 그런데 이 물을 마구 섞어서 뜨거운 층을 없애 버리면, 열손실율이 감소하겠지요.

허리케인이 앞으로 전진하는 것을 중단했을 때 흔히 힘을 잃게 되는 것도 이 때문입니다. 파도가 깊은 곳의 차가운 물을 휘저어 끌어올려서, 허리케인과 뜨거운 표층수(허리케인의 주된 에너지 공급원)를 분리시키는 것이지요. 찻잔에 생기는 열의 대부분은 그 위로 대류하는 공기가 실어 가 버립니다. 차를 젓게 되면 아직 뜨거운 아래쪽 물을 위로 가져오기 때문에 이 과정을 촉진하게 됩니다. 그 외

다른 과정도 진행되는데, 차를 저으면 공기가 교란되어 찻잔의 벽을 데웁니다. 데이터 없이는 실제로 어떤 일이 진행되는지 확신하기가 어렵네요.

다행히도 우리에게는 인터넷이 있습니다. 인터넷 사이트 스택익스체인지Stack Exchange 이용자 중에 'drhodes'라는 분이 차를 저을 때와 젓지 않을 때, 계속해서 숟가락을 집어넣을 때, 찻잔을 들어 올릴 때를 각각 비교해서 찻잔이 식는 속도를 측정해 놓았네요. 이분은 고해상도 그래프뿐만 아니라 원본 데이터까지 올려놓았는데요, 어지간한 논문보다 많은 것을 알려 줍니다.

결론은 이렇습니다. 차를 젓든, 숟가락을 담그든, 아무것도 안 하든 상관없이 차는 거의 같은 속도로 식습니다. 숟가락을 넣었다 뺐다 하는 것이 약간 더 빠르게 식기는 한다고 해요.

그러면 다시 원래의 질문으로 돌아가 볼까요? '충분히 빨리 젓기만 하면 차를 끓일 수 있나요?'

아니요.

첫 번째 문제는 힘입니다. 문제가 되는 700와트는 1마력에 가까운 힘입니다. 따라서 2분 안에 차를 끓이고 싶다면 최소한 말 1마리는 가져와서 열심히 저어 주어야 합니다.

차를 더 오래 젓는다면 필요한 힘을 줄일 수 있습니다. 하지만 너무 적은 힘을 사용한다면 차가 데워지는 동시에 식어 버리겠죠?

숟가락을 아주 세게 저을 수 있다고 해도(1초에 몇만 번을 젓는다고 해도) 유체 역학이 방해가 될 수 있습니다. 그렇게 빨리 저으면 차에 기포가 생길 수 있거든요. 숟가락이 가는 길을 따라 진공 상태가 만들어지고, 젓는 작용이 비효율적이 되겠죠. 일부 밀폐된 믹서기는 실제 이런 식으로 내용물을 따뜻하게 만들기도 합니다. 하지만 대체 누가 믹서기에 차를 끓일까요?

그리고 기포가 생길 정도로 차를 열심히 저으면, 표면이 빠르게 부풀어 올라서 수초 이내에 실온 정도로 식게 될 겁니다.

그러니 차를 아무리 열심히 저어도 더 따뜻해지지는 않겠네요.

세상의 모든 번개

Q 어느 하루, 전 세계에서 치는 모든 번개가 동시에 한곳에 친다면 그곳에는 무슨 일이 생길까요? - 트레버 존스Trevor Jones

A 번개는 같은 장소에 2번 치지 않는다는 말이 있습니다.

틀린 말이죠. 진화론적으로 보았을 때 이런 말이 계속 전해져 왔다는 게 다소 놀라울 정도입니다. 그렇게 믿었던 사람들은 차츰 도태되었을 법한데 말이죠.

진화는 이런 식으로 진행되는 거 아니던가요?

364

사람들은 종종 번개에서 전력을 얻을 수는 없을까 하는 생각을 합니다. 표면적으로는 말이 되죠. 무엇보다 번개는 전기니까요(저는 아사웜프세트Assawompset 초등학교 3학년생들 앞에서 벤저민 프랭클린의 코스튬을 입고 이런 내용을 발표한 적도 있습니다). 그리고 번개가 칠 때는 실제로 상당한 크기의 전력이 나옵니다. 하지만 문제는, 원하는 위치에 번개를 치게 만들기가 어렵다는 거죠. 그리고 절대로 같은 장소에 2번 치지 않는다면서요.

전형적인 번개는 일반 주택에 이틀간 전기를 공급할 수 있을 정도의 에너지를 전달합니다. 이 말은 곧 1년에 번개를 100번쯤 맞는 엠파이어스테이트 빌딩이라고 해도, 번개의 전력만 가지고서는 집 1채에도 전기를 댈 수 없다는 얘기죠.

심지어 플로리다나 콩고 동부처럼 번개가 많이 치는 지역도 번개로 전달되는 전력보다 햇빛으로 땅에 전해지는 전력이 100만 배 더 많습니다. 번개로 전력을 생산하는 것은 마치 토네이도만 돌릴 수 있는 풍력 발전소를 짓는 것과 같습니다. 엄청나게 비효율적인 거죠. 혹시나 궁금해하는 분이 있을까 해서 하는 말인데요, 맞습니다. 제가 이것도 계산을 해 보았죠. 지나가는 토네이도를 이용해서 풍력 터빈을 돌리면 어떻게 될까 하고 말이에요. 그랬더니 글쎄, 번개를 수집하는 것보다도 실용성이 더 떨어지더라고요. '토네이도 길Tornado Alley'* 한가운데 있는 지역들도 평균적으로는 4,000년에 1번 토네이도가 지나갈 뿐이에요. 토네이도의 축적된 에너지를 모두 흡수할 수 있다고 하더라도, 장기적으로 보면 1와트의 전력도 생산하지 못할 겁니다. 믿거나 말거나, 실제

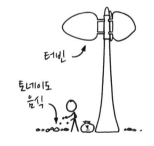

---

*미국 중부에 있는, 토네이도가 특히 자주 부는 지역

로 이런 아이디어가 시도된 적도 있었는데요, '에이브이이테크AVEtec'라는 회사가 '소용돌이 엔진vortex engine'이라는 것을 만들겠다고 제안한 적이 있었습니다. 인공적으로 토네이도를 일으켜서 그걸 이용해 전력을 생산하는 기계였어요.

우리 질문 속 번개

우리 질문에서는 세상의 모든 번개가 한곳에 칩니다. 이렇게 되면 전력 생산을 하는 데 훨씬 더 매력적인 방법이 되겠죠!

'한곳에서 친다'라는 말은 모든 번개가 평행하게 딱 붙어서 내려온다는 뜻으로 생각할게요. 번개가 내려오는 주요 통로(전류가 흐르는 곳)는 지름이 1센티미터 정도입니다. 우리의 묶음 번개는 개별 번개가 100만 개 정도니까 지름이 6미터 정도 되겠네요.

과학 분야 저술가들은 모든 것을 히로시마에 떨어진 원자 폭탄에 비유하는 버릇이 있는데요(나이아가라 폭포 '8시간'이면 히로시마 폭탄 하나에 맞먹는 출력이 나옵니다! 나가사키에 떨어진 원자 폭탄은 히로시마 폭탄 1.3개의 폭발력을 가졌고요. 참고로, 대초원 위에 부는 산들바람도 대략 히로시마 폭탄 하나 정도의 운동 에너지를 갖고 있습니다). 우리도 그 방법을 사용해 보면 이 번개는 공기와 땅에 원자 폭탄 2개만큼의 에너지를 전달합니다. 좀 더 실용적으로 생각해 보면, 이 번개는 게임 콘솔이 달린 플라스마 TV 1대를 수백만 년 동안 가동할 수 있는 전기를 갖고 있습니다. 또 다르게 표현해 보면, 미국 전체의 전기 소비량을 약 5분 정도 공급해줄 수 있습니다.

번개 자체는 농구장의 센터 서클보다 조금 큰 정도이지만, 농구장 하나만 한 크기의 구멍을 만들어 놓을 겁니다.

번개 내부에서 공기는 고에너지의 플라스마가 될 텐데요. 번개에서 나오는 빛과 열이 즉시 주변 수 마일의 지표에 불을 지를 겁니다. 그 충격파에 나무들이 쓰러지고 건물들이 무너지겠지요. 이러니 히로시마 폭탄에 비교하는 것도 그리 엉뚱한 비유는 아닙니다.

그런데 우리는 괜찮을까요?

피뢰침

피뢰침의 작동 원리에 대해서는 말이 많습니다. 어떤 사람들은 피뢰침이 땅에서 공기로 전하를 '흘려보냄'으로써 구름에서 땅으로 전해지는 전압 전위를 낮추고 번개가 때릴 확률을 줄여서 번개를 피한다고 주장합니다. 하지만 현재 미국화재 예방협회NFPA는 이런 생각을 지지하지 않네요.

미국화재예방협회가 우리 질문의 대규모 번개에 대해서는 뭐라고 할지 잘 모르겠습니다. 하지만 피뢰침으로는 이 번개가 칠 때 보호받지 못할 겁니다. 이론적으로는, 지름이 1미터인 구리선이라면 번개에서 오는 강력한 짧은 전류를 전선이 녹지 않은 채 흘려보낼 수 있을 겁니다. 하지만 안타깝게도 번개가 이 피뢰침 바닥에 도달하면 '땅'은 이 전류를 그리 잘 흘려보내지 못할 테고, 그래서 녹아내린 바위의 폭발로 인해 여러분의 집은 그대로 무너져 버리고 말 겁니다. 하지만 이와 상관없이 여러분의 집에는 이미 불이 붙었겠지요. 공기 중에 있는 플라스마의 열복사 때문입니다.

전력을 좀 줄이면요?

카타툼보 번개

세상의 모든 번개를 한곳에 집결시키는 것은 분명 불가능합니다. 하지만 한 지역의 모든 번개를 집결시키는 것은 어떨까요?

지구 상에 '끊임없이' 번개가 치는 곳은 없지만, 베네수엘라에 가면 그와 유사한 지역이 있습니다. 마라카이보Maracaibo 호수의 남서쪽 끝에 밤마다 계속해서 천둥 번개가 치는 이상한 현상이 있거든요. 호수 위쪽과 서쪽 땅 위, 이렇게 두 지점이 있는데요, 거의 매일 밤 이곳에서 천둥 번개가 만들어집니다. 이들 천둥 번개는 2초마다 번쩍이는 불빛을 만들어 내는데, 그래서 마라카이보 호수는 전 세계 번개의 메카처럼 되었습니다.

만약 하룻밤에 카타툼보Catatumbo 천둥 번개에서 만들어지는 번개를 모두 하나의 피뢰침으로 내려보낼 수 있다면, 그래서 거대한 축전기를 충전시킨다면, 그 저장된 전기로 게임 콘솔이 달린 플라스마 TV 1대를 거의 100년은 가동할 수 있을 겁니다(마라카이보 호수의 남서쪽 연안에는 셀룰러 이동 데이터 통신이 안 되기 때문에 위성 통신 서비스를 받아야 할 겁니다. 그렇게 되면 보통 수백 밀리초의 시간차가 생깁니다).

368

물론 이렇게 되면 옛말은 또다시 바뀌어야 하겠죠.

저기, 이런 말 알아?
"번개는 항상 같은 곳에만 친다. 그 장소는
베네수엘라에 있다. 그곳에 서 있으면 안 된다."

가장 외로운 인간

Q 인간이 살아 있는 다른 모든 사람들로부터 가장 멀리 간 것은 언제인가요? 그 사람들은 외로웠나요? - 브라이언 J 맥카터Bryan J McCarter

A 확실히 알기는 어려워요!
가장 가능성이 높은 사람들은 아무래도 달 착륙 당시에 달 궤도에 머물렀던 아폴로 사령선의 탑승자 6명입니다. 마이크 콜린스Mike Collins, 딕 고든Dick Gordon, 스투 루사Stu Roosa, 앨 워든Al Worden, 켄 매팅리Ken Mattingly, 론 에번스Ron Evans 였죠.

이들 우주 비행사들은 2명의 우주 비행사들이 달에 착륙하는 동안 사령선에 남아 있었습니다. 궤도 최고점에서 이들은 다른 우주 비행사들로부터 약 3,585킬로미터나 떨어져 있었지요.

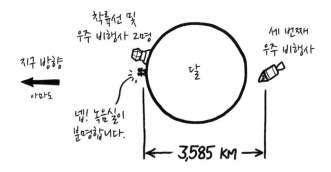

다른 관점에서 보면, 이때가 나머지 인류가 저들 우주 비행사들로부터 가장 멀리 떨어진 때이기도 합니다.

아마도 후보는 우주 비행사뿐이라고 생각하겠지만, 꼭 그렇지만은 않아요. 꽤 근접한 다른 후보들도 있거든요!

폴리네시아 사람들

영구 거주 지역에서 3,585킬로미터를 떨어지기는 쉽지 않습니다. 지구가 곡선이기 때문에 실제로는 지표로 3,619킬로미터를 가야 합니다. 인류 최초로 태평양에 흩어져 살았던 폴리네시아Polynesia 사람들은 그랬을지도 모릅니다. 하지만 그러려면 혼자서 배를 타고 나가 다른 모든 사람들로부터 끔찍이도 멀리 가야 했겠죠. 그런 일이 있었을 수도 있지만(아마도 실수로 1명이 폭풍에 휩쓸려 무리에서 떨어졌다면 말이에요) 우리로서는 확실히 알 방법은 없을 겁니다.

태평양에 식민지화가 진행된 후에는 지구 상에서 누군가가 3,585킬로미터 떨어진 곳에 고립될 수 있는 장소를 찾기가 더욱 어려워졌습니다. 이제는 남극 대륙조차 연구원들이 상주하면서 그런 일은 거의 불가능해졌다고 보아야 하죠.

남극 탐험가들

남극 탐험 시대에는 우주 비행사들을 거의 이길 뻔한 사람들도 몇 명 있었습니다. 그리고 그들 중 1명이 실제로 기록을 보유하고 있을 수도 있죠. 가장 근접했던 사람 중 1명은 로버트 팰컨 스콧Robert Falcon Scott입니다.

로버트 스콧은 비극적 최후를 맞은 영국의 탐험가입니다. 스콧의 탐험대는 1911년 남극점에 도착했지만 노르웨이의 탐험가 로알 아문센Roald Amundsen이 몇 달 전에 다녀갔다는 사실을 발견하게 되죠. 낙담한 스콧과 동료들은 다시 해안으로 돌아오기 시작했지만, 로스 빙붕Ross 氷棚을 지나는 동안에 모두 죽고 말았습니다.

마지막까지 살아남았던 탐험대원은 잠깐이나마 지구 상에서 가장 고립된 사람이었을 겁니다. 이때쯤 아문센의 탐험대는 이미 남극 대륙을 떠난 상태였거든요. 하지만 누구였든 그 사람은 다른 남극 탐험 기지들 및 뉴질랜드의 스튜어트Stewart 섬을 비롯해 다른 많은 사람들에게서 3,585킬로미터 이내에 있었습니다.

이외에도 많은 후보들이 있습니다. 프랑스의 선원 피에르 프랑수아 페롱Pierre François Péron은 자신이 인도양 남쪽 암스테르담 섬Île Amsterdam에 고립되어 있었다고 얘기하는데요. 그랬다면 거의 우주 비행사들을 이길 뻔했지만, 모리셔스Mauritius나 호주 남서부, 마다가스카르Madagascar 끝에서 충분히 멀지가 않았습니다.

확실하게는 결코 알 수 없을 거예요. 18세기 난파선에서 구명정을 타고 남극해까지 흘러간 어느 선원이 '가장 고립된 인간'이라는 기록을 보유하고 있을 수도 있겠죠. 하지만 분명한 역사적 증거가 나타나지 않는 한, 제 생각에는 6명의 아폴로 우주 비행사들이 가장 유력할 것 같네요.

그렇다면 이제 질문의 후반부로 가 볼까요? '그 사람들은 외로웠나요?'

외로움

지구로 귀환한 후에 아폴로 2호 사령선의 우주 비행사 마이크 콜린스는 외로움을 전혀 느끼지 않았다고 말했습니다. 그는 자신의 경험을 《불을 나르며Carrying the Fire》라는 책으로 펴냈는데요.

외롭다거나 버려졌다는 기분과는 거리가 멀었다. 마치 달 표면을 차지한 것들의 일부가 된 느낌이었다. 〔…〕 고독이라는 감정을 부인하려는 것은 아니다. 나는 고독했고, 달 뒤로 사라지자마자 지구와의 무선 연락이 끊어져 그런 감정은 더욱 커졌다.

이제 나는 혼자였다. 완전히 혼자. 그 어떤 알려진 생명체로부터도 완전히 고립되어 있었다. 내가 끝이었다. 누가 숫자를 셌다면 달 저쪽 편에는 30억 더하기 2명이 있었고, 이쪽 편에는 1명 말고 무엇이 있었는지 오직 신만이 아실 것이다.

아폴로 15호 사령선에 탑승했던 앨 워든은 심지어 그 경험을 즐기기까지 했습니다.

혼자라는 것과 외롭다는 것은 완전히 다른 것이다. 나는 혼자였지만 외롭지는 않았다. 나는 공군에서 전투기 조종사를 지냈고, 이후에는 거의 전투기에서 테스트 조종사를 지냈다. 그러니 나는 혼자 있는 것에 아주 익숙했다. 나는 혼자 있는 것을 온전히 즐겼다. 더 이상 데이브나 짐과 얘기를 나눠야 할 필요도 없었다. 〔…〕 달의 뒤편에서는 심지어 휴스턴 본부와도 대화할 필요가 없었다. 그게 비행 중 가장 좋았던 점이다.

내향적인 사람들은 알 겁니다. 역사상 가장 외로웠던 사람은 평화롭고 고요한 그 몇 분을 갖게 되어 마냥 행복했을 거라는 사실을요.

Q 만약 영국 본섬에 있는 모든 사람이 해안으로 가서 노를 젓는다면 어떻게 될까
요? 섬을 조금이라도 움직일 수 있을까요? - 앨런 유뱅크스Ellen Eubanks

아니요.

잠깐만. 우리, 해저 터널부터
먼저 끊어야 하는 것 아냐?

Q '화염 토네이도'도 가능한가요? - 세스 위시먼Seth Wishman

네.

화염 토네이도는 실제로 일어나는
진짜 현상입니다.

이 이상 할 말이 없네요.

거대 빗방울이 떨어진다면

Q 폭풍우에 들어 있는 모든 물이 하나의 물방울로 뭉쳐져 내린다면 어떻게 될까요? - 마이클 맥닐Michael McNeill

A **캔자스의 한여름입니다.** 공기는 뜨겁고 무겁네요. 노인 둘이 현관 앞 흔들의자에 앉아 있습니다.

남서쪽 지평선 위로 불길한 기운의 구름이 보이기 시작합니다. 구름은 다가오면서 위로 쌓이고 꼭대기 부분은 넓게 퍼집니다.

산들바람이 뒤따라오면서 풍경을 딸랑딸랑 울립니다. 하늘이 어두워지기 시작합니다.

습기

공기에는 물이 있습니다. 공기 기둥을 땅에서부터 대기권 꼭대기까지 격리시키고 차갑게 식히면, 그 안에 있는 습기가 비로 응결될 겁니다. 그 공기 기둥 밑에서 비를 모으면 0에서 수십 센티미터 정도 높이가 될 텐데요. 이 높이를 해당 공기의 총 가강수량可降水量이라고 부릅니다.

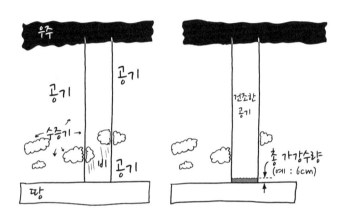

보통 총 가강수량은 1에서 2센티미터 정도입니다.

인공위성들은 지구 곳곳의 이 수증기 함량을 측정해 아주 아름다운 지도를 그려내지요.

우리의 폭풍우는 사방 100킬로미터 넓이에 총 가강수량이 6센티미터라고 생각합시다. 이 말은 곧 우리의 폭풍우에 들어 있는 수분이 아래와 같다는 뜻이에요.

$$100km \times 100km \times 6cm = 0.6km^3$$

이 물은 무게가 6억 톤이 될 겁니다(우연히도 이 무게는 현재 인류의 무게와 비슷하네요). 보통은 이 물의 일부만 비가 되어 내립니다. 기껏해야 강우량이

6센티미터일 거예요.

하지만 우리의 폭풍우는 이 물 전체가 하나의 거대한 물방울로 응결됩니다. 지름이 1킬로미터가 넘는 거대 물방울 말입니다. 이 물방울이 지상 2킬로미터 지점에 형성된다고 생각해 봅시다. 대부분의 비는 그쯤에서 응결되거든요.

거대 물방울이 떨어지기 시작합니다.

5, 6초간은 아무것도 보이지 않겠죠.

그러다가 구름 아랫부분이 불룩해질 겁니다. 잠깐 동안은 깔때기 비슷한 모양의 구름이 형성되는 것처럼 보이겠죠. 하지만 불룩한 부분이 점점 넓어지고,

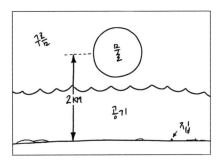

마침내 10초가 되면 물방울의 아랫부분은 구름을 뚫고 그 모습을 드러냅니다.

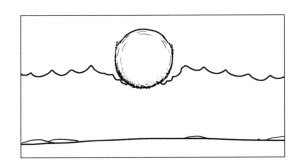

이제 거대 물방울은 초당 90미터의 속도로 낙하합니다. 사나운 바람이 거대 물방울의 표면을 때리면서 물보라가 입니다. 공기가 억지로 액체 내로 들어가면서 물방울의 끄트머리가 거품으로 변합니다. 충분히 오랫동안 계속해서 떨어진다면, 이런 힘들이 점차 전체 물방울을 비로 흩어 놓을 것입니다.

하지만 이런 일이 일어나기 전에, 즉 물방울이 생기고 20초쯤 되었을 때 물방

울의 끄트머리가 지면을 때립니다. 이제 물은 초속 200미터가 넘는 속도로 움직입니다. 충격점 바로 아래에서 공기는 충분히 빨리 빠져나가지 못하고 압축되면서 너무나 빨리 뜨거워지기 때문에, 시간만 충분하다면 풀밭에 불이 붙을 겁니다.

풀밭 입장에서는 다행스럽게도, 이 열기는 겨우 몇 밀리초밖에 유지되지 못합니다. 많은 양의 차가운 물이 내려와 젖어 버리기 때문이죠. 풀밭 입장에서는 안된 일이지만 차가운 물은 초음속의 절반이 넘는 속도로 움직입니다.

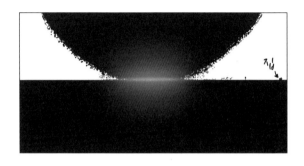

만약 여러분이 이 물방울 한가운데 떠 있다면 아직까지는 아무런 이상을 느끼지 못할 거예요. 가운데 부분은 상당히 어둡겠지만 시간이 충분해서 (그리고 폐 용량이 충분해서) 몇백 미터쯤 헤엄을 쳐 끄트머리 쪽으로 나온다면, 낮의 희미한 빛을 볼 수 있을 겁니다.

물방울이 지면에 접근하면서 공기 저항이 계속 축적되어 압력이 증가할 테고, 여러분은 귀청이 터질 겁니다. 몇 초 후 물이 지면에 닿으면 온몸이 으스러져서 죽겠지요. 이 충격파는 잠시 동안 마리아나 해구 밑바닥 이상의 압력을 만들어 낼 겁니다.

물은 지면을 파고들겠지만 기반암은 이에 굴하지 않겠지요. 압력 때문에 물은 옆으로 밀려나고, 초음속으로 전방향으로 뿜어져 나가며, 가는 길에 있는 모든 것을 파괴할 겁니다.

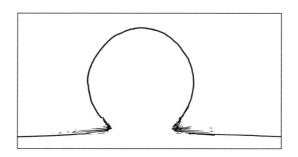

물의 벽은 밖으로 몇 킬로미터씩 확장하면서 나무와 집, 표토층을 갈가리 찢어 놓겠지요. 집도, 현관도, 노인들도 순식간에 흔적조차 없을 겁니다. 수킬로미터 반경 이내에 있는 것은 무엇이든 깡그리 사라져 버리고, 기반암 위에 진흙 연못만 하나 남게 되겠죠. 계속해서 물은 밖으로 퍼지면서 2, 30킬로미터 지점에 있는 모든 구조물을 무너뜨릴 겁니다. 이정도 거리라면 산이나 산마루에 막힌 지역은 안전할 테고, 홍수는 자연적인 계곡과 물길을 따라 흐르기 시작할 겁니다.

더 넓은 지역은 대체로 폭풍우의 영향에서 안전하겠지만, 수백 킬로미터 하류 지역은 충격 후 몇 시간이 지나면 급작스러운 홍수를 겪게 될 겁니다.

이 설명할 수 없는 재앙에 관한 뉴스가 세계 곳곳으로 전달될 겁니다. 충격과 의문이 널리 퍼져 나가겠죠. 당분간은 하늘에 새로운 구름만 생겨도 사람들이 단체로 공황 상태에 빠질 겁니다. 온 세상이 초대형 비를 두려워하고, 두려움이 세상을 지배하겠죠. 하지만 재앙이 되풀이될 기미가 보이지 않는 채로 몇 년이 흐를 겁니다.

대기 과학자들은 무슨 일이 일어났는지 파악하려고 몇 년을 노력하겠지만 아무런 해답도 찾지 못할 겁니다. 결국 대기 과학자들은 포기할 테고, 설명되지 않는 이 기상 현상은, 그냥 한 연구원의 말마따나 '더브스텝dubstep* 폭풍'이라고 불리게 됩니다. "어머어마한 물방울이었어."

---

*강렬하고 묵직한 사운드의 일렉트로닉 음악

모든 응시생이 시험을 찍는다면

Q SAT를 치르는 사람들이 객관식 문제를 모두 찍는다면 어떻게 될까요? 만점자는 몇 명이나 나올 수 있나요? - 랍 볼더Rob Balder

A 나올 수 없습니다.

SAT는 미국 고등학생들이 치르는 표준화된 시험입니다. SAT 점수 체계는 특정한 상황에서는 답을 찍는 편이 좋은 전략일 수도 있도록 되어 있죠. 하지만 모든 문제를 '찍는다'면 어떨까요?

SAT의 모든 문항이 객관식은 아닙니다. 그러니 문제가 복잡해지지 않도록 우리는 객관식에만 초점을 맞추기로 해요. 주관식과 숫자를 써넣는 문항은 모두가 정답을 썼다고 가정하는 겁니다.

2014년 SAT를 보면 수학(양적) 분야에서 44문항, 비판적 읽기(질적) 분야에서 67문항, 요즘 새로 생긴(제가 SAT를 치른 지가 좀 오래돼서요) 쓰기 분야에서 47문항이 객관식이었습니다. 각 문항은 5지선다이니 무작위로 찍었을 경우에 정답일 확률은 20퍼센트입니다.

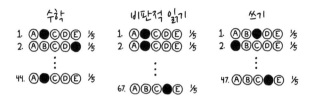

158문항 모두 정답을 맞힐 확률은 다음과 같습니다.

$$\frac{1}{5^{44}} \times \frac{1}{5^{67}} \times \frac{1}{5^{47}} \approx \frac{1}{2.7 \times 10^{110}}$$

270퀸쿼트리진틸리언quinquatrigintillion* 분의 1의 확률입니다.

17세가 된 400만 명이 모두 SAT를 치르면서 무작위로 찍었다고 했을 때, 세 과목 중 어느 하나도 만점은 나오지 않을 것이 거의 확실합니다.

얼마나 확실할까요? 모든 수험생이 컴퓨터를 이용해 하루에 100만 번씩, 50억 년 동안(태양이 팽창하여 적색거성이 되고, 지구는 다 타서 재만 남았을 때까지) 매일 시험을 치른다고 해도, 그들 중 1명이라도 수학 과목 하나라도 만점을 받을 확률은 0.0001퍼센트에 불과합니다.

얼마나 불가능할까요? 매년 미국인 중에서 번개에 맞는 사람은 500명 쯤 됩니다(번개에 맞아 죽는 사람은 평균 45명 정도이고, 사망률이 9에서 10퍼센트 정도니까요). 이 말은 곧 미국인이 어느 해에 번개에 맞을 확률은 70만 분의 1이라는 얘기가 됩니다(http://xkcd.com/795/의 'Conditional Risk' 참조).

그렇다면 SAT를 찍어서 만점 받을 확률은, 살아 있는 모든 과거 대통령들과 TV시리즈 〈파이어플라이〉에 출연한 모든 주요 배우가 '같은 날에' 각각 모두 번

---

*10^{108}을 나타내는 말

개에 맞을 확률보다도 적습니다.

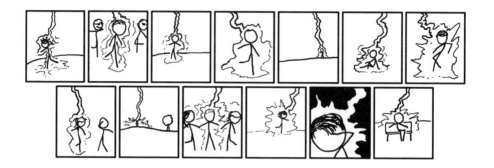

올해 SAT를 치르는 모든 분들, 행운을 빕니다. 하지만 행운만으로는 안 될 거예요.

중성자별 밀도의 총알을 발사하면

Q 지구 표면에서 중성자별의 밀도를 가진 총알을 권총으로 발사한다면(방법은 묻지 않기로 하고요) 지구가 파괴되나요? - 샬럿 에인스워스Charlotte Ainsworth

A **총알이 중성자별의 밀도를 갖고 있다면** 무게가 엠파이어스테이트 빌딩 정도 될 겁니다.

권총이든 뭐든 이 총알을 발사한다면, 총알은 그 자리에서 떨어져 곧장 땅을 뚫고 들어갈 거예요. 마치 젖은 티슈 위에 떨어진 돌멩이처럼 말이죠.

그렇다면 우리는 다음과 같은 2가지 질문을 살펴보기로 하죠.

• 총알이 그렇게 통과한다면 지구는 어떻게 되는가?
• 총알을 지면 위에 놓아둔다면 주변에 어떤 영향을 미칠 것인가? 우리가 손을 댈 수 있을까?

먼저, 약간의 배경 지식이 필요하겠네요.

중성자별은 무엇인가

중성자별은 거성이 자체 중력에 의해 붕괴된 후에 남은 부분입니다.

별들은 균형을 유지하며 존재하죠. 별의 거대한 중력은 언제나 별을 안쪽으로 붕괴시키려고 하지만, 이렇게 짜부라질 때 생기는 다른 몇 가지 힘들이 별을 다시 떼어 놓습니다.

태양에서 붕괴를 막고 있는 것은 핵융합으로 인한 열입니다. 어느 별이 핵융합을 할 연료가 떨어지면 별은 수축하게 되죠(여러 가지 폭발을 포함한 복잡한 과정을 거칩니다). 그러다가 물질이 다른 물질과 겹치지 않게 해 주는 양자 법칙에 의해 붕괴가 중단됩니다('파울리의 배타 원리Pauli exclusion principle' 때문에 전자들은 서로 너무 가까워지지는 않습니다. 노트북 컴퓨터가 여러분의 다리를 뚫고 떨어져 내리지 않는 것은 주로 이런 이유 때문이에요).

만약에 별이 아주 무겁다면 이런 양자 압력을 극복하고 더 큰 폭발과 함께 계속 붕괴되어 중성자별이 됩니다. 만약 남은 부분이 중성자별보다 더 무겁다면 블랙홀이 되지요. (중성자별보다는 무겁지만 블랙홀이 될 정도는 아닌 별들도 생각해 볼 수는 있습니다. '이상한 별들'이라고 부르면 되겠네요.)

중성자별은 우리가 찾을 수 있는 물체 중에서, (무한한 밀도를 가진 블랙홀을 제외하고) 가장 밀도가 큰 물체 중 하나입니다. 중성자별은 어마어마한 자체 중력에 의해 으스러져서, 어떻게 보면 산더미만 한 크기의 원자핵과 유사한, 조밀한 양자 역학적 수프처럼 된 것입니다.

우리의 총알은 중성자별로 만든 것일까요

아닙니다. 질문자님은 중성자별만큼 '밀도가 높다'고 했지, 실제로 중성자별의 물질로 만든다고는 얘기하지 않았습니다. 잘된 일이에요. 왜냐하면 중성자별로는 총알을 만들 수 없기 때문이죠. 만약 중성자별의 구성 물질을 그 큰 중력 밖으로 꺼내온다면, 그 물질은 어느 핵무기보다 강력한 에너지를 쏟아내며 다시 팽창해 엄청나게 뜨거운 '평범한 물질'이 될 겁니다.

아마 그렇기 때문에 질문자님은 우리가 중성자별만큼 밀도는 높지만 마법처럼 안정된 물질을 가지고 총알을 만든다고 가정한 것일 겁니다.

이 총알은 지구에 어떤 영향을 줄까요

이 총알을 권총(팔이 떨어져 나가지 않고도 들어 올릴 수 있고, 절대로 부서지지 않는 마법 같은 권총이겠지요. 걱정 마세요. 이 부분은 조금 있다가 다시 얘기할게요!)으로 쏜다고도 생각할 수 있지만, 그냥 떨어뜨리는 편이 더 흥미로울지도 모릅니다. 어느 쪽이 되었든 총알은 아래쪽으로 가속을 받을 테고, 땅을 뚫고 들어가 지구 중심을 향해 파고들 겁니다.

이것 때문에 지구가 파괴되지는 않겠지만 상당히 이상한 일이 벌어질 거예요.

총알과 땅이 몇 피트 이내로 가까워지면, 총알의 중력이 거대한 흙덩어리를 위로 끌어올릴 겁니다. 이 흙들은 총알 주위로 넓게 파문을 이루다가 사방으로 흩어지며 떨어져 내리겠죠. 총알이 땅을 파고 들면 땅이 흔들리는 게 느껴질 겁니다. 총알이 들어간 입구는 남지 않겠지만 지각을 이리저리 마구 갈라 놓겠죠.

떨어지는 총알은 지구의 지각을 수직으로 뚫고 들어갈 겁니다. 지표의 진동은 금세 사라질 테고요. 하지만 저 밑에서는 총알이 떨어져 내리면서 앞에 있는 맨틀을 으스러뜨리며 증발시키고 있을 겁니다. 총알은 강력한 충격파로 앞에 있는 물질들을 날려 버리고, 뒤로는 아주 뜨거운 플라스마 꼬리를 남길 겁니다. 우주 역사상 1번도 보지 못한 광경이 될 거예요. 지하로 떨어져 내리는 별똥별과 다름없으니까요.

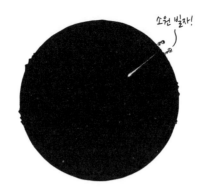

소원 빌자!

    결국에는 총알도 멈출 겁니다. 지구 중심에 있는, 니켈과 철로 이루어진 핵에 가서 박히겠지요. 지구에 전해진 에너지는 인간의 기준으로 보면 막대한 크기지만, 지구 입장에서는 눈치채기도 힘든 정도일 거예요. 총알의 중력은 겨우 수십 피트 이내의 암석에만 영향을 줄 겁니다. 지각을 뚫고 들어갈 정도로 무거운 총알이지만, 자체 중력만으로는 그리 많은 암석을 으스러뜨리지는 못할 겁니다.

    구멍이 막힐 테니 총알은 이제 영원히 누구의 손에도 닿지 않게 되었습니다. 킵 듀런Kyp Durron*이 포스를 써서 다시 꺼내지 않는 한은 말이죠. 결국에 가면 지구는 팽창한 늙은 태양에게 잡아먹힐 테고, 총알도 결국 태양의 핵에서 최후의 안식처를 찾게 되겠죠.

    태양은 자체적으로 중성자별이 될 수 있을 만큼 밀도가 높지는 않습니다. 그러니 지구를 삼키고 나면 태양은 팽창과 붕괴의 단계들을 거쳐 안정될 겁니다. 중심부에 총알이 박혀 있는 작은 백색왜성만이 남게 되겠죠. 언젠가 아주 먼 훗날(우주가 지금보다 몇천 배 늙었을 때)에는 이 백색왜성도 차갑게 식어 검정색이 될 겁니다.

---

*영화 〈스타워즈〉의 등장인물. 제다이 기사 중 1명으로, 거대한 포스를 지니고 있다.

지금까지 이 총알이 지구에 발사되었을 때 벌어지는 일에 관해 알아보았습니다. 하지만 만약 우리가 이 총알을 지표 근처에 두면 어떻게 될까요?

총알을 튼튼한 받침대에 올려 두면

먼저 우리는 총알을 올려놓을 만큼 끝도 없이 튼튼한, 마법의 받침대가 필요합니다. 이 받침대는 또다시 이 무게를 분산시켜 줄 만큼 큰, 비슷하게 튼튼한 기저부 위에 올려져 있어야 하겠죠. 그렇지 않으면 전체가 통째로 땅속으로 가라앉아 버릴 테니까요.

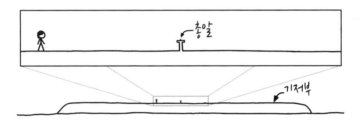

도시 한 블록 크기의 기저부라면 최소한 며칠, 혹은 그 이상 총알과 받침대가 가라앉지 않게 해 줄 겁니다. 무엇보다 비슷한 기저부 위에 있는 (우리의 총알과 무게가 비슷한) 엠파이어스테이트 빌딩도 생긴 지 꽤나 되었는데도 아직 땅속으로 사라지지 않았으니까요.

총알이 대기를 다 빨아들이지는 않을 겁니다. 분명 주변 공기를 압축해서 주변 공기가 조금 따뜻해지겠지만, 놀랍게도 거의 눈치채기 힘들 정도일 겁니다.

만질 수 있을까요

이 총알을 만지려고 하면 무슨 일이 벌어질지 한번 생각해 봅시다.

이 총알은 강력한 중력을 가지고 있습니다. 하지만 '그렇게까지' 강한 중력은 아니죠.

우리가 이 총알에서 10미터 떨어져 있다면, 받침대 방향으로 느끼는 인력은 아주 작을 겁니다. 우리의 뇌는 (단일하지 않은 중력에는 익숙하지 않기 때문에) 우리가 약간 기울어진 경사면 위에 서 있다고 생각할 거예요.

롤러스케이트를 신지는 마세요.

이런 느낌상의 경사는 받침대를 향해 걸어갈수록 더 가팔라집니다. 마치 땅이 앞으로 기울고 있는 것처럼 말이죠.

몇 미터 이내로 접근하면 앞으로 미끄러지지 않으려고 기를 써야 할 겁니다. 하지만 뭔가(손잡이나 표지판 같은 것)를 꽉 잡고 있다면 꽤나 가까이까지 근접할 수 있을 거예요.

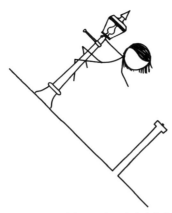

로스앨러모스에 있는 물리학자들이라면, 이것을 '용의 꼬리 간지럼 태우기'라고 부를지도 모릅니다.

하지만 만져 보고 싶어요!

만질 수 있을 정도로 총알에 근접하려면 뭔가를 단단히 붙들고 있어야 할 겁니다. 총알을 정말로 만져 보려면 온몸을 지탱해 줄 장비를 착용하든지, 아니면 최소한 목 보호대는 해야 할 거예요. 어느 정도 거리 안으로 들어가면, 머리 무게만 해도 작은 아이만큼 무거워질 테고 몸속의 혈액은 어느 방향으로 흘러야 할지 모를 겁니다. 하지만 높은 중력에 익숙한 전투기 조종사라면 머리를 들 수 있을지도 모르죠.

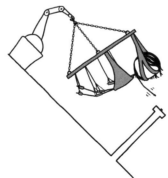

이 정도 각도에서는 혈액이 머리로 몰려들겠지만 여전히 호흡은 할 수 있을 겁니다.

팔을 펴면 끌리는 힘은 '훨씬' 더 강해질 겁니다. 되돌릴 수 없는 지점은 20센티미터예요. 손가락 끝이 이 점을 지나게 되면 팔이 너무 무거워서 도저히 뒤로 뺄 수 없을 겁니다(턱걸이를 엄청나게 많이 하는 사람이라면, 약간 더 가까이 갈 수 있을지도 모르겠어요).

몇 인치 이내로 접근하고 나면 손가락에 가해지는 힘이 너무 커서 앞으로 홱 끌려가게 될 테고(손가락만 가든, 온몸이 가든) 손가락 끝이 실제로 총알을 건드리게 될 겁니다(아마도 손가락과 어깨가 탈골될 거예요).

손가락 끝이 실제로 총알에 닿게 되면 손가락 끝에 가해지는 압력이 너무 세서 혈액이 피부를 뚫고 나올 겁니다.

〈파이어플라이〉에서 리버 탬은 이런 유명한 말을 했죠. "적절한 흡입 시스템만 있다면, 인체의 혈액은 8.6초만에 다 빠져나갈 것이다."

총알에 손을 대면서 방금 적절한 흡입 시스템이 만들어졌습니다.

신체가 장비에 묶여 있고 팔이 그대로 몸에 붙어 있다고 하더라도(인간의 살은 놀라울 만큼 튼튼합니다), 혈액은 평상시 가능한 것보다 훨씬 빠르게 손가락 끝으로 쏟아져 나갈 겁니다. 리버가 말한 8.6초는 과소평가일지도 몰라요.

그러고 나면 이상한 일이 벌어지겠지요.

혈액이 총알 주위를 감싸면서 점점 자라나는 진홍색 구가 만들어지는 겁니다. 구의 표면은 윙윙 소리를 내며 떨리고, 눈에 보이지 않을 정도로 빠르게 움직이는 파문이 만들어집니다.

잠깐만요

이제부터 중요해지는 사실이 있습니다.

여러분이 피 위를 '떠다닐' 거라는 점이죠.

혈액으로 이루어진 구가 점점 커지면 어깨에 가해지는 힘이 약해집니다. 혈액 표면 아래에 있는 손가락 끝 부분이 뜰 테니까요! 혈액은 살보다 밀도가 높습니다. 그래서 손가락의 마지막 두 마디가 팔 무게의 절반을 차지하고 있었죠. 혈액이 몇 센티미터 깊이일 때는 부하가 눈에 띄게 가벼워집니다.

혈액으로 된 구가 20센티미터 깊이가 될 때까지 기다릴 수 있다면, 그리고 어깨가 아직 무사하다면, 팔을 떼어낼 수 있을지도 모릅니다.

하지만 문제는 이렇게 하려면 인체에 있는 혈액의 5배가 필요하다는 거죠.

아무래도 살아남기는 힘들 것 같네요.

그러면 다시 뒤로 돌아가 볼까요?

중성자 총알을 만지는 방법 : 소금, 물, 보드카

총알을 만지고도 살아남는 방법이 있습니다. 하지만 그러려면 총알을 물로 감싸야 합니다.

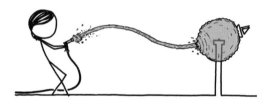
집에서 이걸 해 보고 저에게 영상을 좀 보내 주세요.

똑똑한 사람이라면 호스 끝을 물에 담그고 총알의 중력이 알아서 물을 끌어가게 하겠죠.

총알을 만지려면 총알 옆으로 물이 1, 2미터 깊이가 될 때까지 받침대에 물을 쏟아 부어야 합니다. 그러면 다음과 같은 2가지 모습 중 하나가 되겠죠.

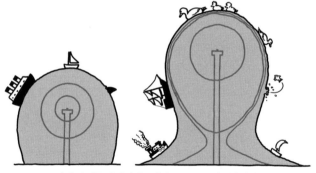
만약 이 배들이 가라앉는다면, 구조는 불가능합니다.

그러면 이제 머리와 팔을 물속에 넣으세요.

물 덕분에 아무 어려움 없이 손으로 총알을 이리저리 만질 수 있을 거예요! 총알은 여러분을 잡아당기고 있지만, 똑같은 힘으로 물도 끌어당기고 있지요. (고기처럼) 물은 사실상 압축이 안 되기 때문에 이 정도 압력에서도 중요한 부분은 아무것도 으스러지지 않을 겁니다(팔을 빼냈을 때는 혹시 손에 있는 혈관에 생긴 질소 거품 때문에 잠수병 증상이 나타나지는 않는지 잘 살피세요).

하지만 어쩌면 총알을 전혀 만질 수 없을지도 모릅니다. 손가락이 총알 몇 밀리미터 앞까지 갔을 때 중력이 너무 강하다면 부력이 아주 크게 작용하거든요. 우리의 손이 물보다 밀도가 약간 낮다면 그 몇 밀리미터를 도저히 통과할 수 없을 겁니다. 밀도가 살짝 높다면 빨려 들어갈 테고요.

그래서 보드카와 소금이 필요합니다. 다가갔는데 총알이 손가락 끝을 잡아당긴다 싶으면 손가락의 부력이 충분하지 않은 겁니다. 그러면 소금을 좀 넣어서 밀도를 높이세요. 총알 끝에 보이지 않는 막이 형성되어 손가락 끝이 미끄러진다 싶으면, 물에 보드카를 좀 넣어서 밀도를 낮추세요.

균형이 딱 맞게 되면 총알을 만지고도 무사히 살아 나와 무용담을 전할 수 있을 겁니다.

아마도 말이에요.

다른 대안

너무 위험하게 들리나요? 걱정 마세요. 이 계획은 음료 역사상 가장 만들기 어려운 칵테일 제조법이기도 하거든요. 이름하여 '중성자별.'

그러니 빨대를 가져와 마시세요.

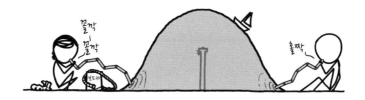

그리고 잊지 마세요. 누가 여러분의 '중성자별'에 체리를 하나 떨어뜨렸는데 가라앉았다면, 건져 낼 생각은 하지 마세요. 절대 못 꺼내니까요.

이상하고 걱정스러운 질문들 12

Q 제가 만약 라임병Lyme disease*을 가진 진드기를 삼켰다면, 위산에 의해 진드기
와 보렐리아균이 죽게 되나요? 아니면 제가 라임병에 걸리나요? - 크리스토퍼 보
걸Christopher Vogel

안전을 생각해서, 진드기를 죽일 수 있는 뭔가를 삼켜야 합니다.
마더깨미나 게르미나타germinata(열대지방에 사는 불개미) 같은 것 말이죠.

그다음에는 벼룩파리를 삼켜서 그 불개미를 죽이세요.

그다음에는 거미를 찾아서…

Q 여객기에 비교적 일정한 공진 주파수가 있다고 할 때, 그 여객기의 공진 주파수
와 똑같이 야옹거리는 고양이가 몇 마리 있으면 비행기를 추락시킬 수 있을까
요? - 브리트니Brittany

여보세요? 연방항공청이죠?

탑승 금지자 명단에 '브리트니'라고 있나요?
네. 고양이들하고 같이요. 맞아요. 그 여자 같아요.

네. 그냥 알고 계신가 해서요.

*보렐리아균을 가진 진드기에 물렸을 때 걸리는 병

리히터 규모 15의 지진이 덮치면

Q 리히터 규모Richter magnitude 15의 지진이 미국을, 예컨대 뉴욕 시를 덮친다면 어떻게 되나요? 리히터 규모 20이라면요? 25라면요? - 앨릭 파리드Alec Farid

A 정확히 말하면, 이제 모멘트 규모moment magnitude로 대체된 리히터 규모는 지진으로 방출된 에너지를 측정합니다. 참고로, F 스케일(푸지타Fujita 스케일) 역시 EF 스케일(인핸스트 푸지타Enhanced Fujita 스케일)로 대체되었습니다. 가끔 측정 단위들이 형편없으면 다른 것으로 대체되기도 합니다. 예컨대

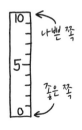

kips(1,000파운드포스)나 kcfs(초당 1,000세제곱피트), 혹은 '랭킨Rankine 온도(절대 0도 이상의 화씨 온도)'처럼 말이죠. 제가 저 단위들이 쓰인 기술 논문들을 읽어봐서 알아요. 다른 것들은 그냥 과학자들이 잘난 척을 하고 싶어서 그러는 것 같기도 합니다.

사실 리히터 규모는 한계가 정해져 있지 않은 단위이지만, 우리는 보통 3등급에서 9등급 사이의 지진에 관해 자주 듣다 보니, 10이 최대 등급이고 1이 최소등

급이라고 생각하는 사람들이 많은 것 같아요.

실제로는 10이 리히터 규모의 최대치는 '아니지만', 그러는 편이 나을 거예요. 규모 9의 지진만 해도 벌써 지구의 자전을 바꿔 놓을 정도니까요. 21세기에 발생한 규모 9 이상의 지진 2건은 둘 다 하루의 길이를 아주 조금(1초보다 훨씬 적게) 바꿔 놓았답니다.

규모 15의 지진이라면 방출되는 에너지량이 거의 10^{32}줄에 달한다는 얘긴데, 이 정도면 대략 지구의 중력결합에너지와 맞먹습니다. 다른 예를 들어 보면, 〈스타워즈〉에서 데스스타the Death Star는 앨더란Alderaan에 규모 15의 지진을 유발했었죠.

앨더란 지질 조사 결과, 규모 15의 지진으로 앨더란의 지진계가 모두 증발해 버렸다고 합니다.

생방송

이론적으로는 지구에 더 강력한 지진도 일어날 수 있습니다. 하지만 실제로는 팽창하는 쓰레기 구름이 더 뜨거울 거라는 의미밖에 안 되죠.

중력결합에너지가 더 큰 태양의 경우, 규모 20의 지진도 일어날 수 있습니다(하지만 그랬다가는 신성新星이 만들어지는 재앙이 일어나겠죠). 우리가 아는 한, 아주 무거운 중성자별의 물질에 일어나는 가장 강력한 지진이 이 정도 규모고요. 지구만 한 크기의 수소 폭탄을 준비해서 한꺼번에 터뜨리는 정도의 에너지가 방출되는 강도랍니다.

그것보다 힘이 조금 적으면요?

지금까지 아주 크고 파괴적인 것들에 대해 한참 얘기해 보았는데요. 반대로 규모가 아주 작으면 어떻게 될까요? '규모 0'의 지진 같은 것도 있을까요?

있습니다! 실은 0 밑인 규모의 지진도 계속 이어진답니다. 그러면 좀 작은 규모의 '지진'들이 여러분의 집에 일어나면 대략 어떤 느낌인지, 예를 들어가며 한번 살펴 볼게요.

규모 0

댈러스 카우보이스(미식축구팀) 선수들이 옆집 주차장을 쓰러뜨리려고 드러눕다시피 하며 기를 쓰고 있습니다.

규모 −1

미식축구 선수 1명이 여러분 집 마당에 있는 나무에 부딪힙니다.

규모 −2

고양이가 서랍장에서 굴러 떨어졌군요.

규모 −3

침실 탁자에 올려둔 휴대 전화를 고양이가 떨어뜨렸네요.

규모 –4

개 등에서 동전이 떨어지네요.

규모 –5

IBM 컴퓨터 모델 M 키보드(스프링식 자판)에서 자판을 하나 눌렀네요.

규모 −6

경량 키보드의 자판을 하나 눌렀네요.

규모 −7

깃털 하나가 펄럭이며 땅에 떨어집니다.

규모 −8

조그만 모래시계에서 고운 모래 가루 하나가 아래에 쌓인 가루들 위로 떨어집니다.

다.

그러면 이제 다 건너뛰고 다음으로 가 볼까요?

규모 −15

공중에 있던 티끌 하나가 테이블 위에 내려앉았습니다.

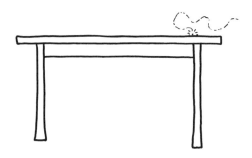

기분 전환 삼아 세상을 파괴하지는 말자고요.

감사의 말

여러분이 보고 계시는 이 책을 만들기까지 저를 도와 주신 분들이 참 많은데요. 우선 처음부터 xkcd의 독자가 되어 주고 마지막까지 이 책과 함께 해 준 제 편집자 코트니 영 Courtney Young에게 고맙다는 말을 전합니다. 하나부터 열까지 책의 출간을 책임져 준 HMH 의 훌륭한 직원분들께도 감사드리고요. 지치지 않고 인내해 준 세스 피시먼Seth Fishman과 거너트Gernert 사 직원들께도 감사드립니다.

제가 새벽 3시에 무슨 암호처럼 휘갈겨 놓은 소행성에 관한 쪽지들까지 챙기면서 이 책을 책처럼 보이게 만들어 준 크리스티나 글리슨Christina Gleason에게도 감사드립니다. 제가 질문들에 답하는 데 도움을 준 여러 전문가들, 특히 루벤 라자루스Reuven Lazarus와 엘런 맥매니스Ellen McManis(방사선), 앨리스 칸타Alice Kaanta(유전자), 데릭 로Derik Lowe(화학 물질), 니콜 구글리우치Nicole Gugliucci(망원경), 이언 맥카이Ian Mackay(바이러스), 세라 길레스피Sarah Gillespie(총알)에게 고맙다는 말을 전합니다. 그리고 여기 언급되었다고 투덜거릴 것이 분명한, 이 모든 게 가능하도록 도와주고서도 주목받고자 하지 않는 데이비안Davean에게도 고맙다는 인사를 하고 싶습니다.

여러 가지 조언과 수정 사항을 알려준 IRC 친구들, 그리고 밀려드는 질문들을 하나하나 꼼꼼히 살피면서 '손오공'에 관한 질문들은 걸러내 준 핀Finn과 엘런Ellen, 에이다Ada, 리키Ricky에게도 고맙습니다. 그리고 무한한 힘의 소유자인 듯한데, 아마도 일본 애니메이션의 주인공이겠지요? 제 사이트에 수백 개의 질문이 올라오게 해 준 '손오공'에게도 고맙다는 말을 전합니다. 제가 군이 그 질문들에 답하려고 《드래곤볼 Z》를 보지는 않았네요.

그리고 가족들에게도 고맙다는 말을 전합니다. 제가 엉뚱한 질문들에 답하는 법을 배울 수 있었던 것은, 가족들이 오랜 세월 제 엉뚱한 질문에 참을성 있게 답해 준 덕분이에요. 측량하는 법을 가르쳐 주신 아버지, 패턴에 관해 알려 주신 어머니, 감사합니다. 마지막으로 강해지는 법, 용감해지는 법, 그리고 여러 새들에 관해 알려 준 제 아내에게도 고맙다는 말을 전합니다.

참고 문헌

지구가 자전을 멈추면

Merlis, Timothy M., and Tapio Schneider, "Atmospheric dynamics of Earth-like tidally locked aquaplanets," *Journal of Advances in Modeling Earth Systems 2* (December 2010); DOI:10.3894/JAMES.2010.2.13.

"What Happens Underwater During a Hurricane?"
http://www.rsmas.miami.edu/blog/2012/10/22/what-happens-underwater-during-a-hurricane

사용 후 핵연료 저장 수조에서 수영을 하면

"Behavior of spent nuclear fuel in water pool storage,"
http://www.osti.gov/energycitations/servlets/purl/7284014-xaMii9/7284014.pdf

"Unplanned Exposure During Diving in the Spent Fuel Pool,"
http://www.isoe-network.net/index.php/publications-mainmenu-88/isoe-news/doc_download/1756-ritter2011ppt.html

다 같이 레이저 포인터로 달을 겨냥하면

GOOD, "Mapping the World's Population by Latitude, Longitude,"
http://www.good.is/posts/mapping-the-world-s-population-by-latitude-longitude

http://www.wickedlasers.com/arctic

원소 벽돌로 주기율표를 만들면

다음 사이트의 9면(인쇄본 또는 pdf 파일 15면)에 나와 있는 표를 참조하세요.
http://www.epa.gov/opptintr/aegl/pubs/arsenictrioxide_p01_tsddelete.pdf

70억 명이 다 함께 점프하면

Dot Physics, "What if everyone jumped?"
http://scienceblogs.com/dotphysics/2010/08/26/what-if-everyone-jumped/

Straight Dope, "If everyone in China jumped off chairs at once, would the earth be thrown out of its orbit?"
http://www.straightdope.com/columns/read/142/if-all-chinese-jumped-at-once-would-cataclysm-result

두더지 1몰을 한자리에 모으면

Disover, "How many habitable planets are there in the galaxy?"
http://blogs.discovermagazine.com/badastronomy/2010/10/29/how-many-habitable-planets-are-there-in-the-galaxy

꺼지지 않는 헤어드라이어

"Determination of Skin Burn Temperature Limits for Insulative Coatings Used for Personnel Protection,"
http://www.mascoat.com/assets/files/Insulative_Coating_Evaluation_NACE.pdf

"The Nuclear Potato Cannon Part 2,"
http://nfttu.blogspot.com/2006/01/nuclear-potato-cannon-part-2.html

인간의 마지막 빛

"Wind Turbine Lubrication and Maintenance: Protecting Investments in Renewable Energy,"
http://www.renewableenergyworld.com/rea/news/article/2013/05/wind-turbine-lubrication-and-maintenance-protecting-investments-in-renewable-energy

McComas, D.J., J.P. Carrico, B. Hautamaki, M. Intelisano, R. Lebois, M. Loucks, L. Policastri, M. Reno, J. Scherrer, N.A. Schwadron, M. Tapley, and R. Tyler, "A new class of long–term stable lunar resonance orbits: Space weather applications and the Interstellar Boundary Explorer," *Space Weather*, 9, S11002, doi: 10.1029/2011SW000704, 2011.

Swift, G.M., et al. "In-flight annealing of displacement damage in GaAs LEDs: A Galileo story," *IEEE Transactions on Nuclear Science*, Vol. 50, Issue 6 (2003).

"Geothermal Binary Plant Operation and Maintenance Systems with Svartsengi Power Plant as a Case Study,"
http://www.os.is/gogn/unu-gtp-report/UNU-GTP-2002-15.pdf

기관총으로 제트 추진기를 만들면

"Lecture L14 - Variable Mass Systems: The Rocket Equation"
http://ocw.mit.edu/courses/aeronautics-and-astronautics

/16-07-dynamics-fall-2009/lecture-notes
/MIT16_07F09_Lec14.pdf

"[2.4] Attack Flogger in Service,"
http://www.airvectors.net/avmig23_2.html#m4

하늘로 계속 올라가면

Otis: "About Elevators,"
http://www.otisworldwide.com/pdf/AboutElevators.
pdf

National Weather Service: "Wind Chill Temperature
Index,"
http://www.nws.noaa.gov/om/windchill/images
/wind-chill-brochure.pdf

"Prediction of Survival Time in Cold Air"—see page 24
for the relevant tables,
http://cradpdf.drdc-rddc.gc.ca/PDFS/zba6/p144967.pdf

Linda D. Pendleton, "When Humans Fly High:
What Pilots Should Know About High-Altitude
Physiology, Hypoxia, and Rapid Decompression."
http://www.avweb.com
/news/aeromed/181893-1.html

단답형 질문 모음

"Currency in Circulation: Volume,"
http://www.federalreserve.gov/paymentsystems
/coin_currcircvolume.htm

NOAA, "Subject: C5c, Why don't we try to destroy
tropical cyclones by nuking them?"
http://www.aoml.noaa.gov/hrd/tcfaq/C5c.html

NASA, "Stagnation Temperature,"
http://www.grc.nasa.gov/WWW/BGH/stagtmp.html

번개와 관련한 질문 모음

"Lightning Captured @ 7,207 Fps,"
http://www.youtube.com/watch?v=BxQt8ivUGWQ

NOVA, "Lightning: Expert Q&A,"
http://www.pbs.org/wgbh/nova/earth/dwyer-
lightning.html

JGR, "Computation of the diameter of a lightning
return stroke"
http://onlinelibrary.wiley.com/doi/10.1029/
JB073i006p01889
/abstract

인류의 연산 능력

"Moore's Law at 40,"
http://www.ece.ucsb.edu/~strukov/ece15bSpring2011/
others
/MooresLawat40.pdf

어린왕자가 사는 행성

《어린왕자》에 대한 이의 제기가 재미있는 분들은 다음 사이트에서
맬러리 오트버그Mallory Ortberg의 멋진 글을 읽을 수 있습니다.

스크롤을 계속 내려 보세요.
http://the-toast.net/2013/08/02/texts-from-peter-pan-et-al/

Rugescu, Radu D., and Daniele Mortari, "Ultra Long
Orbital Tethers Behave Highly Non-Keplerian and
Unstable,"
WSEAS Transactions on Mathematics, Vol. 7, No. 3,
March 2008, pp. 87-94,
http://www.academia.edu/3453325/Ultra_Long_
Orbital_Tethers
_Behave_Highly_Non-Keplerian_and_Unstable

하늘에서 스테이크가 떨어지면

"Falling Faster than the Speed of Sound,"
http://blog.wolfram.com/2012/10/24
/falling-faster-than-the-speed-of-sound

"Stagnation Temperature: Real Gas Effects,"
http://www.grc.nasa.gov/WWW/BGH/stagtmp.html

"Predictions of Aerodynamic Heating on Tactical
Missile Domes,"
http://www.dtic.mil/cgi-bin/
GetTRDoc?AD=ADA073217

"Calculation of Reentry-Vehicle Temperature History,"
http://www.dtic.mil/dtic/tr/fulltext/u2/a231552.pdf

"Back in the Saddle,"
http://www.ejectionsite.com/insaddle/insaddle.htm

"How to Cook Pittsburgh-Style Steaks,"
http://www.livestrong.com/article
/436635-how-to-cook-pittsburgh-style-steaks

골키퍼까지 날아가게 만들려면

"KHL's Alexander Ryazantsev sets new 'world record'
for hardest shot at 114 mph,"
http://sports.yahoo.com/blogs/nhl-puck-daddy/khl-
alexander
-ryazantsev-sets-world-record-hardest-shot-174131642.
html

"Superconducting Magnets for Maglifter Launch
Assist Sleds,"
http://www.psfc.mit.edu/~radovinsky/papers/32.pdf

"Two-Stage Light Gas Guns,"
http://www.nasa.gov/centers/wstf/laboratories/
hypervelocity
/gasguns.html

"Hockey Video: Goalies, Hits, Goals, and Fights,"
http://www.youtube.com/watch?v=fWj6--Cf9QA

감기 전멸시키기

P. Stride, "The St. Kilda boat cough under the
microscope,"
The Journal—Royal College of Physicians of
Edinburgh, 2008; 38:272-9.

L. Kaiser, J. D. Aubert, et al., "Chronic Rhinoviral
Infection in Lung Transplant Recipients,"
American Journal of Respiratory and Critical Care

Medicine, Vol. 174; pp. 1392–1399, 2006, 10.1164/
rccm.200604-489OC

Oliver, B. G. G., S. Lim, P. Wark, V. Laza-Stanca, N.
King, J. L. Black, J. K. Burgess, M. Roth, and S. L.
Johnston, "Rhinovirus Exposure Impairs Immune
Responses To Bacterial Products In Human
Alveolar Macrophages," *Thorax* 63, no. 6 (2008):
519–525.

갑자기 물 잔의 반이 비면

"Shatter beer bottles: Bare-handed bottle smash,"
http://www.youtube.com/watch?v=77gWkloZUC8

외계인이 우리를 보면

The Hitchhiker's Guide to the Galaxy,
*http://www.goodreads.com/book/show
/11.The_Hitchhiker_s_Guide_to_the_Galaxy*

"A Failure of Serendipity: The Square Kilometre Array
will struggle to eavesdrop on Human-like ETI,"
*http://arxiv.org/PS_cache/arxiv/
pdf/1007/1007.0850v1.pdf*

"Eavesdropping on Radio Broadcasts from Galactic
Civilizations with Upcoming Observatories for
Redshifted 21cm Radiation,"
http://arxiv.org/pdf/astro-ph/0610377v2.pdf

"The Earth as a Distant Planet a Rosetta Stone for the
Search of Earth-Like Worlds,"
*http://www.worldcat.org/title/earth-as-a-distant-
planet
-a-rosetta-stone-for-the-search-of-earth-like-worlds
/oclc/643269627*

"SETI on the SKA,"
*http://www.astrobio.net/exclusive/4847/
seti-on-the-ska*

Gemini Planet Imager,
http://planetimager.org/

인체에서 DNA가 사라지면

Enjalbert, Françoise, Sylvie Rapior, Janine Nouguier-
Soulé, Sophie Guillon, Noël Amouroux, and
Claudine Cabot, "Treatment of Amatoxin
Poisoning: 20-Year Retrospective Analysis." *Clinical
Toxicology* 40, no. 6 (2002): 715–757.
*http://toxicology.ws/LLSAArticles/Treatment%20of
%20Amatoxin%20Poisoning-20%20year%20
retrospective
%20analysis%20(J%20Toxicol%20Clin%20Toxicol%20
2002).pdf*

Richard Eshelman, "I nearly died after eating wild
mushrooms,"
The Guardian (2010),
*http://www.theguardian.com/lifeandstyle/2010/nov/13
/nearly-died-eating-wild-mushrooms*

"Amatoxin: A review,"

*http://www.omicsgroup.org/
journals/2165-7548/2165-7548-2-110
.php?aid=5258*

다른 행성에 비행기를 띄우면

"The Martian Chronicles,"
http://www.x-plane.com/adventures/mars.html

"Aerial Regional-Scale Environmental Survey of Mars,"
http://marsairplane.larc.nasa.gov

"Panoramic Views and Landscape Mosaics of Titan
Stitched from Huygens Raw Images,"
http://www.beugungsbild.de/huygens/huygens.html

"New images from Titan,"
*http://www.esa.int/Our_Activities/Space_Science
/Cassini-Huygens/New_images_from_Titan*

〈스타워즈〉 요다의 파워

Saturday Morning Breakfast Cereal,
*http://www.smbc-comics.com/index
.php?db=comics&id=2305#comic*

Youtube, "'Beethoven Virus'—Musical Tesla Coils,"
http://www.youtube.com/watch?v=uNJjnz-GdlE

"Beast." The 15Kw 7' tall DR (DRSSTC 5),
*http://www.goodchildengineering.com/tesla-coils
/drsstc-5-10kw-monster*

헬륨 가스통을 들고 뛰어내린다면

De Haven, H., "Mechanical analysis of survival in falls
from heights of fifty to one hundred and fifty feet,"
Injury Prevention, 6(1):62-b-68,
http://injuryprevention.bmj.com/content/6/1/62.3.long

"Armchair Airman Says Flight Fulfilled His Lifelong
Dream," *New York Times*, July 4, 1982,
*http://www.nytimes.com/1982/07/04/us/armchair-
airman-says
-flight-fulfilled-his-lifelong-dream.
html?pagewanted=all*

Jason Martinez, "Falling Faster than the Speed of
Sound," Wolfram Blog, October 24, 2012,
*http://blog.wolfram.com/2012/10/24
/falling-faster-than-the-speed-of-sound*

다 같이 지구를 떠나려면

George Dyson, *Project Orion: The True Story of the
Atomic Spaceship (New York: Henry Holt and
Company, 2002)*

인간이 자가수정을 한다면

"Sperm Cells Created From Human Bone Marrow,"
*http://www.sciencedaily.com/
releases/2007/04/070412211409.htm*

Nayernia, Karim, Tom Strachan, Majlinda Lako,
Jae Ho Lee, Xin Zhang, Alison Murdoch, John
Parrington, Miodrag Stojkovic, David Elliott,

Wolfgang Engel, Manyu Li, Mary Herbert, and Lyle Armstrong, "RETRACTION - In Vitro Derivation Of Human Sperm From Embryonic Stem Cells," *Stem Cells and Development* (2009): 0908w75909069.

"Can sperm really be created in a laboratory?"
http://www.theguardian.com/lifeandstyle/2009/jul/09/sperm-laboratory-men

더욱 깊이 있는 내용을 읽고 싶다면, 다음 사이트에 있는 F. M. 랭커스터F. M. Lancaster의 논문 〈Genetic and Quantitative Aspects of Genealogy〉를 참조하세요.
http://www.genetic-genealogy.co.uk/Toc115570144.html.

가장 높이 던질 수 있는 높이

"A Prehistory of Throwing Things,"
http://ecodevoevo.blogspot.com/2009/10/prehistory-of-throwing-things.html

"Chapter 9. Stone tools and the evolution of hominin and
human cognition,"
http://www.academia.edu/235788/Chapter_9._Stone_tools_and_the_evolution_of_hominin_and_human_cognition

"The unitary hypothesis: A common neural circuitry for novel manipulations, language, plan-ahead, and throwing?"
http://www.williamcalvin.com/1990s/1993Unitary.htm

"Evolution of the human hand: The role of throwing and clubbing,"
http://www.ncbi.nlm.nih.gov/pmc/articles/PMC1571064

"Errors in the control of joint rotations associated with inaccuracies in overarm throws,"
http://jn.physiology.org/content/75/3/1013.abstract

"Speed of Nerve Impulses,"
http://hypertextbook.com/facts/2002/DavidParizh.shtml

"Farthest Distance to Throw a Golf Ball,"
http://recordsetter.com/world-record/world-record-for-throwing-golf-ball/7349#contentsection

초신성과 중성미자

Karam, P. Andrew. "Gamma and Neutrino Radiation Dose from Gamma Ray Bursts and Nearby Supernovae,"
Health Physics 82, no. 4 (2002): 491–99.

과속방지턱을 그냥 달리면

"Speed bump-induced spinal column injury,"
http://akademikpersonel.duzce.edu.tr/hayatikandis/sci/hayatikandis12.01.2012_08.54.59sci.pdf

"Speed hump spine fractures: Injury mechanism and case series,"
http://www.ncbi.nlm.nih.gov/pubmed/21150664

"The 2nd American Conference on Human Vibration,"
http://www.cdc.gov/niosh/mining/UserFiles/works/pdfs/2009-145.pdf

"Speed bump in Dubai + flying Gallardo,"
http://www.youtube.com/watch?v=Vg79_mM2CNY

Parker, Barry R., "Aerodynamic Design," *The Isaac Newton School of Driving: Physics and your car.* Baltimore, MD: Johns Hopkins University Press, 2003, 155.

The Myth of the 200-mph "Lift-Off Speed."
http://www.buildingspeed.org/blog/2012/06/the-myth-of-the-200-mph-lift-off-speed/

"Mercedes CLR-GTR Le Mans Flip,"
http://www.youtube.com/watch?v=rQbgSe9S54I

National Highway Transportation NHTSA, Summary of State Speed Laws, 2007

인터넷보다 빠른 페덱스

"FedEx still faster than the Internet,"
http://royal.pingdom.com/2007/04/11/fedex-still-faster-than-the-internet

"Cisco Visual Networking Index: Forecast and Methodology, 2012–2017,"
http://www.cisco.com/en/US/solutions/collateral/ns341/ns525/ns537/ns705/ns827/white_paper_c11-481360_ns827_Networking_Solutions_White_Paper.html

"Intel® Solid-State Drive 520 Series,"
http://download.intel.com/newsroom/kits/ssd/pdfs/intel_ssd_520_product_spec_325968.pdf

"Trinity test press releases (May 1945),"
http://blog.nuclearsecrecy.com/2011/11/10/weekly-document-01

"NEC and Corning achieve petabit optical transmission,"
http://optics.org/news/4/1/29

가장 오래 뛰어내릴 수 있는 곳

"Super Mario Bros.—Speedrun level 1 - 1 [370],"
http://www.youtube.com/watch?v=DGQGvAwqpbE

"Sprint ring cycle,"
http://www1.sprintpcs.com/support/HelpCenter.jsp?FOLDER%3C%3Efolder_id=1531979#4

"Glide data,"
http://www.dropzone.com/cgi-bin/forum/gforum.cgi?post=577711#577711

"Jump. Fly. Land.," *Air & Space,*
http://www.airspacemag.com/flight-today/Jump-Fly-Land.html

Prof. Dr. Herrligkoffer, "The East Pillar of Nanga Parbat," *The Alpine Journal* (1984).

The Guestroom, "Dr. Glenn Singleman and Heather Swan,"
http://www.abc.net.au/local/ audio/2010/08/24/2991588.htm

"Highest BASE jump: Valery Rozov breaks Guinness world record,"
http://www.worldrecordacademy.com/sports /highest_BASE_jump_Valery_Rozov_breaks _Guinness_world_record_213415.html

Dean Potter, "Above It All,"
http://www.tonywingsuits.com/deanpotter.html

영화 〈300〉처럼 태양 가리기

인터넷에서 우연히 발견한 것입니다.

Andy Lubienski, "The Longbow,"
http://www.pomian.demon.co.uk/longbow.htm

바다에 구멍이 난다면 1

얼음을 깨면서 지날 수 있는 선박의 선체가 버틸 수 있는 최대 압력에 관한 다음 글을 기초로 추론해 보았습니다.

ship hull plates: *http://www.iacs.org.uk/document/ public/Publications /Unified_requirements/PDF/UR_I_pdf410.pdf*

"An experimental study of critical submergence to avoid free-surface vortices at vertical intakes,"
http://www.leg.state.mn.us/docs/pre2003/other/840235. pdf

바다에 구멍이 난다면 2

Donald Rapp, "Accessible Water on Mars," JPL D-31343-Rev.7,
http://spaceclimate.net/Mars.Water.7.06R.pdf

D. L. Santiago et al., "Mars climate and outflow events,"
http://spacescience.arc.nasa.gov

D. L. Santiago et al., "Cloud formation and water transport on Mars after major outflow events," 43rd Planetary Science Conference (2012).

Maggie Fox, "Mars May Not Have Been Warm or Wet,"
http://rense.com/general32/marsmaynothave.htm

트위터로 할 수 있는 말

The Story of Mankind,
http://books.google.com /books?id=RskHAAAAIAAJ&pg=PA1#v=onepage& q&f=false

"Counting Characters,"
https://dev.twitter.com/docs/counting-characters

"A Mathematical Theory of Communication,"
http://cm.bell-labs.com/cm/ms/what/shannonday /shannon1948.pdf

레고로 다리를 놓으면

"How tall can a Lego tower get?"
http://www.bbc.co.uk/news/magazine-20578627

"Investigation Into the Strength of Lego Technic Beams and Pin Connections,"
http://eprints.usq.edu.au/20528/1/Lostroh_ LegoTesting_2012.pdf

"Total value of property in London soars to £1.35trn,"
http://www.standard.co.uk/business/business-news /total-value-of-property-in-london-soars-to- 135trn-8779991.html

무작위로 전화를 걸면

Cari Nierenberg, "The Perils of Sneezing, ABC News," Dec. 22, 2008.
http://abcnews.go.com/Health/ColdandFluNews /story?id=6479792&page=1

Bischoff Werner E., Michelle L. Wallis, Brian K. Tucker, Beth A. Reboussin, Michael A. Pfaller, Frederick G. Hayden, and Robert J. Sherertz, "'Gesundheit!' Sneezing, Common Colds, Allergies, and Staphylococcus aureus Dispersion," *J Infect Dis.* (2006), 194 (8): 1119–1126 doi:10.1086/507908

"Annual Rates of Lightning Fatalities by Country"
http://www.vaisala.com/Vaisala%20Documents/ Scientific %20papers/Annual_rates_of_lightning_fatalities_by_ country.pdf

지구가 팽창한다면

"결론적으로, 우리 연구에서 나온 현재 1년에 0.2밀리미터라는 불확실한 측정치를 기준으로는 통계적으로 유의미한 팽창량을 알아낼 수 없다."

Wu, X., X. Collilieux, Z. Altamimi, B. L. A. Vermeersen, R. S. Gross, and I. Fukumori (2011), "Accuracy of the International Terrestrial Reference Frame origin and Earth expansion, Geophys." Res. Lett., 38, L13304, doi:10.1029/2011GL047450,
http://repository.tudelft.nl/view/ir /uuid%3A72ed93c0-d13e-427c-8c5f-f013b737750e/

Lawrence Grybosky, "Thermal Expansion and Contraction,"
http://www.engr.psu.edu/ce/courses/ce584/concrete/ library /cracking/thermalexpansioncontraction/ thermalexpcontr.htm

Sasselov, Dimitar D., *The life of super-Earths: How the hunt for alien worlds and artificial cells will*

revolutionize life on our planet. New York: Basic
Books, 2012.

Franz, R.M. and P. C. Schutte, "Barometric hazards
within the context of deep-level mining," *The
Journal of The South African Institute of Mining and
Metallurgy*

Plummer, H. C., "Note on the motion about an
attracting centre of slowly increasing mass," *Monthly
Notices of the Royal Astronomical Society*, Vol. 66, p. 83,
http://adsabs.harvard.edu/full/1906MNRAS..66...83P

무중력 상태에서 화살을 쏘면

"*Hunting Arrow Selection Guide:* Chapter 5,"
*http://www.huntersfriend.com/carbon_arrows
/hunting_arrows_selection_guide_chapter_5.htm*

"USA Archery Records, 2009,"
*http://www.usaarcheryrecords.org/FlightPages/2009
/2009%20World%20Regular%20Flight%20Records.pdf*

"Air flow around the point of an arrow,"
http://pip.sagepub.com/content/227/1/64.full.pdf

STS-124: KIBO, NASA,
*http://www.nasa.gov/pdf/228145main_sts124_
presskit2.pdf*

태양이 없다면

"The 1859 Solar–Terrestrial Disturbance and the
Current Limits of Extreme Space Weather
Activity,"
*http://www.leif.org/research
/1859%20Storm%20-%2Extreme%20Space%20Weather.
pdf*

"The extreme magnetic storm of 1–2 September 1859,"
*http://trs-new.jpl.nasa.gov/dspace
/bitstream/2014/8787/1/02-1310.pdf*

"Geomagnetic Storms,"
http://www.oecd.org/governance/risk/46891645.pdf

"Normalized Hurricane Damage in the United States:
1900–2005,"
*http://sciencepolicy.colorado.edu/admin/publication_files
/resource-2476-2008.02.pdf*

"A Satellite System for Avoiding Serial Sun-Transit
Outages and Eclipses,"
*http://www3.alcatel-lucent.com/bstj/vol49-1970/
articles
/bstj49-8-1943.pdf*

"Impacts of Federal-Aid Highway Investments
Modeled by NBIAS,"
http://www.fhwa.dot.gov/policy/2010cpr/chap7.htm#9

"Time zones matter: The impact of distance and time
zones on services trade,"
*http://eeecon.uibk.ac.at/wopec2/repec/inn/
wpaper/2012-14.pdf*

"Baby Fact Sheet,"
*http://www.ndhealth.gov/familyhealth/mch/babyfacts
/Sunburn.pdf*

"The photic sneeze reflex as a risk factor to combat
pilots,"
http://www.ncbi.nlm.nih.gov/pubmed/8108024

"Burned by wild parsnip,"
*http://dnr.wi.gov/wnrmag/html/stories/1999/jun99/
parsnip.htm*

프린트된 위키피디아를 업데이트하려면

BrandNew: "Wikipedia as a Printed Book,"
*http://www.brandnew.uk.com/
wikipedia-as-a-printed-book/*

ToolServer: Edit rate,
*http://toolserver.org/~emijrp/wmcharts/wmchart0001.
php*

QualityLogic: Cost of Ink Per Page Analysis, June 2012,
*http://www.qualitylogic.com/tuneup/uploads
/docfiles/QualityLogic-Cost-of-Ink-Per-Page-Analysis
_US_1-Jun-2012.pdf*

대영제국에 해가 진 날

"Eddie Izzard - Do you have a flag?"
http://www.youtube.com/watch?v=uEx5G-GOS1k

"This Sceptred Isle: Empire.
A 90 part history of the British Empire,"
http://www.bbc.co.uk/radio4/history/empire/map

"A Guide to the British Overseas Territories,"
*http://www.telegraph.co.uk/news/wikileaks-files
/london-wikileaks/8305236/A-GUIDE-TO-THE-
BRITISH
-OVERSEAS-TERRITORIES.html*

"Trouble in Paradise,"
*http://www.vanityfair.com/culture/features/2008/01/
pitcairn200801*

"Long History of Child Abuse Haunts Island
'Paradise,'"
*http://www.npr.org/templates/story/story.
php?storyId=103569364*

"JavaScript Solar Eclipse Explorer,"
http://eclipse.gsfc.nasa.gov/JSEX/JSEX-index.html

차를 정말 빨리 저으면

"Brawn Mixer, Inc., Principles of Fluid Mixing (2003),"
*http://www.craneengineering.net/products/mixers/
documents
/craneEngineeringPrinciplesOfFluidMixing.pdf*

"Cooling a cup of coffee with help of a spoon,"
*http://physics.stackexchange.com/questions/5265
/ooling-a-cup-of-coffee-with-help-of-a-spoon/5510#5510*

세상의 모든 번개

"Introduction to Lightning Safety," National Weather

Service, Wilmington, Ohio,
*http://www.erh.noaa.gov/iln/lightning/2012
/lightningsafetyweek.php*

Bürgesser Rodrigo E., Maria G. Nicora, and Eldo E.
Ávila, "Characterization of the lightning activity of
Relámpago del Catatumbo," *Journal of Atmospheric
and Solar-Terrestrial Physics* (2011),
*http://wwlln.net/publications/avila.Catatumbo2012.
pdf*

가장 외로운 인간

〈BBC 퓨처(BBC Future)〉에서 2013년 4월 2일 앨 워든(AL Worden)
과 나눈 인터뷰

*http://www.bbc.com/future/story/
20130401-the-loneliest-human-being/1*

거대 빗방울이 떨어진다면

"SSMI/SSMIS/TMI-derived Total Precipitable
Water-North Atlantic,"
*http://tropic.ssec.wisc.edu/real-time/mimic-tpw/natl/
main.html*

"Structure of Florida Thunderstorms Using
High-Altitude Aircraft Radiometer and Radar
Observations," *Journal of Applied Meteorology,*
http://rsd.gsfc.nasa.gov/912/edop/misc/1736.pdf

모든 응시자들이 시험을 찍는다면

Cooper, Mary Ann, MD., "Disability, Not Death Is the
Main Problem with Lightning Injury,"
*http://www.uic.edu/labs/lightninginjury/Disability.
pdf*

National Oceanic and Atmospheric Administration
(NOAA),
"2008 Lightning Fatalities,"
http://www.nws.noaa.gov/om/hazstats/light08.pdf

중성자별 밀도의 총알을 발사하면

"Influence of Small Arms Bullet Construction on
Terminal Ballistics,"
*http://hsrlab.gatech.edu/AUTODYN/papers/paper162.
pdf*

McCall, Benjamin, "Q & A: Neutron Star Densities,"
University of Illinois,
http://van.physics.illinois.edu/qa/listing.php?id=16748

지은이 **랜들 먼로** Randall Munroe

한때 미국항공우주국NASA에서 로봇공학자로 일했습니다. 현재는 코믹웹툰 'xkcd'의 작가로 활동하고 있고 《xkcd : 제0권xkcd : volume 0》이라는 책을 펴내기도 했습니다. 최근 국제천문연맹IAU은 한 소행성에 먼로의 이름을 붙여 주기도 했는데요. '4942 먼로'라고 하는 이 소행성은 지구와 같은 행성에 부딪혔을 경우 대규모 멸종사태를 불러올 수 있을 만큼 큰 소행성이라네요.

옮긴이 **이지연**

서울대학교 철학과를 졸업 후 삼성전자 기획팀, 마케팅팀에서 일했습니다. 현재 전문 번역가로 활동 중입니다. 옮긴 책으로는 《제로 투 원》 《빅데이터가 만드는 세상》 《어떻게 사람을 이끌 것인가》 《디스커버리, 더 나은 세상을 위한 호기심》 《단맛의 저주》 《플라스틱 바다》 《어느 날 당신도 깨닫게 될 이야기》 《행복의 신화》 《킬 더 컴퍼니》 《2015 세계경제대전망》(공역) 등이 있습니다.

감수자 **이명현**

네덜란드 흐로닝언대학교에서 전파천문학으로 박사학위를 받았습니다. 외계지적생명체 탐색 작업에 참여했으며 현재 과학저술가로 활동 중입니다. 지은 책으로는 《이명현의 별 헤는 밤》 《빅 히스토리 1》 등이 있습니다.

위험한 과학책

초판 1쇄 발행일 2015년 4월 24일
초판 78쇄 발행일 2025년 5월 1일

지은이 랜들 먼로
옮긴이 이지연
감수자 이명현

발행인 조윤성

편집 유화경 **디자인** 박지은
발행처 ㈜SIGONGSA **주소** 서울시 성동구 광나루로 172 린하우스 4층(우편번호 04791)
대표전화 02-3486-6877 **팩스(주문)** 02-598-4245
홈페이지 www.sigongsa.com / www.sigongjunior.com

ISBN 978-89-527-7332-6 03400

*SIGONGSA는 시공간을 넘는 무한한 콘텐츠 세상을 만듭니다.
*SIGONGSA는 더 나은 내일을 함께 만들 여러분의 소중한 의견을 기다립니다.
*잘못 만들어진 책은 구입하신 곳에서 바꾸어 드립니다.

WEPUB 원스톱 출판 투고 플랫폼 '위펍' _wepub.kr
위펍은 다양한 콘텐츠 발굴과 확장의 기회를 높여주는
SIGONGSA의 출판IP 투고·매칭 플랫폼입니다.

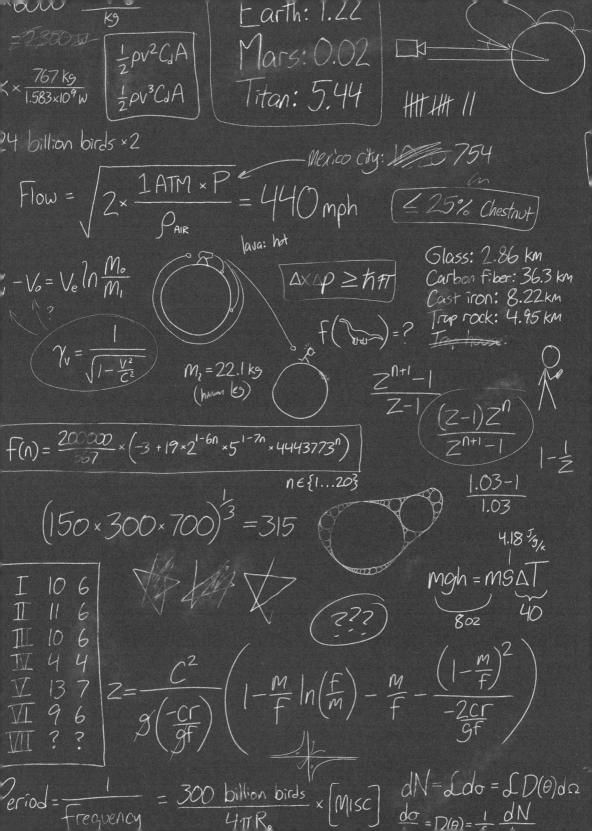

ⁿ000
=2,300 lbs
kg

$\frac{767 kg}{1.583 \times 10^9 W}$

$\frac{1}{2}\rho v^2 C_d A$

$\frac{1}{2}\rho v^3 C_d A$

Earth: 1.22
Mars: 0.02
Titan: 5.44

HHT HHT II

24 billion birds ×2

Mexico City: ~~1000~~ 754

$Flow = \sqrt{2 \times \frac{1 ATM \times P}{\rho_{AIR}}} = 440 \, mph$

≤ 25% Chestnut

lava: hot

$-V_0 = V_e \ln \frac{M_0}{M_1}$

$\Delta x \Delta p \geq \hbar \pi$

$f(\text{🦕}) = ?$

Glass: 2.86 km
Carbon fiber: 36.3 km
Cast iron: 8.22 km
Trap rock: 4.95 km
~~Ice house:~~

$\gamma_v = \frac{1}{\sqrt{1 - \frac{v^2}{c^2}}}$

$M_2 = 22.1 \, kg$
(human leg)

$\frac{Z^{n+1} - 1}{Z - 1}$

$\frac{(Z-1)Z^n}{Z^{n+1} - 1}$

$1 - \frac{1}{2}$

$F(n) = \frac{200000}{567} \times \left(-3 + 19 \times 2^{1-6n} \times 5^{1-7n} \times 4443773^n \right)$

$n \in \{1 \dots 20\}$

$\frac{1.03 - 1}{1.03}$

$\left(150 \times 300 \times 700 \right)^{\frac{1}{3}} = 315$

4.18 J/g/k

$mgh = mS\Delta T$

8oz   40

I	10	6
II	11	6
III	10	6
IV	4	4
V	13	7
VI	9	6
VII	?	?

???

$Z = \frac{C^2}{g\left(\frac{-cr}{gf} \right)} \left(1 - \frac{m}{f} \ln\left(\frac{f}{m} \right) - \frac{m}{f} - \frac{\left(1 - \frac{m}{f} \right)^2}{\frac{-2cr}{gf}} \right)$

$Period = \frac{1}{frequency} = \frac{300 \text{ billion birds}}{4\pi R_0} \times [MISC]$

$dN = \mathcal{L} d\sigma = \mathcal{L} D(\theta) d\Omega$

$\frac{d\sigma}{d\Omega} = D(\theta) = \frac{1}{\mathcal{L}} \frac{dN}{d\Omega}$